青春不迷茫不畏惧
少走弯路300个细节

如何用正确的方法快速精进

夏有乔木 ◎ 著

江西人民出版社
Jiangxi People's Publishing House
全国百佳出版社

图书在版编目（CIP）数据

青春不迷茫不畏惧少走弯路300个细节/夏有乔木著.

--南昌：江西人民出版社，2017.2

ISBN 978-7-210-07498-4

Ⅰ．①青… Ⅱ．①夏… Ⅲ．①人生哲学－青年读物

Ⅳ．①B821-49

中国版本图书馆CIP数据核字(2016)第308544号

青春不迷茫不畏惧少走弯路300个细节

夏有乔木 / 著

责任编辑 / 陈诗懿

出版发行 / 江西人民出版社

印刷 / 北京楠萍印刷有限公司

版次 / 2017年4月第1版

2017年4月第1次印刷

720毫米×1000毫米　1/16　23印张

字数 / 342千字

ISBN 978-7-210-07498-4

定价 / 39.80元

赣版权登字-01-2016-924

如有质量问题，请寄回印厂调换。联系电话：010-64926437

PREFACE°

前 言

　　青春是人生的黄金岁月，人生最美好的阶段莫过于青春时期。子曰："三十而立"，这一阶段也正是为人生发展打基础的时候，是人生中最为关键的时刻，因为它直接决定了人生未来的发展和成功。

　　然而，青春期也正是人生处于困惑的时期，理想与现实之间的矛盾，感性与理智的碰撞，让很多年轻人无所适从，迷茫纠结，焦虑不安。站在青春的十字路口，心中会涌起种种困惑：我要成为怎样的人？我应该过怎样的生活？如何找到自己满意的职业？现在的工作有没有发展前景？未来是不是要与不喜欢的人一起共事？只有有着天生优势的人才会成功，而普通人只能失败吗？只是因为运气的好坏才造成了一些人成功另一些人失败吗？……

　　这些迷茫和困惑，有来自社会的，有来自自身的。从自身而言，你迷茫你困惑，是因为你心中没有方向，没有明确的人生规划。人首先应该给自己一个定位，认清自己到这个世界上来究竟是干什么的，必须有个十分清晰的描述，离开了这个描述，人就会迷茫，就会失去前进的方向，就会在一个个十字路口徘徊。一个人只有知道自己的目标是什么、到底想做什么之后，才不至于迷失方向，成功才会向他招手。

　　年轻人血气方刚，风华正茂，而思想往往很单纯，从校园迈入社会，对社会缺少基本的认识，不懂得人情世故、人际关系的重要，积极努力、聪明能干却得不到好的效果。你是否因狂妄自大得不到领导的重视？你是否因锋芒毕露得不到同事的认可？你是否在说话时不小心触碰到了别人的禁区而遭到奚落？我们生活在一个现实的社会，我们每走一步，每做一件事情都要与人接触：与领导交流，与同事沟通，与朋友往来。只有懂得人情世故，掌握交际策略和沟通技巧，你才能在现实社会获得自己应有的地位和尊重，才能打开人际和工作的局面。

很多年轻人对人生寄托一种完美的愿望，期望未来一切万事如意、一帆风顺。"天有不测风云""万事如意"只是个人美好的愿望，在现实生活中是不存在的。在人生的海洋中航行，不会永远都一帆风顺，难免会遇到狂风暴雨的袭击。面对人生的挫折，你需要提高心理承受力，增强对挫折的抗击力。在巨浪滔天的困境中，你必须坚定信念，随时赋予自己坚定的意志，告诉自己"我一定能应付过去"，就一定能走过人生的低谷。

理想很丰满，现实很残酷。从单纯无忧的学校步入复杂的社会，很多事情没有你想象的那样一帆风顺。几次碰壁后，是心灰意冷，还是变得坚强？是不断地努力，还是从此消沉？

本书是送给所有在青春路上踽踽前行的年轻人的一份厚礼。全书从实际出发，针对年轻人的现状和实情，从人生定位、职业选择、职场工作、心态调整、自我投资、为人处世、人脉经营、挫折应对等方面，总结了年轻人成长和发展过程中要知道、读懂和领悟的300个人生细节。它将告诉你如何做好人生的规划，如何选择一生的职业，如何进入职场并游刃有余，如何如鱼得水地与周围的人相处，如何更好地在社会上生存，如何应对挫折、驾驭人生，如何更好地吸取经验、少走弯路……书中的良言忠告，断金碎玉般的句子，道破成功的秘密，相信每一个年轻读者阅读之后，都会产生共鸣，有所助益。

当你困惑迷茫时，本书将为你指点迷津，驱散你心中的迷雾，带你走出人生的误区，重新找到人生的方向；当你颓唐消沉时，本书将点燃你心中的梦想，带给你奋斗的无穷能量，坚定你前行的步伐。

青春不迷茫，人生不畏惧。有些路要自己走，有些坎要自己过。漫漫人生路，本书将伴你走过人生的风风雨雨，跨过人生的坎坎坷坷，让你成功登上成功的巅峰，真正梦想成真！

目 录
CONTENTS

Part 3　因为内心强大，所以无畏无惧

Part 4　自己是最大的靠山

Part 5　你的才华要撑得起你的梦想

Part 6　练好说话功夫，让你少奋斗 10 年

Part 7　懂点人情世故，闯社会少走弯路

Part 8　搭建人脉网，成功可以走直线

Part 9　敢拼，才配是青春

Part 10　你受的苦，终将照亮未来的路

Part 1

人生有方向，青春不迷茫

○○1 所谓的迷茫，是心中无梦想

站在青春十字路口的你，有没有思考过：自己有梦想吗？如果有，那梦想是什么呢？如果没有，为什么会这样呢？

年轻的你，对于未来感到不安这一点仍与旧时没多大差别。在基本的生存条件得不到保障时，这种不安会更加强烈，但即使在经济条件得到满足的情况下，仍然会因找不到人生的目标和意义而感到不安和混乱，这不正是人生中的进退两难吗？

是否要继续目前的工作？现在的工作有没有发展前景？不喜欢的事情是不是还要继续做？未来是不是还要与不喜欢的人一起共事？是否能大赚一笔之后过上清闲富裕的生活？是不是应该开始我自己的事业？我的人生还能得到幸福吗……无休无止的烦恼没有一天不在人生中出现。

年轻的你，内心时不时地产生彷徨与迷惘，对人生、对未来充满了疑问：只有有着天生优势的人们才会成功，而普通人只能失败吗？只是因为运气的好坏才造成了一些人成功另一些人失败吗？为什么生活充满了纠葛与烦恼？

其实，问题的关键就在于我们心中没有明确的梦想，没有明确的人生和自我特性。

人们之所以彷徨、烦恼是有着各自不同的原因的，但多数情况下，他们都有一个很大的共同点，那就是没有梦想，对自己的人生缺乏明确的规划，即使有也是缺乏生命力的规划。

其次是缺乏"自我特性"。彷徨的人不知道自己是谁、自己想要什么，也不知道为了得到自己想要的东西应该如何去做。

当然，有一些人一直在努力开发自己的潜力，因为在他们看来，就是因为自己还不够努力所以才会出现这种彷徨、不安的状况。当然，努力的重要性是毋庸置疑的，但是如果不清楚自己想要的究竟是什么，那又怎么能达成最终目标呢？

　　因此，为了实现有真正意义的人生，首先要找到自我特性，在心中树立梦想、规划未来，并且为了梦想的实现而不断付出努力。

002 梦想是人生的导航仪

　　梦想对于人生是非常重要的。人必须要有梦想，如果没有梦想，人生就很难顺利展开。但其实想找到自己的梦想并非易事，因此有许多年轻人很羡慕那些有梦想的人，即使那个梦想实现的可能性十分渺茫。

　　很多情况下，年轻人的梦想并不能被称为梦想而只是目标。比如，想要进入大公司、想考上公务员、想成为政界人士、想成为明星、想成为设计师等，一言以蔽之，便是想拥有一个满意的职业。

　　大部分年轻人的梦想都是这样的小型目标，而非真正意义上的梦想，所以即使不能达成这类目标，也不会对人生有什么负面影响。也就是说，这样的梦想仅仅是一些阶段性的目标，是在任何阶段都可以改变的。

　　即使是这样，站在那些连目标都没有的人的立场来看，有目标也是一件非常值得骄傲的事情。那么如果没有梦想或目标应该怎么办呢？当然是要努力去寻找了。梦想并不是每个人与生俱来的天赋，而是等待各自去发现的闪亮宝石。

　　我人生的意义是什么？我想成为怎样的人？我应该过怎样的生活？比起解决这些疑问，先确定人生的方向，找到人生的大目标——值得花费人生大部分时间为之努力的梦想才是最为重要的。

　　要找到一个富有生命力的梦想，你要做的最重要的一项工作就是要发现自我。当然，我们也应以其他人的成功模式为参考，但首先还是应该从自身内部开始，对自己的气质、形象、性格、适应性、兴趣、感情、弱点、才能、力量、价值观等进行充分探索和思考。

　　人生是一场追寻自我的生命旅程，在有限的人生历程中，应该不停地去思索追寻我是谁、我是怎样的存在、我为何而存在。

这种自我发现和梦想的建立在一个人的一生中占据着极其重要的地位。无论一个人学业上获得了多么大的成就或是在社会上达到了怎样的地位，如果对人生的开始和结束没有一个正确的认识，都只会陷入混乱迷惘之中。因此，年轻人应该不断向自己发问，找到人生的目标，坚持人生的方向。

003 站得高才能看得远

世界上有不少年轻人在一天天毫无意义地活着，这让人十分惊讶。或许有人会说，本来活着就很累了，哪还有时间去谈论梦想啊，而很多比较富裕的人同样也说自己没有时间去谈论梦想。其实，生活的意义并不会因为我们是贫穷还是富有而有所差别，而主要取决于我们如何定义自己的人生。

《昆虫记》的作者法布尔是法国鼎鼎大名的昆虫学家。他认为，小昆虫的生理现象中有很多值得我们人类学习的教训，我们可以通过飞虫的生理现象了解到我们为什么要赋予自己的人生以意义。

某些品种的飞虫总是无可奈何地跟着前面的虫群漫无目的地飞来飞去，甚至有时食物明明就在眼前，而飞虫即使想着要改变方向可结果依然在居无定所地到处飞。这些飞虫就这样排得整整齐齐飞来飞去，一个星期左右就会全部被饿死。

从这种小昆虫的生理现象中，我们可以看出人生意义和目标是多么重要。而事实上大部分人也都知道人生目标是非常重要的。

但是，难道只有昆虫是这样吗？难道人类就没有漫无目的地活着的时候吗？要知道，在日常生活中，既没有任何目标，也没有任何方向，只是盲目地虚度光阴的人并不少见。

大部分年轻人都抱怨自己理想的生活不是现在这个样子，但是他们有没有想过，自己的生活之所以会是现在这个样子，不是因为自己能力不足或是没有机会，而是因为没有确立自己的长远规划，没有找到正确的人生意义。

你可以想想，我现在是不是也正如同这些飞虫一样漫无目的地在空中徘徊？我现在正飞往何处？今天我又在努力奔向何方？"

○○4 用长远规划舞动你的心跳

从字典上看，"长远规划"仅仅被简单概括为"未来的构想、蓝图"，而如果你进一步了解的话，就会发现它还有"观察的行为或能力、观察的感觉、洞察力、心理视力"等意思，所以我们通常会将"长远规划"翻译成想象力、先见之明、洞察力，同时，"长远规划"还有"光景、图景、蓝图"等可视的含义。

长远规划的作用在于：

（1）告诉我们我是谁，我的人生之路在哪里。

（2）确定自己的人生方向，并向着自己的目标前进。

（3）赋予我们实现目标的动力。

（4）予我们观察现在和未来的慧眼与力量。

（5）永恒而生动的影像为我们的内心注入永恒的生命力。

长远规划与我们自身也是有联系的，所以，为了让我们的生活向着正确的方向前进，我们需要更加深入地了解一下自己。此外，长远规划与我们的职业、成功、幸福等生活的各个方面都有联系。

世界畅销书作家肯尼斯·布兰查德在自己的著作《用长远规划舞动你的心跳》中强调："长远规划会让你知道你是谁，你将去往何处，你的人生向导是什么。"长远规划是我们实现目标的永恒指针。区分目标和长远规划的方法之一就是问问自己："下一步要做什么？"

目标实现之后就结束了，但长远规划会为我们未来的行动指引明确的方向，帮助我们确定新的目标。很多人都只有目标没有长远规划，对他们来说，实现目标后，一切也就结束了。

如果你"想拥有迷人的身材，购买宽敞的房子，拥有漂亮的别墅，购买高级轿车，积攒很多的钱，成为经营管理者"，那么，这不是长远规划，这只是目标。

如果将这种目标当成长远规划，即便你得到了自己想要的东西，也不会有满足感，相反还可能会感到空虚。目标实现后可以不断挑战新的目标，但在我们的人生中，长远规划却是具有永恒生命力的。

005 选择比努力更重要

西方有句谚语：如果连你自己也不知道你要到哪里，往往你哪里也到不了。一个人应该知道自己适合做什么，应该做什么。选择重于努力，只有尽早地选择并确定自己的职业目标，设计自己的职业发展道路，才能在自己的职业道路上获得成功。

比塞尔是西撒哈拉沙漠中一个不大的村庄，它坐落在一块1.5平方公里的绿洲旁，可是在肯·莱文1926年发现它之前，这儿的人没有一个走出过大沙漠。肯·莱文作为英国皇家学院的院士，当然不相信这种说法。他用手语向这儿的人问其原因，结果每个人的回答都是一样：从这儿无论向哪个方向走，最后都还是要转到这个地方来。为了证实这种说法的真伪，他做了一次实验，从比塞尔向北走，结果三天半就走了出来。比塞尔人为什么走不出来呢？肯·莱文非常纳闷，最后他只得雇一个比塞尔人，让他带路，看看到底如何？他们带了半个月的水，牵上两匹骆驼，肯·莱文收起指南针等现代化设备，只挂着一根木棍跟在后面。十天过去了，他们走了数百英里的路程，第十一天的早晨，一块绿洲出现在眼前。他们果然又回到了比塞尔。这一次肯·莱文终于明白了，比塞尔人之所以走不出沙漠，是因为他们根本不认识北斗星。在一望无际的沙漠里，一个人如果凭着感觉往前走，他会走出许许多多、大小不一的圆圈，最后的足迹十有八九是一把卷尺的形状。比塞尔村处在浩瀚的沙漠中间，方圆千里内没有一点参照物，若不认识北斗星又没有指南针，想走出沙漠，确实是不可能的。肯·莱文在离开比塞尔时，带了一位叫阿古特尔的青年，这个青年就是上次和他合作的人，他告诉这位小伙子，只要白天休息，夜晚朝北面那颗最亮的星走，就能走出沙漠。阿古特尔跟着肯·莱文，三天之后果然来到了大漠的边缘。现在比塞尔已是西撒哈拉沙漠中的一颗明珠，每年有数以万计的旅游者来到这儿，阿古特尔作为比塞尔的开拓者，他的铜像被竖在小城中央。铜像的底座上刻着一行字：新生活是从选定方向开始的。

有无目标是成功者与平庸者的分水岭。如果没有目标，你就会像在浩瀚沙漠中完全凭着感觉摸索的比塞尔人一样，只能是漫无目的地曲折前行，而且最终可能发现，自己又回到了起点；或经过多年的辛勤努力后，却两手空空，一无所获。无论你年龄多大，真正的人生之旅，是从设定目标那一天开始的，以前的日子，只不过是在绕圈子而已。当然，你向目标挺进的过程，有可能是一个职业长跑的"马拉松"，你或许会懈怠，或许会放弃。同样，在现实中，我们做事之所以会半途而废，这其中的原因，往往不是因为目标难度较大，而是觉得成功离我们太远。所以，你制定目标的时候，应该把你的职业生涯的最终目标分解成一个个的阶段性目标。这样的话，只要你持之以恒，执著地一个一个目标去实现，那么，你的职业生涯的总目标也一定能够实现。

总之，职业规划制定得越早、步骤越详细，越能早日实现自己的梦想。所以，找准自己的职业定位，然后朝着这个目标坚定不移地前进，努力将一口井挖深，那么，你一定能取得事业上的成功，实现自己的远大理想，并找到属于自己的幸福。

006 选择一生为之奋斗的事业

有一个年轻人，因为对自己的工作不满意，便跑来向人力资源专家咨询。他自己的生活目标是：要找一个称心如意的工作，改善自己的生活处境。从他的要求来看，这个年轻人的生活动机似乎不全是出自私心而且是完全有价值的。

"那么，你到底想做点什么呢？你自己清楚吗？"专家问。

"我也弄不太清楚，还没有认真考虑过，"年轻人犹豫不决地说，"我只知道我的目标不是现在的这个样子，需要改变。"

"那么你清楚自己的爱好和特长吗？"专家接着问，"对于你来说，你考虑过什么是最重要的吗？"

"这个问题我也不知道。"年轻人回答说。

"如果现在有多种工作让你选择，你知道自己会选择什么吗？你能作出肯定的回答吗？"专家对这个话题穷追不舍。

"我真的说不准，"年轻人困惑地说，"我真的不知道我究竟喜欢做什么样的工作，现在我确实应该好好考虑考虑了。"

"那么，你看看这里吧，"专家认真地说，"你想离开你现在所在的位置，到其他的地方去，这是可以的。但是，在你走之前，你不知道你想去哪里，不知道你喜欢做什么，也不知道自己能做什么，会有什么样的结局。如果你真的想做点什么，那么，现在你必须拿定主意，除此以外别无他途。"

专家对年轻人进行了彻底的分析，同时对这个年轻人的能力进行了测试，结果发现这个年轻人对自己所具备的才能还是一塌糊涂。

根据多年的经验和实践，他知道，对任何人来说，前进的动力都是不可缺少的。因此，他教给年轻人培养信心的技巧，并且鼓励他战胜各种困难。

多年以后，当这位年轻人已经踏上成功征途的时候，一直念念不忘当年专家给予他的指导和激励。

许多人在生活中之所以一事无成，只能平庸地了此一生，也许有各方面的原因，但最根本的在于他们没有从自身出发作出人生定位，而是像一只没有方向的苍蝇乱撞。在人生的道路上，明确自己的目标和方向、选择好一生为之努力奋斗的事业是非常必要的，一个人只有知道自己的目标是什么、到底想做什么之后，成功才会向他招手。

007 给自己标个价

年轻的人，正是面对生活挑战的时候，所以正确认识自己，给自己定一个明确的方向，才不至于像无头的苍蝇一样乱撞。

要给自己一个准确的定位，就要探讨认识自己的问题。这里所说的认识并不是像曹雪芹在《红楼梦》中所讲的道理一样，对于那些身外之物我们还是应该去追求的。我们不反对去追求"身外之物"，更不鼓励人们这辈子禁欲，下辈子进天堂享福。

正好相反，我们要极力鼓励人们去追求现实的身外之物，因为毕竟只有这些身外之物才能反映出我们今生今世过得好不好，才能看出我们这辈子活得值不值。但同时我们也绝对不赞同将这些身外之物当作惟一。那些将身外之物当作惟一的人，当追求得到满足后，又会很迷茫，结果是找不到"自己"，不知该往哪里去，于是会堕落，寻求感官享受。

可见人必须清楚地认识自己，不但要建设极大丰富的物质家园，同时还需要建设自己的精神家园。做人固然要追求物质，但在追求物质的同时，一定要有精神。没有精神，任何物质都经不起人们的推敲，没有精神，任何物质都无法使人得到最大的满足。

人首先应该给自己一个定位，自己到这个世界上来究竟是干什么的，必须有个十分清晰的描述，离开了这个描述，人就会迷茫，就会失去前进的方向，就会在一个个十字路口徘徊，这样的人生是没有意义的。

研究自己的目的就是更清楚地认识自己，找到与自己的素质相对应的目标，凭着自己素质上的信号找到这一目标后，才能攻其一点，攻出成果，由此及彼，不断扩大。

"认识你自己"被公认为希腊哲人最高智慧的结晶。一个不断经由认识自己、批判自己而改造自己的人，智慧才有可能渐趋圆熟而迈向充满机遇之路。

008 人生定位需要量身定做

为自己选择一条合适的路对很多人来说可能是一件困难的事，但实际上任何一个人都有他的优点和长处。你的发光点，其实就是你在自己的人生道路上为自己所选定的人生坐标。找准了这个坐标，你就能够轻松地选对适合你的路，并且充分发挥自己的聪明才智，实现你的人生价值。

在生活中，无论是在择业，还是在创业的过程中，我们都需要了解自己的爱好和特长，并且充分利用它们。这就如同一个射手要想取得十环的好成绩，不仅要具备良好的枪法，也应该有好的准星一样，只有二者结合起来，才能最终使子弹准确无误地射向靶心，一枪中的。

日本著名学者本村久一曾经在他的《早期教育与天才》一书中说："天才人物指的是有毅力的人、勤奋的人、入迷的人和忘我的人……天才就是强烈兴趣和顽强入迷。"的确，一个人无论是干什么工作或从事什么职业，只要是有了兴趣，他就能发挥自己的思维力、想象力和创造力。所以，我们在认识自我时，首先要了解自己的兴趣所在，这对于挖掘我们自己的"金矿"有着至关重要的意义。

当然，有时候，兴趣并不能代表一切，一个人的"发光点"不是简单的爱好所能决定的，要真正认识自己，还必须了解自己的性格，因为性格对于一个人的发展影响深远。某些特定性格的人比较适合于从事某些特定的工作；而某些特定的工作也需要一定性格特征的人来从事。例如，以理智去衡量一切并支配其行动的人，比较适合于从事某项理论的研究工作；而那些情绪波动较大，情感色彩较为浓重的人，就不大适合于从事理论研究工作，否则对理论研究的严肃性和严密性会造成一些消极影响。又比如，交往性的工作或管理工作比较适合于性格活泼好动、敏感、喜欢交际的人去从事；难度较大的工作则适合于精力旺盛、具有直率热情性格的人去从事等等。当然，性格对人生坐标的影响也并不是绝对的，我们往往还需要结合自身的智力水平，包括社交能力、抽象思维能力和实际操作能力等，去综合考虑自己的发展方向。

总之，人生定位需要量身定做，一个人只有在真正认识自己的"闪光点"时，才能全面、客观和公正地评价自我，才能少走弯路，多一点成功的把握。

○○9 推倒不切实际的象牙塔

如果说20岁之前不明白自己要走的路还可以理解，但如果到了20多岁还不明确自己要走的路就有危险了。青春时代正是给自己的人生扎根的时候，你要把自己的理想根植于现实的土壤中，它才有长成参天大树的希望。

为了表示自己的决心，年轻人常常给自己立下誓言。可是，很多时候，现实的环境并不能促使你实现自己的誓言，甚至于理想与现实的差距已经给你增添了太多的阻力，使得很多誓言都没有办法实现。这个时候，你就应该尽快调整自己的目标，根据自己的实际情况，重新做出规划，而不应该死守着不切合实际的誓言，在一次又一次的打击中让自己陷入万劫不复的境地。

古时候有一个渔夫，是出海打渔的好手。他有一个习惯，每次打渔前都要立下一个誓言。有一年春天，听说市面上墨鱼的价格最高，于是他立下誓言：这次出海只捕捞墨鱼，好好赚它一笔。但这一次鱼汛所遇到的都是螃蟹，他非常懊恼地空手而归。等他上了岸，才得知现在市面上螃蟹的价格比墨鱼还要高，他后悔不已，发誓下次出海一定打螃蟹。

第二次出海，他把注意力全放在螃蟹上，可这一次遇到的全是墨鱼。不用说，他又只能饿着肚皮回来了。他懊悔地发誓，下次出海无论是遇到螃蟹还是墨鱼，全部打。

第三次出海后，渔夫严格地遵守自己的诺言，不幸的是，他一只螃蟹和墨鱼都没有见到，见到的只是一些马鲛鱼，于是，渔夫再一次空手而归……

渔夫没有赶得上第四次出海，他在自己的誓言中饥寒交迫地死去。

这当然只是一个故事而已，世上没有这样愚蠢的渔夫，却有同样愚蠢至极的期待。

张明是某中学高三学生，十分聪明，平时成绩也很好。父亲从张明的身上看到了考上名牌大学的希望，很高兴。可是，他给孩子定下的目标，不是根据孩子的实际情况而定，而是希望孩子只报"北大"。尽管张明的成绩不错，可是想要考上"北大"，还是有一定的差距的。听了父亲的目标计划，张明觉得自己的压力很大。

临近高考了，可是张明一点儿也打不起精神，他很害怕自己让父亲失望。越是这样想，就越是没办法集中精神复习。后来，开始出现失眠症状，在临近高考时，得了严重的神经衰弱症，连续几个月，整夜整夜睡不着觉。成绩如何，可想而知。

不仅是在学习的过程中，在工作中，不少年轻人也常常给自己制订过高的计划。这样的情况下，达不到原有的目标，我们就会承受很大的压力，也会因为没有取得预想的成绩而备受打击。时间长了，人就会变得越来越悲观，越来越失望，到最后甚至不再相信自己的能力。

当目标与现实之间有很大的差距的时候，你应该学会随时调整。无论如何，人不应该为不切实际的誓言和愿望活着，而更应该为可预见的目标而努力奋斗。

010 找到自己的人生坐标点

俄国作家列夫·托尔斯泰年轻时曾经无所事事，游戏人生。后来在朋友的帮助下，他反躬自省，认识到自己身上的种种缺点：缺乏反省、缺乏毅力、自欺欺人、少年轻浮、很不谦虚、脾气太躁、生活放纵。他找到了自己的缺点，逐步克服后，潜心写作，先后创作了《战争与和平》《复活》和《安娜·卡列尼娜》等名著，成为著名的作家。

正如美国政治家富兰克林所指出的："宝贝放错了地方就是垃圾。"我们一定要发现自己，认清自己是什么样的人才，适合做什么工作。择业时多"讲究"点，把自己放对地方，等待我们去采摘的，就会是人生甘甜的果实。反之，把自己放错位置，就会像毛驴拉磨一样，虽然周而复始，却无法改变命运，终致碌碌无为一生。

自知是人们对自我认识的正确态度，是成功者的重要经验之一。在综合分析个性、个人能力的基础上，明确自己的职业优势和劣势在哪里，发扬优点，改正缺点，再结合职场状况、行业和岗位的情况，给自己找到一个坐标点，在那个位置上不断努力，如果你愿意这样努力着，如果你努力着并愉悦着，那么恭喜你，因为你没有把宝贝放错地方。然后，随着实际情况的发展变化，对职业发展做适当的修正和调整。这样，你的潜能将得到最大限度的释放。

自知能使人明辨自己在群体中的位置和与他人的关系，自知能使自己清醒处事，冷静评价个人的能力，能够促使自己更为贴切地把握个人的抉择，并有效地进行人生设计和自我训练。

011 专业无冷热，适合是好

现在大学里各种各样的专业有诸如冷门、热门之类的划分，而划分冷热的直接标准就是每个专业的就业前景。"学校要选名牌，专业要选热门"，实际上专业没有冷热之分，还是要看个人兴趣，适合你的专业就是最好的专业。

选择专业的出发点不应是专业的冷热程度，一味地求新求热不是好办法。实际上，真正清楚自己的长处所在、兴趣所在，才能准确判断自己将来究竟适合从事研究型工作还是应用型工作，自己究竟是动手能力强，还是思维分析能力强。

一般所说的热门专业，是一些在某一时期就业前景较好的专业，但由于许多学校一窝蜂而上反而造成供大于求，如法律、计算机、金融、行政管理、工商管理、财政学、经济学、新闻、会计、旅游等专业。而一般所说的冷门专业，是指人们传统观念上认为社会上的需求量相对较小，就业比较困难的专业，如哲学、历史、地质、海洋、气象、农业、林业、勘探等专业。然而，热冷门专业常常是十年河东十年河西，一些昔日的热门专业，在就业市场上却成了少有人问津的"大冷门"。而不少报考时的冷门专业，其毕业生后来在就业市场上反而十分抢手。地质学专业的学生几乎都找到了工作，港口航道与工程、海洋地质等专业的毕业生就业情况也不错。化工、材料、土木工程、机械、自动化专业的毕业生就业形势也都不错。

所以，适合自己的就是最"热"的。随着时代的发展，每年都有一些"热门专业"涌现，但不是每个热门专业都适合于所有的考生。有些热门专业，毕业生虽然在社会上很抢手，但如果对它缺乏浓厚的兴趣和爱好，或性格、气质、身体等因素不适合，就不必去强求。如果专业冷，但自己喜欢，也不失为一种好的选择。冷门专业一般专业性强，学的知识专且深，学的人少，竞争也相对不那么激烈，如果学好了更容易在这一领域有所作为。专业其实没有好坏之分，用人单位现在更看重的是学生的综合素质，比如说实际动手能力、表达能力和人际交往能力，毕业生的社会实践经验也很重要，无论学什么专业，毕业生的综合素质高，就会成为用人单位的优选对象。

了解自身实际情况后，要对自己今后的发展有个大致的规划。看一个专业的冷与热，不如审视自己对某一专业适合与否。如果自己对某一个专业有兴趣，且能胜任，那就应该选择它。因为再冷的专业，也照样会有佼佼者。

012 启动职业生涯之旅

在职业生涯中，你可能会碰到许多岔路，为了不偏离自己的方向，就要预先做好规划。职业是人生的重大课题，职业规划是人生的必修课。今天规划好自己的职业生涯，就是对你仅有一次的人生负责。一个好的职业生涯，就等于幸福人生的一半。

职业生涯规划就是指客观认知自己的能力、兴趣、个性和价值观，发展完整而适当的职业观念；个人发展与组织发展相结合，在对个人和外部环境因素进行分析的基础上，深入了解各种职业的需求趋势以及关键成功因素，确定自己的事业发展目标；并选择实现这一事业目标的职业或岗位，编制相应的工作、教育和培训行动计划，制定出基本措施，高效行动，灵活调整，有效提升职业发展所需的执行、决策和应变技能。职业生涯规划可以使个人在职业起步阶段成功就业，在职业发展阶段走出困惑，使自己的事业得到顺利发展，并获取最大程度的事业成功。

如果把一个人的职业生涯比做一次旅行，那么出发之前最好先设定旅游线路，这样就既不会错过梦想已久的地方，也不会千辛万苦却去到并不喜欢的景点。

为自己制定一个科学的职业生涯规划，就是构筑自己人生的宏伟大厦。每个人都有属于自己的美好愿望，而职业生涯规划就是让自己每天做的事情和自己的美好愿望形成一个科学的、紧密的连接。

有人制定的目标就像是蓝天上的一朵白云，美丽，浪漫，但是飘忽不定；

也有人制定的目标像天空中的一轮明月，它也美丽，浪漫，但相距甚远，非有生之年所能达到的。

我们要把目标定成远处山冈上的一棵树，虽然脚下没有一条笔直的大道通向那棵树，但是我们坚信：只要不放弃，只要坚持去努力，就一定能走出一条路，到达那棵树，摘取成功的果实。这就是做好职业生涯规划的作用。

一个长远而科学的职业规划可以让我们少走弯路。越是趁早发现自己的职业兴趣、职业价值观、职业能力，就能越早地找到与自己匹配的目标工作，也越容易在这份工作中体会到幸福感。与其在职场中横冲直撞，到处碰壁，或是摸着石头过河，不如借助职业规划的帮助，适时地描绘出目标明确、道路清晰的职业生涯发展蓝图，然后集中精力去实现这个蓝图。

()13 设计职业生涯蓝图

该怎样为自己设计职业规划呢？你应该用有条理的头脑为自己要达到的目标规定一个时间计划表，即为自己的人生设置里程碑。职业生涯规划一旦设定，它将时刻提醒你已经取得了哪些成绩以及你的进展如何。

第一，要清楚你需要什么。写下十件未来五年内你认为自己应做的事情。要确切，但不要有限制和顾虑哪些是自己做不到的，给自己的头脑充分的空间。

或者你设想："我死的时候会满足，如果……"想象假设你马上将不在人世，什么样的成绩、地位、金钱、家庭、社会责任状况能让你满足。

第二，做好优势/劣势/机遇/挑战的分析。分析完你的需求，试着分析自己性格、所处环境的优势和劣势，以及一生中可能会有哪些机遇，职业生涯中可能有哪些威胁等等。这是要求你试着去理解并回答这个问题：我在哪儿？

第三，为自己设定长期和短期的努力目标。根据你认定的需求以及自己的优势、劣势、可能的机遇等，来勾画自己的长期和短期的目标。例如，如果你分析自己的需求是想授课，赚很多钱，有很好的社会地位，你可选的职业道路便会明晰起来。你可以选择成为管理讲师，这要求你的优势包括丰富的管理知识和经验，优秀的演讲技能和交流沟通技能。有了长期目标，然后就可以制定短期目标来一步步实现。

第四，在努力过程中找到阻碍你成功的因素。写下阻碍你达到目标的自己的缺点，以及所处环境中的劣势。它们可能是你的素质方面、知识方面、能力方面、创造力方面、财力方面或是行为习惯方面的不足。当你发现自己的不足的时候，就要下决心弥补它，这能使你不断进步。

第五，制订具体行动计划。现在写下你要克服这些不足所需的行动计划，要明确，要有期限。你可能需要掌握某些新的技能，提高某些目前的技能，或者学习某些新知识。

第六，不要羞于寻求帮助。想一下你的父母、老师、朋友、上级主管、职业咨询顾问中，有谁可以帮助你。外力的协助和监督会帮你更有效地实现目标。

第七，分析自己的角色。如果你目前已在一个单位工作，对你来说进一步的提升非常重要，你要做的便是进行角色分析。反思一下这个单位对你的要求和期望是什么，作出哪种贡献可以使你在单位中脱颖而出？大部分人在长期的工作中趋于麻木，对自己的角色并不清晰。但是，就像任何产品在市场中都要有其独具特色的定位和卖点一样，你也要做些事情，一些相关的、有意义和影响但又不落俗套的事情，让这个单位知道你的存在，认可你的价值和成绩。成功的人士会不断对照单位的投入来评估自己的产出价值，并保持自己的贡献在单位的要求之上。

总之，要经常思考自己的前途，策划每个阶段的发展模式，而不要放弃追求。当你开始有所计划的时候，他就已经将打开成功之门的钥匙握在手中了！

014 理想要丰满，现实要骨感

理想和现实是有差距的，在实现理想的过程中，会遇到这样那样的困难。因此，年轻人既要树立远大的理想，同时又要直面眼前冷酷的现实。

越南战争中被俘的美军最高军事长官吉姆·斯托克代尔在1965年到1973年这8年里一直被关在越南战俘营中，在此期间，他经历了数十次的拷问。当时他作为战俘的权利根本得不到保障，也不知道能不能被释放，更不知道还能不能见到自己的家人，可就是在这种状态下，斯托克代尔将军却战胜了战俘营中的艰难生活。

最终斯托克代尔将军回到了亲人的怀抱。而当经营学家吉姆·柯林斯问斯托克代尔是如何在困境中坚持下来的时，他说："我一直坚信故事的结局是我一定会被释放，对此，我从未动摇过，更没有过丝毫的怀疑。再前进一步最后就会成功，我一直坚信这将是我生命的转折点。"

斯托克代尔说，没有战胜战俘营生活的人都是"乐观主义者"。他们说"到圣诞节我们一定会被释放回国"，可是圣诞节来了又去，去了又来，情况依然如故。所以他们又说"到复活节我们一定会被释放回国"，可是复活节来了又去，去了又来，情况依然没有发生变化。然后他们又苦苦等待感恩节、圣诞节。如此往复，他们实在太过伤心失望以至于不是生病就是身体变得虚弱，所以就都慢慢死去了。

斯托克代尔告诫战俘营的士兵说："我们一定要相信我们最终一定能出去，但同时也要做好心理准备，那就是到这个圣诞节我们不一定出得去。"斯托克代尔的"悖论"无论是在引导自己的人生还是在引导他人的人生方面，都体现出了所有创造出伟大功绩的人的特征。

奥地利著名心理学家、意义治疗法创始人维克多·弗兰克也有过战胜纳粹集中营中残酷生活的经历，他说："斯托克代尔即使是在战俘营中也怀有远大的理想。而事实上，斯托克代尔并非只是拥有梦想，他还敢于直面残酷的现实。"

这个故事是《从优秀到伟大》（From Good to Great）的作者吉姆·柯林斯在寻找伟大企业的共同点的过程中发现的，而对于他与斯托克代尔将军之间的这段对话更是让吉姆·柯林斯终身难忘。

所以，我们现在可以说，能够实现自我的成功人士的共同点是："不是单纯为了生存而活着，而是怀着能做出一番大事的坚定理想而活着。不管怎样，都绝不回避眼前残酷的现实，而是根据现实残酷的规则来驾驭自己的生活。"

我们对待自己的梦想时也该如此：要树立远大的理想，但绝不应忽视残酷的现实。而且除了树立远大的理想，为了实现自己的目标，更应该制订现实而具体的实践步骤，并且坚持不懈地执行下去。

015 人生规划越早越有优势

要想处理好择业这个复杂的问题，良好的人生规划是必不可少的。但是"人生规划"又是什么呢？人生规划，就是为了实现愿望，对自身情况进行分析并制订出相应的学习、工作计划，培养相关能力，树立正确的价值观和视野等，以此对未来进行计划等。

这里虽然提到了"愿望"，但事实上不清楚自己的"愿望"是什么的人比比皆是。因为一般来说，大部分人在大学毕业后都是按照自己的实际情况来选择与之相符的职业的。

为了能够获得自己梦寐以求的工作，最重要的是要做好自己的职业规划。职业规划是为了做自己想做的事情，对自我进行分析并进行学习、体验，提高自身能力，树立长远规划与价值观，规划未来的行为。

那么，为了获得适合自己的职业，应该怎样做呢？

首先，要了解自己，为此就需要对自身进行更加细致的分析；不仅要进行自己善于做什么、喜欢做什么、是什么类型的人等内在分析，还要分析自己的外在客观实力。而且，比起下定决心选择只做一种职业，不如准备好三四个可能的预备选项，一门心思只是下定决心做某种职业不是一个明智的选择，但是想做的职业过于多而广也同样不是明智之选。

只有预先考虑好职业的选择范围，才能在读书时对需要的部分进行集中学习，并且积累相关的实习经验，占据求职时的有利地位。具备理想职业所要求的能力与知识、为建立人生意义和目标而打造独特视野范围、形成价值观并且对人生的未来进行计划，这些事情全部都是"人生规划"中的一部分。

对人生规划得越早越有优势，因为树立了特定的人生目标后，知识和经验的积累就不再是漫无目的的，而是具有了向特定目标进击的原动力。

016 确立未来 50 年的人生计划

试着确立自己人生的长远规划。与朋友讨论一下自己的长远规划，或者把自己的长远规划告诉其他人。

（1）在你看来为什么要确立自己的长远规划？

（2）我人生的意义是什么？

（3）阻碍我前进的障碍是什么？我突破障碍的方法是什么？

（4）生活中，除去80%的小事，我们应该集中精力解决的20%的事情是什么？

（5）我应该将什么信念铭记于心？

（6）未来50年我该怎么生活呢？

谁都不知道我们未来的人生中会发生什么，所以有些人说，不需要为自己的人生制订什么计划，那都没有用，他们说的话是真的吗？

的确，在我们的人生中，很多事情都不会按照我们的计划发展，而且我们会遇到各种困难，所以常常会改变原来的计划。但是，在某些偶然的情况下，我们也会实现比之前想好的更高的目标。所以，这种有计划和无计划没有什么区别的说法其实是错误的。有计划的人和无计划的人在想法上有本质的区别：有计划的人有远大的理想，而没有计划的人只满足于自己的现状，活一天是一天；有计划的人一定会在自己计划的时间内完成自己要实现的目标，而没有计划的人觉得自己的目标会因很多情况频繁地改变，所以不会像有计划的人一样努力地做事。

因此，我们都需要制订一个人生计划表，未来50年的人生计划表。

计划表中开头要写上做这张表的年份，旁边写上自己的年龄。此外，表中还可以写自己从事的职业和组织名，自己的职业等级，年薪多少，还有本人拥有的财产、社会地位或是个人目标和成果。

017 设定你的职业目标

马上面临就业的学生们都会思考"职业是什么"这个问题，而一些急于就业的年轻人却可能连思考的时间都没有。为了能够获得自己梦寐以求的工作，最重要的是要做好自己的职业规划，设定自己的职业目标。

职业是实现人生目标过程中必经的一步，如果能找到既让自己感兴趣又有价值和收获并且擅长的工作自然是锦上添花。为此必须提前对适合自己的职业进行探索，获取相关信息，而如此一来，首先就要有一个目标中的职业。虽然来者不拒、不为自己设定特定的职业目标的想法也算是一种积极的心态，但是有了目标才能更好地为之付出努力，做到真正的有的放矢。

全世界有上万种职业。在如此众多的职业中，你最少应该挑选出10个左右作为你期望职业的范围，之后你要对不同职业的产业环境、发展趋势进行了解，并明确这些企业组织或社会组织的实际性质。在选定了要进入何种行业以后，再对这个行业中的企业进行了解和挑选，在这个时候必须明确自己是想要进入这个行业的上游、中游还是下游阶段公司，然后选定自己在这个公司中的理想职位，也就是职业。在对这个职业所要求的能力进行分析之后，你就应该开始在大学就读期间着手进行准备了。

　　一旦选定了志愿企业或某几种行业，就必须达到他们所要求的最低标准，绝不能相信"设定标准是毫无必要的"这样的话并去实践它。虽然标准代表不了全部，但对于企业的人力部门来说，如果不设定一个明确的标准，想要在众多求职者中挑选人才就会变得非常困难。当然企业有时也会采取弃用标准而只凭能力、才干选拔人才的做法，但这并不代表达不到标准也没关系。如果想要进入大公司或政府单位工作，就必须达到这样的最低标准，那么这些所谓的标准都是什么呢？

　　大学时期，你必须准备如下的一些就业要素：

　　（1）树立梦想（眼界、目标、价值观、人生意义等）。

　　（2）自我发现（个性、兴趣、性格、气质、长处、才能、心理等）。

　　（3）职业探索（职业信息、企业信息、目标职业、目标企业、行业理解、产业环境、发展趋势、商业能力探索等）。

　　（4）达成最低指标（学历、绩点、学分、资格证、专业知识、双学位、作为社会人的能力等）。

　　（5）积累丰富经验（课外活动、礼仪课程、打工、实习、出国留学、海外研修、交换学生、社团、社会活动、创业、论文、旅行、恋爱等）。

018 怎样选择满意的职业

　　对于年轻人来说，找到一个令自己非常满意的职业是一件非常重要的事情。

　　职业的选择与许多复杂的因素相关——除了会受到父母和学校的影响，自身的倾向性、性格、气质、兴趣、价值观、职业观、信念、信仰、技能、才能、能力、人生的意义和目标、梦想、规划、注意领域、学历、专业、年龄、性别、身高、外貌、生活地域、口才、人生状态和态度、薪酬等外在条件以及文化、生活模式等，都是非常值得考虑的因素。此外，即使具备了一定的学习能力，也需要考虑自己对哪些专业领域感兴趣，需要获取什么样的知识，从怎样的学习中可以获得更多的知识，应该积累怎样的工作经验等一系列问题。

另外，虽然企业很看重一个人的工作经验，但也对应聘者的能力、特长、兴趣非常关心，因此在面试时，一定要知道自己喜欢什么、讨厌什么。不管你多么喜欢一份工作，如果没有能力做好，也很难将心仪的职业成功地继续下去，因此必须清楚自己有什么能力、能做好什么事情以及很难做好什么事情。

除了上述提到的种种要素以外，在选择职业、规划人生时需要考虑的还有许多。事实上有不少年轻人并没有进行什么考虑，只是根据现实情况无奈地进行了所谓的选择。如果是在过去的社会中，这种选择不会有什么负面影响，因为当时的劳动力十分匮乏，因此在人才市场的需求和供给层面上，求职者占有极大的优势。但是现在与以往不同，现在人才的供给已经大大超出了需求，因此你必须认清自身的背景和能力，在对这些客观条件认真分析之后再选择适合自己的职业。

尽管有许多人对自己的职业不满意，但也有不少人非常满意。那么，后者是如何做到这一点的呢？为了有一个成功的职业生涯，也应该学习那些先行者的人生经历、特性以及成功的秘诀。在马上就要面临就业时学习一些小诀窍是非常重要的，但是更应该学习和思考的是如何才能获得成功的经历，如何展开自己的人生。

019 准备好就业的敲门砖

要想选择好自己满意的职业，你就要具备一定的就业能力和条件，准备好就业的敲门砖。

由于企业的用人标准在急剧上升，有许多人为了获得这样的资格花费了许多金钱和时间，而学生们也会在学习过程中想方设法提高自己的成绩。

但是事实上，对于企业来说，这样的应试教育人才并不如实践性人才有吸引力。不是也有这样的说法吗：满足企业最低用人标准的人只是一张白纸，还有待日后的雕琢。也就是说这种用人标准在很多情况下只是一种书面形式的过滤标准，如果从这个角度来看，许多人认为标准没有任何意义也不无道理。

那么你又该拿什么来证明自己有实际做事的能力和态度呢？我们说，学科、相关知识以及职位标准都是其中的重要因素，但直接的相关工作经验才是其中最为重要的一点，为此应该预先积累尽可能多的经验，例如，参加社团活动、打工、实习、出国留学、海外研修、创业、攻读双学位和资格证等，都可能是我们需要的经验。

你必须具备的资格标准是什么？

准备就业的年轻人往往会把参加过实习、打过工还有拥有资格证当成是就业的必备要素，但实际上，不同的职业所需要的条件和素质是不同的，所以要求也不尽相同。

虽然说有丰富的经验是一件好事，但当你在面试和简历中描述这些经历时一定要有一个中心目的；这里所说的中心目的也就是你能用以证明自己在这个行业和岗位上会比起其他竞争者做得更优秀的证据。

认真地回答下面的问题，并且付出实际行动认真规划你的人生和职业。

1. 选择职业时首先考虑的3个因素。

（1）

（2）

（3）

2. 我心仪的3种职业。

（1）

（2）

（3）

3. 我想要进入的3家公司。

（1）

（2）

（3）

4. 大学就读时期我必须做的3个课题。

（1）

（2）

（3）

○2○ 选择你最感兴趣的行业

纵观世界上杰出的成功者，他们个个执著地追求自己感兴趣的事情，又兴趣十足地投身于自己热爱的事业中，不但使自己特有的个性和素质得到了磨炼，还使自己身上的优势和潜能得到了充分发挥。

英国的牛顿、瓦特，瑞典的诺贝尔，美国的爱迪生、福特，他们从小都爱动脑动手，都具有好奇心，爱问个"为什么"，接着又对实验发明产生了浓厚的兴趣，后来都走上了成功的科学之路。西班牙的塞万提斯，法国的卢梭，俄国的西蒙诺夫、列夫·托尔斯泰，德国的歌德，他们从小都爱听故事，爱读书，在读书的时候，又喜欢寻找书本之外的知识，从而对写作产生了兴趣，最后都走上了成功的文学之路。意大利的达·芬奇、法国的罗丹、中国的齐白石、西班牙的毕加索，他们从小都喜欢画画，喜欢手工，喜欢观察大自然，更喜欢创新，从而对绘画、雕塑产生了兴趣，最后都走上了成功的艺术之路。

卡西以前在一家律师事务所工作，一年秋天，她前去探望定居法国的哥哥。在哥哥的带领下，她参观了附近的雕刻坊。原本，雕刻对于卡西来说还是非常陌生的东西，但那一天起，卡西却从此找到了真正可以改变她一生的兴趣。

怀抱着巨大的热情，她开始频繁地出入雕刻坊，学习所有和雕刻有关的知识。此后，她一边从事日常工作，一边利用业余时间进行雕刻。渐渐地，雕刻在她生活中所占的位置越来越重要，各种各样的材料和工具把她的房间挤得满满的，以致她不得不在家里开设工作室。

她的努力很快就得到了回报，她的作品不断出现在最新的艺术展上，还有不少艺术馆要求收藏。最后，她辞掉了事务所的工作，全力投入雕刻，终于成了一位很有影响力的艺术家。

设法将自己的兴趣和工作连结在一起，是个好的开始。天才的秘密就在于强烈的兴趣和爱好及由此产生的无限热情。

兴趣是勤奋的重要动力。瑞士著名心理学家皮亚杰说："所有智力方面的工作都要依赖于兴趣。"有人研究过，如果一个人对本职工作有兴趣，工作的积极性就高，就能发挥出他全部才能的80%～90%；如果一个人对工作没有兴趣，工作积极性就低，只能发挥他全部才能的20%～30%。难怪德国伟大作家歌德这样说："如果工作是一种乐趣，人生就是天堂。"

励志大师卡耐基曾经说："对自己的工作感兴趣，可以将你的思想从忧虑中移开，最后还可能带来晋升和加薪。即使不能这样，也可以把疲乏减至最低，并帮助你享受自己的闲暇时光。"

兴趣不仅可以让人感到工作的快乐，减轻疲惫感，同时也是事业成功的助推剂。人生的快乐莫过于在工作上取得成就，而最大的快乐莫过于在自己喜欢的工作上取得成就。当一个人为自己感兴趣的事情付出而不顾一切时，他获得成功的机会就更大。正如华特·迪斯尼所说："一个人除非做自己喜欢的事，否则就很难有所成就，要想快乐也就更难。"

注意生活中的每一个细节，特别要注意那些自己喜欢的事情，它们可能就是"机会女神"的藏身之所。

总之，成功的秘诀，就是把自己的工作和自己的兴趣密切结合在一起。对于工作，我们会对于报酬的多寡斤斤计较；但对于兴趣，我们不只会乐意无酬参与，有时候就算花上大把钞票都心甘情愿。

()21 宝贝放错了地方就是垃圾

成功者的原则是：去选择最能够使自己全力以赴的，最能够让自己的品格和长处得以充分发挥的职业。尺有所短，寸有所长。你也许兴趣广泛，掌握多种技能。但是，在所有的长处中，总是有你的强项。唯有充分利用了自己的长处，才能够让自己的人生增值。相反，你总是选择自己的短处，你的人生就只能贬值了。这就是通常人们所说的"宝贝放错了地方就是垃圾"。

马克·吐温开始经商的经历就是把宝贝放错了地方；爱因斯坦之所以成绩斐然，广为人知，就是因为他懂得把宝贝放对地方。当爱因斯坦成为著名科学家后，以色列人民曾邀请他出任以色列的总统，爱因斯坦婉拒了这种至尊的名利，称自己只适合面对客观事物，在行政与人际交往方面一无所长。他明白自己的志趣不在政治而在科学，他成功把握了人生发展的方向，最终将自己铸造成一名伟大的科学家。

有个青年，写七八行信都有十几个错别字，却做着"作家梦"。写了不少文理不通的稿子，四处投稿，均没被采用。他不知反省自己的不足，却一味埋怨别人没有眼光，不识人才；自己运气不好，没有遇见伯乐。妻子叫他从自己的实际出发，干些力所能及的事，而他却责怪妻子不理解他，不支持他的事业。久而久之家庭生活陷入了极度的困境，妻子无法忍受他那种长期执迷不悟，无所作为却牢骚满腹的行为，毅然离他而去，好端端的一个家庭毁灭了。这就是不了解自己的情况，从而断送了自己的前途。

由此可见，盲目择业害人不浅，能够客观地评价自己是多么重要。过高估计自己，就会使自己眼高手低，好高骛远；过低估计自己，就会自卑消极，不求上进。二者都不能使自己的才能得到正常发挥，不能使自己释放出最大的能量。如果对自己的形象和身体、品德和才能、优点和缺点、特长和不足、过去和现状，以及自己的价值和责任，都有一定的认识，那么一生都将受用无穷。反之，就会走向成功的反面。

如果你觉得无法对自己做出相对准确的认识，那么实践是个不错的选择。实践过程会让人清醒地认识自我，在实践的风风雨雨中通过成功或失败，检验自己方方面面的素质，重新认识自己该摆放在什么地方。

022 人才摆错了位置就是庸才

选择你的职业目标时，一定要找准自己的位置。你可知道自身的价值在何处？在社会的喧嚣中，在别人的影响下，许多人迷失了自我，看不清自己真正的价值，总是按照别人的看法设计自己的人生——让自己"生活在别处"。

一般人总是相信，投身于时下最为热门的行业，就俨然处于社会光环的中心，就会得到权力、地位和财富，实现自我的价值。不过，等他们花尽毕生的力气追求之后，才恍然大悟，原来自己真正应该做的事情没有做，自己所追求的很多热门行业根本不适合自己，或者根本就没有意义。

在美国的一个小酒吧里，一个年轻小伙子正在用心地弹奏钢琴。说实话，他弹得相当不错，每天晚上都有不少人慕名而来，认真倾听他的弹奏。一天晚上，一位中年顾客听了几首曲子后，对那个小伙子说："我每天来听你弹奏，都是这些曲子，你不如唱首歌给我们听吧？！"这位顾客的提议获得了不少人的赞同，大家纷纷要求小伙子唱歌。

然而，那个小伙子面对大家的请求却变得腼腆起来，他抱歉地对大家说："非常对不起，我从小就学习弹奏乐器，从来没有学习过唱歌。我长年累月地坐在这里弹琴，恐怕会唱得很难听。"那位中年顾客却鼓励他说："小伙子，正因为你从来没有唱过歌，或许连你自己都不知道你是个歌唱天才呢！"此时酒吧的经理也出来鼓励他，免得他扫了大家的兴。

小伙子认为大家想看他出丑，于是坚持说只会弹琴，不会唱歌。酒吧老板说："你要么选择唱歌，要么另谋生路。"小伙子被逼无奈，只好红着脸唱了一曲《蒙娜丽莎》。哪知道他不唱则已，一唱惊人，大家都被他那流畅自然、男人味十足的唱腔迷住了。在大家的鼓励下，那个小伙子放弃了弹奏乐器的艺人生涯，开始向流行歌坛进军。这个小伙子后来居然成为了美国著名的爵士歌王，他就是著名的歌手纳京高。要不是那被逼无奈的开口一唱，纳京高可能一直坐在酒吧里做一个三流的演奏者。

"人摆错了位置就永远是庸才。"其实很多时候是我们自己把自己当成了垃圾随地乱扔，荒废了自己的才能。

当今，市场经济的运作十分强调把资源配置到最能发挥效率的地方，我们自身也是一种资源，应该选择最适合我们的岗位，定下职业发展的终身大计，然后再一步步走向成功。

023 职业选择的重点在未来

每一个刚刚踏入社会的年轻人，都必须作出一项重要决定：我将以什么方式来谋生？做一个记者、邮差、企业家、计算机程序员、医生、大学教授，或者摆一个肉饼摊子？

很多年轻人渴望了解什么样的职业才算是有前途的职业。对于一个成功的企业家而言，任何一个行业都能创造出丰厚的利润；但对于一个刚刚踏入社会的年轻人来说，选择不同职业，对于未来积累财富的速度和事业成功的概率会有不同的影响。

说一份职业比另一份职业更有前途，意味着从普遍意义上来说，从事这份工作能够使我们获得更多的提升和发展机会，或者收入水平会比做另一份工作更高些。

在选择职业方面，要问自己的一个关键问题是：这个工作适合我吗？一份职业也许有前途，但是却并不一定适合你。譬如房地产是一个利润颇高的行业，但是，对于一个希望独立创业却缺乏资金的人来说也许并不适合，因为这个行业需要有雄厚的资本和深厚的社会关系。因此，我们不能仅仅分析一个行业的发展前途，更重要的应该分析自己在这个行业里是否有足够的发展空间。

人生总是充满了矛盾和缺憾，我们常常会发现，自己感兴趣的职业，其发展空间有限；那些存在着巨大发展空间的行业却往往并不适合自己。但是，毕竟我们的兴趣是广泛的，而且有许多潜能尚未被开发出来，社会能够提供的职业空间也在不断扩充。只要我们有足够的耐心，就能在兴趣、前途和适合自己的职业之间找到某种平衡。

寻找自己所钟爱的职业，依赖于你的热望和现实可行的工作之间的平衡。这样就形成了一个综合的价值评估体系——一个理想的职业本身就不是单一的（譬如个人爱好），而是一个由多种因素组合在一起形成的价值体系。将兴趣放在价值判断的第一位，是因为它对于个人未来发展影响深远，而且很容易被忽略的。

任何一个正确的决策都是基于对各种因素的综合平衡考虑，是平衡的产物。你必须在现实和未来之间，在选择和被选择之间作出无数次选择。

024 职业的变化与进化

如同有机体一般，职业也是生命体，是应时代或社会的要求而产生的，有的职业会一直保持原样继续发展下去，有的则会根据产业结构或是消费者的要求而发生变化。

如果某个职业不能适应环境的变化就有可能会消失，或是与其他职业融合到一起，但如果很好地适应了环境的话，这个职业就会不断地成长，职业种类也会越变越多；有前景的职业大概就是这样成长并扩大的吧。但是现在看来有前景的职业并不一定总是有前景，总有一天它会进入衰退期，这时，职业生命就会因为衰退速度的不同而产生不同的变化。

比如，在有计算机之前并不存在程序员这个职业，但是随着计算机技术的发展，程序员的身影已是随处可见。而随着网络技术WWW（万维网）的发展，自然也就有了程序员职业的扩展——从单纯使用C语言的计算机程序员扩大为Windows程序员、Java程序员、Linux程序员等，同时细分出数据库管理员、网络管理员及IT建设等职业。

此外，紧跟网络时代步伐的手机行业同样也出现了相关的IT程序员；智能手机的出现促使各种应用开发者随之出现，职业族群也在不断地扩大，而那些不能适应新技术的程序员则会被时代淘汰。

那么让我们来思考一下，我们应该选择怎样的职业比较好呢？单纯地追逐热门职业很可能会让自己一败涂地，自己希望从事的领域又已经被准专家们先占了，所以如何实现与这些先行者之间的差别化，就成了积累自己的阅历过程中一个非常重要的环节。

有一个女孩儿大学读完理科之后，研究生也选择了理科的专业，但她后来发现自己并不适合理工科，之后出于兴趣她学习了插花并想将插花当成一项工作继续下去，但是她的父母对此非常反对，于是她改学了心理学，将插花与心理学结合起来，将自己的发展方向定位为园艺治疗师，开始为了实现这个目标而努力学习。

像这样将既有的职业与自己的兴趣、关心的事情或是新兴产业技术结合起来，用新的方式创造出新职业也是一种可行的方法。而如此一来，职业也能带动社会、经济及文化的集体成长。如果成功了，那么即使是做同一种工作，那也是一种与现有的职场人的工作内容不同的具有差别化的职业。

那么就让我们来一起思考一下，如何用自己拥有的经历、优势、兴趣、适应能力、能力、技术等创造出新的职业，如何做到与众不同。

（1）细分：更深入了解现有职业并进行细分。

需要的能力或姿态——要有深度、耐心及匠人精神等。

（2）融合：结合不同的职业、产业及自己的经历等创造出新的职业。

需要的能力或姿态——创造性、多样性，收集各种信息和知识的能力。

（3）爱好：与仅仅按照要求去做现有工作的一般职场人不同，要心底里热爱这份工作。

需要的能力或姿态——乐观的、积极的、明朗的姿态、价值观、愿望以及独立性等。

025 选择转行提防走弯路

谈到转行，也许你会说，转行有什么难？也许你是可以说转就转的人，但恐怕绝大部分的人都做不到，因为一个工作做久了，习惯了，加上年纪大了些，有了家庭负担，便会失去转行的勇气。因为转行要从头开始，会影响到自己的生活，虽然那或许不是你自己真正想要的生活。另外，也有人心志已经磨损，只好做一天算一天。有时还会扯上人情的牵绊、恩怨的纠葛，种种复杂的原因，让你"人在江湖，身不由己"！

其实行行出状元，并不是说哪个行业不好，哪个行业才好，那为何又要提醒你"千万别入错行"呢？

找工作要睁大眼睛，找适合你的工作，找你喜欢的工作，找有发展性的工作，千万别因一时无业怕人耻笑，而勉强去做自己根本不喜欢或根本不适合自己的工作。人总是有惰性的，不喜欢的工作做了三两个月，一旦习惯了，就会被惰性套牢，不想再换工作了。一晃三年五年过去了，那时要再转行，就更不容易了。

虽说很多人的第一份工作是在匆忙之中选定的，为了生活，也许顾不了那么多。这份工作一日一日地做下去，一年两年过去了，人头熟了，经验也有了。有的人从此安安分分地上班；有的人则运用已经学到的经验，自己创业当老板；有的则转行，到别的天地里试试运气。

转行的想法90%以上的人都有过，光是想当然没什么关系；但如果不只是想，而是真的要转，那么你就要三思而后行了。

虽然，这并不是说转行的人必定失败，天底下没有这么绝对的事，而事实上，转行后有好的发展的人也不少。但话说回来，转行后成就不如干老本行的人则更多。这些人有的还不死心地期待着"明天会更好"，有的则早已向后转，回到老本行去了。也许你会说："我没有看到转行后失败的人！"真相是：人都好面子，别人转行失败会主动告诉你吗？

那么，转行之前要"三思"。"思"什么呢？

有几个方向可以参考：

我的本行是不是没有发展前景了？同行的看法如何？专家的看法又如何？如果真的已无多大发展，有无其他出路？如果有人一样做得好，是否说明了所谓的"无多大发展"是一种错误的认识？我是不是真的不喜欢这个行业？这个行业根本无法让我的能力得到充分的发挥？换句话说：越做越没趣，越做越痛苦？对未来所要转换的行业的性质及前景，我是不是有充分的了解？我的能力在新的行业是不是能如鱼得水？我对新行业的了解是否来自客观的事实和理性的评估，而不是急着要逃离本行所引起的一相情愿的自我欺骗？转行之后，会有一段时间青黄不接，甚至影响到生活，我是不是做好了心理准备？

()26 两难选择：考研还是工作

一边是激烈的考研竞争，一边是现实的就业形势。找一份实实在在的工作，先赚钱？还是考研，为自己开拓一条更宽广的就业路子？不满意现状，想改变却又面临变数和不可预知的风险，许多人为此陷入两难境地，犹豫不决。

有道是"知识改变命运"，"考研"热得发烫，也是合情合理的事。但事实上，绝大多数应用型的专业，读研究生对于掌握知识和加强应用的作用不明显，不如在实际工作中学习和提高更实用。每个人的学习、身体、经济等方面的条件是不同的，所以考研不要"从众"，要从自身实际出发，不能盲目跟风，为"考研"而"考研"不可取。

还有一部分人希望通过读研深造，让自己以后找工作更有底气或缓解就业压力。延长就业时限，也成为很大一部分考研者的出发点。

其实，上述想法并不可取。

首先，未来用人单位不会再简单地看学历选人了。20世纪90年代初，每年录取几万人的研究生，现在是几十万，几乎增长了10倍。大学生更是从1990年录取的92万增长到每年的几百万。在大学生很少的时候，"大学生"几乎就是能力的代表；大学生多了后，硕士研究生又变成一种能力的标志；硕士生多了后，硕士学历又失去了人才标杆的作用。

其次，随着社会的发展，人才标准也从最初的盲目以学历衡量逐渐向能力衡量转变（虽然这种转变并不很快），越来越重视工作经验了。一个成熟的社会，对人才的衡量，必然是综合评价，尤其少不了工作经历的评价。在加拿大，很多移民的华人都很优秀，却苦于没有工作经验难以获得一份工作，迫不得以只好去做一份志愿者的工作，以换取工作经验。而一旦有了工作经验，工作就好找多了。这是一个成熟社会给我们的最大启示。

从工作角度考虑，两年工作经验要比两年硕士经历更为重要，也更靠得住。当然，前提是你很努力，认真去工作了。

因此，在面临选择的时候，最关键的是要有清晰的职业规划。不应盲目地追风赶浪，应选择最适合自己扮演的角色。是否考研需要三思而行，要认真考虑考研是不是最适合自身发展，从而作出理性选择。

Part 2

职场前三年决定你的一生

O27 选择公司要考虑的四个问题

选择公司是迈入职场的第一步。对于刚刚踏入职场的你，选择适合自己的公司对未来职业发展很关键，所以每一个即将踏入职场的人都应未雨绸缪。

在选择公司时应当把握以下思路？

第一，你是哪种人？

有人找工作是为了靠工薪吃饭；有人找工作是为了积累经验将来自己创业。在选择公司前，你首先要知道自己的长远规划是什么：做技术专家、高级管理人员，还是为了将来自己创业？

第二，你的兴趣是什么？

每一个求职者都应该明确自己的兴趣是什么：研发？技术？测试（硬件、软件）？市场？销售？投资？人事？财务？这个因素将决定求职者最初的岗位。兴趣是职业发展的持续推动力。干任何工作，如果你对它失去了兴趣，那么，要么是你在被迫受煎熬，要么是你在虐待自己，但最终的结果都导致你和公司双方利益受损。

第三，行业发展前景及行业回报率如何？

良好的行业发展前景是公司光明前途的基础，较高的行业回报率是公司利润的保障。判断行业发展前景及行业回报率应该不是太难的事，可以在网上查阅相关资料，然后请教相关领域的专家或熟人。

但是，在选择不了朝阳产业中发展前景好的公司时，也可以选择行业回报率一般甚至较差的公司中实力较强的公司。其实，现实生活中在这种情况下成功的例子也数不胜数，只是前面一种选择的收益高一些罢了。

第四，公司所处地域、性质、规模及前景如何？

去比较适合自己的区域，就能够得到好的配套，比如比较好的平台、比较好的培训、更宽广的视野等。大城市的机会更多，而且激烈的竞争更能够激发个人潜能，更容易达到更高的职业高度。单纯地说要去大地方发展或应该固守一隅都是不对的，因为更换地域而获得发展或发展受阻的例子都很常见，这里只说明这是个值得考虑的因素。在职业发展的初期要尽可能在比较发达的地方工作，等你已经在职业发展上达到相当的程度再考虑生活上更能接受的城市。

关于公司的性质，粗略来说，国内的公司大致可以分为外企、国企和民企。总的来讲，外企更看重能力，国企需要处理公共关系方面的能力较强一点，民营公司要二者兼备。当然，这不是绝对的，具体选择什么性质的公司要根据自身的特点来决定。

总之，你可以结合自己的具体情况进行具体分析，选择一些适合自己的行业中发展前景较好的公司，或者定出适合自己的一些标准，然后根据这些标准在铺天盖地的招聘信息中找到对自己最有用的信息。

028 选择公司八标准

公司是你发展的平台，如果渴望在职场中大展拳脚，就一定要选择一个适合自己的好公司。有关部门根据大量的调查和数据评估，为求职者准备了八条评判公司的标准，只要符合其中任何一条(如符合多条就更完美)，那么就值得为该公司工作。

那么，这八条标准是什么呢？

不在于是否有经常有出国培训的机会，而在于培训是否能让你有锻炼的机会，能否帮助你弥补致命的职业短板。

不在于你是否会犯错，而在于公司能否教会你下一次不再犯同样的错。

不在于公司是否是世界五百强，而在于你再一次选择工作时，此次的工作经历能否为你的履历加分。

不在于能学到圆滑世故的处世方式，而在于有一个相对简单的人际关系去专心做事。

不在于这份工作本身是否趣味无穷，而在于它是否能让你感受到工作的激情并勇于向未知挑战。

不在于能否让你立刻赚到很多钱，而在于能否让你学到可以赚钱的过硬本领。

不在于你能否通过这份工作结识多少达官显贵，而在于能否通过这份工作能积累工作人脉，学会与人打交道。

不在于工作环境是否足够奢华，而在于工作氛围是否舒服，并得到应有尊重和心灵自由。

当然，无论最终你选择了哪个公司，都应该脚踏实地，勤学好问，做好工作。把握身边一切可以学习的机会——这种机会，不仅仅是业务上的逐步熟悉，更重要的是学会如何更快地融入社会，如何接受公司的文化，如何和同事协同并进，如何待人接物等等。刚刚进入职场的大学生们，无论是正在寻求理想的职位，还是已经成为准职业人，都应该从求职或工作过程中不断吸取教训，从而不断提升自己的职业素养和技能水平。

O29 选择公司要看企业文化

如果你想在一个公司脚踏实地地干下去，那么对你影响最大的因素莫过于公司的发展前景了，而促进一个公司持续发展的动力源泉是企业文化，优秀的企业文化是公司拥有良好发展前景的前提。那么选择公司时，就要选择已经践行着优秀企业文化的公司。

1. 企业文化是一个公司的灵魂

一个公司可以在没有企业文化的情况下实现成长，但一个公司不可能在没有自己的企业文化的情况下实现可持续性成长。因为，没有企业文化的公司实现了成长，只不过是正好适应了社会某个阶段的需求，而得到了生存的空间，但是一旦社会对这种需求减弱，或者遇到某种危机，没有文化的公司将变得不堪一击。选择没有自己企业文化的公司，你的职业命运将和该企业一样，多有坎坷。

2. 有了企业文化，要看企业文化是否健康

没有健康的企业文化，一样不能使公司长久。比如20世纪90年代的郑州亚细亚商场。亚细亚商场当时是中原商业的一个典范，通过央视等的宣传，名号响彻全国。但随之而来是全国各地各大小商店纷纷打出亚细亚的旗号，乘机捞了一把。面对这样的名誉侵权，亚细亚没有采取任何措施，反而引以为荣。结果仿冒得了名字，却仿冒不了产品质量与服务质量，各地对于"亚细亚"的不满此起彼伏，也导致了真正的亚细亚迅速走向死亡。当然，健康的企业文化范围非常广，并非只是一个自我品牌保护的文化，还要看是否和国家及整个社会协调并进。

3. 有了企业文化，还要看文化是否落地

所谓文化落地，是指公司制定的战略、规章制度及各种理念，是否通过具体的工作体现出来。如果企业的文化只是成为宣传的标语，只是成了形式，只是给别人看看的表面文章，却没有成为对公司本身的要求，那这个公司一样可以被认为是没有企业文化的。这样的公司一样很难持续性发展。所以，对以一个注重长远发展的求职者来说，注重所选择公司的企业文化，显得尤为重要。只有选择一个理想的公司，才能获得一个良好的发展平台。

030 三个细节评判公司优劣

你与公司之间的关系是双向的，公司在面试求职者的同时，你也在面试公司。那么，除去看重薪资及岗位外，求职者该怎样来评判公司优劣呢？

首先，要注重该公司的培训是否严格规范。

凡是注重人才培养的公司必有严格规范的培训体系，凡是注重长远发展的公司必有严格规范的培训体系。另外，也只有实力强大的公司才能有严格规范的培训体系。关注一家公司是否有完整的培训体系，大致从以下方面进行：

（1）课程体系：军训类课程，企业文化等综合类课程，营销技巧类课程，产品知识类课程，激励类课程，讨论类课程，情景模拟类课程等等。

科学的课程体系设置，可以全方位提升学员的综合素质。

（2）考核体系：考核方式是单一注重理论成绩，还是注重全方位考核，科学客观地去评定每位学员。理论成绩不能超过整个考核分数的40%，其他项目可以包括实际技能测试、日常团队表现、九型综合测评、演讲能力及各方面的评估，视具体情况而定。

（3）评估体系：是否对每位授课老师进行评估，对授课老师的授课结果进行排名，并进行奖罚，以提高教学质量。只有提高对授课老师的要求，才能提高教学质量。教学教学，先有"教"才有学，把好源头才能真正保证"学"的质量。

其次，注重该公司是否有人才梯队建设。

凡是注重人才培养的公司，必然会有或计划有人才梯队建设这项工作。而不是停留在"注重人才"的空口号上面，也不是经理告诉你"你以后就是公司的储备经理了"这样的口头语言承诺。而是通过切切实实的步骤和方案，来达到储备人才的目的。

所谓人才梯队建设，是根据企业目前的管理岗位或技术骨干岗位，选择合适的人员，组成该岗位的储备人才层级，并对该层级的人员进行严格的知识、技能、心态的培训，使储备人员达到或接近任职岗位的要求。一旦出现岗位需求或空缺，那么储备人员便是第一考虑对象。求职者应该优先选择有梯队建设的公司，哪怕是入职时薪资及岗位暂时未达到目标。因为只有在这样的公司，你才会进入一个有序的受训学习、不断提升、实现自我价值的过程。

最后，注重该公司是否能准时发放薪资。

薪资发放是否准时，是一个重要的小细节，它能直接体现出一个公司的诚信度。先不谈针对员工的其他福利，单是准时发放薪资，就是对员工最实际的福利，尤其在公司存在困难阶段，或者在整个经济不景气的时期。如果一个公司能在平常时期及非常时期，都能准时给员工发放薪资，不拖欠（节假日银行不服务除外）员工工资，那么，也可以毫无疑问地给商品供应商或者原料供给商都准时结算。也就是说，这样一家公司的诚信度是值得肯定的，是一个值得长期合作、值得信任的合作伙伴。一个有诚信度的公司，才是能长久发展的公司。有发展的公司，才能给员工带来发展空间。

031 跟对人才能做对事

对于年轻人来说，选择公司，老板是一个必须考虑的重要的因素。找工作时，老板有权选择员工；同样，员工也有权选择老板。一个成熟的商业社会，个人创业已经变得越来越不容易了，大部分人在人生某一个阶段甚至一辈子可能都要扮演员工的角色。选择一位值得追随的老板，才是个人前途的最大保证。

那么怎样选择好老板呢？换句话说，好老板的标准是怎样的呢？

1. 对事业充满热情

每个人爬山的时候都有深切体会，上山的时候充满热情，外加大力水手吃了菠菜一样的那股"蛮力"，立誓要征服那座山，虽然爬山的时候很辛苦，但内心的感觉是兴奋的。而下山的时候，人又累又困顿，两条腿酸痛得完全不像是自己的，真想切了算了，这个时候很多人都会像斗败的公鸡一样，无奈地往下走。两种老板的区别也就像上山和下山的感觉，显而易见，你会选择给你前一种感觉的老板。

2. 永不消沉低迷

如日中天的老板本身就处在上升期，工作顺利，发展迅速，在这些好事之下，自然会心情大好。心情大好了自然也会感染身边的人，而每个职业人大部分的时间都是在工作单位度过，如果老板能一直散发这种快乐气息，那么工作的时候岂不是非常愉快？而江河日下的老板，心情自然不那么舒服，人不舒服的时候往往就会迁怒于他人，很可能动不动就来个无名火，动不动就借员工来抒发自己心中的怨气，这样的工作状态，谁会想要？

3. 能看大势且顺大势

眼光敏锐者能够率先看到商机，能够顺应大势和潮流，并能顺势而为。任何个人和组织无论有多么大的能量，只能顺大势，很难改变大势。现实中很多老板之所以不能顺大势，是因为根本没有眼光，看不见大势；

或者看走眼，看错了大势。其结果不是顺势而动，而是乱动、盲动、逆动，试想能有什么结果？更有甚者，盲目自信"英雄造时势"，结果就在自己的超级自信和狂傲的驱使下盲目决策，不仅成不了英雄，而且还会成为他人饭桌上的笑谈。伟大的拿破仑后期总打败仗的原因就是逆大势而动，天下人都厌恶了战争，他还持续发动战争，结果成为阶下囚。

4. 能防范风险，更能应对危机

老板有预见性是一方面，但更重要的是能应对突如其来的危及存亡的危机。衡量一个老板能否成大事的指标就是在毫无预见的情况下，老板能够积极沉着地应对飞来横祸，并能把危机转化为机遇。一般人都是在预见和防范风险，而老板做企业，仅靠防范风险的本事，是根本不够的，必须练就危机应对能力，在毫无预见的情况下，把灭顶之灾化为向前发展的动力。只有能够应对危机的老板，才能使企业"关关难过关关过，事事不成事事成"。所以，我们应选这样的老板：泰山压顶不仅腰不弯，而且还能闲庭信步登泰山，一览众山小。

5. 善于用人的人

老板干大事，必须得有一帮人辅佐，所以老板必须是善于用人的人。老板要善于用各种性格、各种来路、各种技能的人。因为企业是生存在社会环境当中的，老板必须千方百计营造和维护有利于企业发展的环境，要不然就等于没有空气和阳光，企业也就不能生存了。

总之，选择好老板才能避免明珠投暗之憾，跟对人才能做对事。如果你不希望自己的青春和热情被白白浪费，那么就努力选择一个英明老板，在成功路上大踏步前行吧！

032 七种老板不可追随

选择重于努力，跟着英明的老板，你可能会受重用，会不断成长，而一旦跟错了老板，你就会找不到方向，很多努力也都会被抹煞。那么什么样的老板不可追随呢？

1．感情生活复杂的老板

这类老板往往喜欢雇用年轻漂亮的女员工，也喜欢用"感情"处理人际关系。可以想见，一个终日拈花惹草、绯闻不断，将最宝贵的时间都耗费在感情纠纷上的老板，是根本无法冷静地经营企业的。

2．没有成功经验的老板

如果你的老板在商场已闯荡多年，经营的企业少说也有四五家以上，但却没一有次真正成功的经验，他经常沾沾自喜地说：我经历过太多事情了，像我这样垮下去又能站起来的人也不多，毕竟我有我独到之处。那你就应该开始怀疑自己的选择了。是的，他是有独到之处。能够连续几次从失败中再站起来，的确不是一件易事。相反地，若连续数次都未能竟其全功，想必他个人有某些重大的缺点。若你的老板属于此一类型，那你就必须仔细探讨他多次失败的原因，一个没有成功经验的老板，你怎能肯定他这一次一定会成功？

3．事必躬亲的老板

勤勉是一个好习惯，但对于老板来说，事必躬亲就是一个糟糕的习惯。如果老板事不问大小皆要亲自参与，他的属下何时能独立呢？无法独立的属下自然出错的机会就大，特别是当事必躬亲的老板不在场的时候。如果你不希望永远处在一家名不见经传的小公司，最好选择一位懂得授权的老板，不要在意公司目前的规模大小。除此之外，事必躬亲的老板也无法留住真正的人才。一位有创意、有担当的人决不希望老板常在左右"束缚"自己。同样，一家留不住人才的公司，你怎能期望它有良好的绩效呢？

4．苛刻又小气的老板

有些老板往往是"又要马儿跑，又要马儿不吃草"，这种老板只能称之为"不知何所取，不知何所舍"的老板。鱼与熊掌想兼得的老板，通常是鱼与熊掌都得不到，也是经常因小失大的老板。如果你的老板一直无法克服这个缺陷，那么你该对是否继续留下来三思了。

5．朝令夕改的老板

企业环境不断地变化，公司决策当然也需相应地改变。然而任何决策的成败，均须经过时间的证明。如果你的老板只有积极，但缺乏耐心的美德，你花费许多时间策划的案子，他在实行三天之后就可以将之取消。或者花费数个月酝酿的计划，往往因为访客的一句话而告全盘推翻。更令人沮丧的是，根据老板指示而作的计划，往往石沉大海一样搁在老板的抽屉。当然，这类老板会将他的做法解释为当机立断。你还会发现，公司上上下下都很忙，忙着收拾残局，忙着在挖东墙补西墙。老板一天到晚都在提出新药方，但他却不明白，有些疾病只有时间可以治愈。

6. 多疑的老板

这样的老板所持的观念是人治胜过规章制度，这类公司通常没有上轨道的制度。如果你是一个部门主管，经常会在非工作时间接到老板的电话；如果你是基层员工，他也经常会对你表示不痛不痒的"关切"。跟着这样的老板工作，心理负担之重可想而知。

7. 言行不一致的老板

这类老板最常说的一句话是：赚这么多钱对我并没有什么意义。企业最重要的任务之一就是追求利润，利润是公司生存的唯一命脉，又何必刻意加否认呢？在这类公司，依照公司章程，如果中午休息时间一个小时，老板很可能会在休息到50分钟时进进出出，发出许多噪音将熟睡的员工吵醒，然后再笑容可掬地说：大家继续睡啊！还有10分钟。只要假以时日，这类言行不一致的老板必然无所遁形。当然，若你也是抱着真真假假、假假真真的人生观，那也无妨。

无论你求职时对即将从事的工作进行了多么深入的研究，但最终你只能找到一份工作。如果你遇到的老板不是那种慧眼识英才的人，看不到你的能力和贡献，甚至毫无道理地打压你，难免会让你的内心产生一种失落感，在事业上也进展缓慢。因此，在找工作时，一定要选个好老板。

033 选一个带你共同成长的好老板

俗话说，"良臣择主而事，良禽择木而栖"。这句话有很深刻的含义。打工者特别是年轻的打工者进入职场后，第一要目标明确清晰，知道到哪里去；第二要乘一艘好船，这样才有可能到达成功的彼岸。这就是说，第一要做自己的职业生涯规划，第二是要选择一个好老板，让他带领你共同成长。

年轻人要想实现自己的梦想，必须一步一个脚印历练、积累，借助好老板提供给你的一个平台或舞台，磨炼自己，发挥自己的才干，最终达到目标，体现自己的价值。跟对人，走对路。那么怎样的老板能带着你共同成长呢？

（1）具备远见卓识，将事业发展壮大，同时具有卓越的领导能力，发现、培养和发展下属，注重个人品性修养，凝聚一支铁杆优秀团队。这类人有，但比较少，可遇不可求，一旦遇到，要紧跟到底。

（2）有理想，有想法，身先士卒，渴望成功，但管理能力、品性修养一般，真心追随的人不多。这也是不错的老板，可以长期跟随。

有强烈的事业心，视职业前途为生命。与这样的老板共舞，自己才可能有出头之日。他想把事业做大做强，需要大量追随者，为愿景的实现，他必须心胸宽广，他知道应该如何对待得力的下属。好老板懂得对下属最有效的管理手段是信任和授予权限。

（3）有领袖风范，坚韧果敢，有勇有谋，心胸广阔有容人之量，懂得如何培养亲信、笼络人心。他只需具备领导艺术，而不必懂得专业技能。

（4）品行端正，不谋私利，不搞阴谋诡计。谁愿意扭曲心灵跟随无德之人？为他尽心竭力到头来没有好结局，成天处于惶恐之中，这可不是理想的职场环境。

选择一个好的老板，让他带动你一起成长，会发展与提升你创造价值的技能，而不仅仅是只要你干活；还会亲自指导与点拨你去做，把他的经验、知识、技能分享甚至传授给你。

034　通过职场第一关

年轻人在步入工作岗位后，要学会的重要一课是如何应付工作环境的方方面面和要承担的职责。工作失败的一个重要原因往往是按自己的主观意愿行事，而不顾工作的客观现实。从一个环境到另一个环境，要有一个适应的过程，学会适应环境是年轻人的一个基本技能。适应新的工作环境需要时间和付诸努力。

在你与老板接洽的时候，你可能一时间明白不过来为什么这家公司要以这样一种方法来做事，而且你从书本上学到的东西也和现实是两码事。并且，老板在与你面谈时只会表现出他最好的一面，正如你也在做的那样。由于你是第一次工作，你可能没有料到工作中会有某些日常事务和令人不快的职责。刚开始工作时要避免把工作浪漫化，要尽可能现实地看待问题，看工作到底需要什么，不需要什么，然后在面试时提出有关的疑问。要记住，老板在面试你时，你也在面试老板。

当你开始做第一份工作时，不管事先做了怎样的准备与考察，你都会发现工作中有很多难以应付的挑战。工作与家庭生活或大学生活截然不同，你要留意与环境的关系、个人的形象、和与他人交往的方式，另外还有老板在一旁督促和评价你的工作。这种全新的经验会令你感到陌生，并常常会带来焦虑。

很多年轻人是从学校学习向工作的转型，从考试、做实验、实习到独当一面之间有很大的距离。新员工要纠正错误，克服困难，自己鼓励自己。他人给予的责备或安慰不再像学校里那么多了。如果睡过头，请假一天或早退，也不会有人直接来管。

当你没能得到升职的机会时要学会耐心等待，还要知道一味苦干并不总是被人欣赏。而且有的变化并不像你期待的那样发生。另外，你不像自己希望的那样在某些事情上能有发言权或能承担责任，至少刚开始的时候不行。

035 工作不仅仅是为了"吃饭"

现在很多年轻人对工作的意义不明白，认为工作就是为了拿到薪水，混口饭吃，这种认识是很偏颇的。

人们为什么要有工作？人们想在工作中得到些什么？从本质上来说，

工作应该能满足以下几点。

1. 吃饭

我们为什么要工作？虽然大家可能会给出各种答案，但最大的原因大概就是要吃饭了吧。但是"饭"又是什么？是单纯地指薪水吗？神话学者约瑟夫·坎贝尔是这样定义"饭"的。

"对于人类来说，'所谓饭，就是将其他活着的东西杀掉来吃'，这是我们人类的悲哀。然而，有好多人并不感激这些为了我们逝去的生命，只是背信弃义地活着，而如果你想感恩，那就通过工作来报答那些为了我们逝去的生命吧。"

2. 通过工作成长

为了报答那些为我们逝去的生命，我们应该做的就是工作——不只是单纯地工作，而是通过工作获得成长，所以每天我们都要努力完成自己的工作，并使得每天都比昨天好一点。

经营学家德鲁克认为，将一年所做的事情重复十次是没有用的。这样做十年也许你会成为行政家，但绝不会是专家，因为这只是单纯地重复，而我们必须要比之前更成熟才行。如果满足不了这个条件，很多人就仍然无法从"饭"这个层次中摆脱出来而只能继续迷茫下去。

3. 组织与社会价值体现

我们所做的工作不能只是为了确保自身利益，还必须为组织和社会做出贡献，不仅使自己所属的企业也获取到利益，还要使自己的社会价值也得到体现。不然的话，工作还有什么意义呢？

只有满足了这三点，你的职业的本质才能得以体现。

036 不只为薪水而工作

尽管薪水现在已成为了"个人隐私"，但是职场中的每个人心中都有个薪酬排位顺序表。假如不幸自己位居末流，多数人会感到低人一等，甚至忍无可忍愤然辞职。

在他们的眼中，薪水是自己身价的标志，绝不能低于别人。他们的"理想远大"，刚出校门就希望自己成为年薪几十万元的总经理；刚创业，就期待自己能像比尔·盖茨一样富甲一方。他们只知向老板索取高额薪酬，却不知自己能做些什么，更不懂得从小事做起，实实在在地前进。

只为薪水而工作让很多人缺乏更高的目标和更强的动力，也让职场上出现了几种不正常的现象：

1. 应付工作

他们认为公司付给自己的薪水太微薄，他们有权以敷衍塞责来报复。他们工作时缺乏激情，以应付的态度对待一切，能偷懒就偷懒，能逃避就逃避，以此来表示对老板的抱怨。他们工作仅仅是为了对得起这份工资，而从来没想过这会与自己的前途有何联系，老板会有什么想法。

2. 到处兼职

为了补偿心理的不满足，他们到处兼职，一人身兼二职、三职，甚至数职，多种角度不停地转换，长期处于疲劳状态，工作不出色，能力也无法提高，最终谋生的路子越走越窄。

3. 时刻准备跳槽

他们抱有这样的想法：现在的工作只是跳板，时刻准备着跳到薪酬更好的单位。但事实上，很大一部分人不但没有越跳越高，反而因为频繁地换工作，公司因怕泄露机密等原因，不敢对他们委以重任。由于他们过于热衷"跳槽"，对工作三心二意，很容易失去上司的信任。

所以，一个人若只是专为薪金而工作，把工作当成解决面包问题的一种手段，而缺乏更高远的目光，最终受骗的可能就是你自己。在斤斤计较薪水的同时，失去了宝贵的经验，难得的训练，能力的提高。这一切较之金钱更有价值。

而且相信谁都清楚，在公司提升员工的标准中，员工的能力及其所付出的努力，占很大的比例。没有一个老板不愿意得到一个能干的员工。只要你是一位努力尽职的员工，总会有提升的一日。

所以，你永远不要惊异某个薪水微薄的同事，忽然提升到重要位置。若说其中有奇妙，那就是他们在开始工作的时候——得到的与你相同，甚至比你还少的微薄薪水的时候，付出了比你多一倍，甚至几倍的切实的努力，正所谓"不计报酬，报酬更多"。

假如你想成功，对于自己的工作，最起码应该这样想：投入职业界，我是为了生活，更是为了自己的未来而工作。薪金的多与少永远不是我工作的终极目标，对我来说，那只是一个极微小的问题。我所看重的是，我可以因工作获得大量知识和经验，以及踏进成功者行列的各种机会，这才是有极大价值的报酬。

事实证明，如果你不计报酬、任劳任怨、努力工作，付出远比你获得的报酬更多、更好，那么，你不仅表现了你乐于提供服务的美德，还因此发展了一种不同寻常的技巧和能力，这将使你摆脱任何不利的环境，无往而不胜。

037 每天多做一点点

年轻人不应该抱有"我必须为老板做什么"的想法，而应该多想想"我能为老板多做些什么"。

全心全意、尽职尽责是不够的，还应该比自己分内的工作多做一点，比别人期待的更多一点，如此可以吸引更多的注意，给自我的提升创造更多的机会。你没有义务要做自己职责范围以外的事，但是你也可以选择自愿去做，以驱策自己快速前进。率先主动是一种极珍贵、备受看重的素养，它能使人变得更加敏捷，更加积极。无论你是管理者，还是普通职员，"每天多做一点"的工作态度能使你从竞争中脱颖而出。你的老板、委托人和顾客会关注你、信赖你，从而给你更多的机会。

每天多做一点工作也许会占用你的时间，但是，你的行为会使你赢得良好的声誉，并增加他人对你的需要。

如果不是你的工作，而你做了，这就是机会。有人曾经研究为什么当机会来临时我们无法确认，因为机会总是乔装成"问题"的样子。当顾客、同事或者老板交给你某个难题，也许正为你创造了一个珍贵的机会。对于一个优秀的员工而言，公司的组织结构如何，谁该为此问题负责，谁应该具体完成这一任务，都不是最重要的，在他心目中惟一的想法就是如何将问题解决。

为什么我们应该养成"每天多做一点"的好习惯？——尽管事实上很少有人这样做。每天多做一点工作当然会占用我们的时间，但是，这种行为会给我们树立良好的声誉，使别人更加需要我们。

038 主动，赢得信任与重用

如果置身于环境中，不迷失自己，保持积极主动的工作精神，即使恶劣环境也能转变为好环境；反之，再好的环境也不会使你成功。

李小姐失业后，向她的朋友讲述自己的经历：她的第一任老板是个严厉的人，那时她刚毕业，对公司的业务一点也不熟悉，老板给她一大堆工作，拼命地找她工作里的失误之处，并且看她不顺眼，千方百计想在试用期满之前让她走人。

第二任老板是中年人，他作风开明，有亲和力，她在那里工作很顺利。可是，后来不知为什么，他开始慢慢地变得爱找她的麻烦了，最后竟为了一个小小的失误，炒了她鱿鱼！听她倾诉的朋友，终于发现了其中的问题，那就是她消极被动的工作习惯。

她在做第一份工作时，因为没有经验，工作做得漏洞百出，但真正让老板生气的不是她的失误，而是她的工作态度：交代一样做一样，从不主动去学习，能躲过去的就不做，遇到困难就放弃。而她在做第二份工作时，老板起初是很看好她，因为交给她的任务完成得都不错。一段时间后，她开始盲目满足，工作对她来说成了混饭吃，她根本就不想再付出努力，老板发现后就让她走人。以后的经历也都是这样的，她从不主动工作，总是带着消极的工作习惯，她也只好一份又一份地换工作了。

这个女孩认为自己倒霉，却没有找到令她"倒霉"的真正原因，她还不明白老板为何对她不满。因为她不主动工作，态度消极，这样的员工自然不被老板所喜欢，而且她这样做也只能把原来对自己有利的环境转变成老板找碴儿的不利环境。在这样的态度下工作，她也不会取得什么成就的。

工作中的事情，不论大小，如煮咖啡、扫地、接待客人等，都要积极主动地认真对待。在小事上主动，才能赢得别人的信任，这样才能有机会承担更复杂的重任，也能促成自己的成功。

一个优秀的员工永远不会缺乏主动工作的精神，他永远都会保持自动自发的精神，他们懂得如何更好更主动地工作。不论工作有多么单调、无聊、毫无挑战性，新员工都要主动调适自我，加强学习，努力通过试用期的考验，并为进一步安定下来积累经验。

039 工作就意味着责任

没有责任感的军官不是合格的军官，没有责任感的员工不是优秀的员工。责任感是简单而无价的。工作就意味着责任，责任意识会让我们表现得更加卓越。世界上最愚蠢的事情就是推卸眼前的责任，认为等到以后准备好了、条件成熟了再去承担才好。在需要你承担重大责任的时候，马上就去承担它，这就是最好的准备。如果不习惯这样去做，即使等到条件成熟了以后，你也不可能承担起重大的责任，你也不可能做好任何重要的事情。

有一个替人割草打工的男孩打电话给布朗太太说："您需不需要割草？"布朗太太回答说："不需要了，我已有了割草工。"男孩又说："我会帮您拔掉草丛中的杂草。"布朗太太回答："我的割草工已经做了。"男孩又说："我会帮您把草与走道的四周割齐。"布朗太太说："我请的那人也已做了，谢谢你，我不需要新的割草工人。"男孩便挂了电话。此时男孩的室友问他说："你不是就在布朗太太那儿割草打工吗？为什么还要打这个电话？"男孩说："我只是想知道我究竟做得好不好！"

多问自己"我做得如何"，这就是责任。

有一次，一个小伙子向一位作家自荐，想做他的抄写员。小伙子看起来对抄写工作是完全胜任的。条件谈妥之后，他就让那个小伙子坐下来开始工作，但是小伙子却朝外边看了看教堂上的钟，然后心急火燎地对他说："我现在不能待在这里，我要去吃饭。"于是作家说："噢，你必须去吃饭，你必须去！你就一直为了今天你等着去吃的那顿饭祈祷吧，我们两个永远都不可能在一起工作了。"那个小伙子因为得不到雇佣而感到特别沮丧，但是当他有了一点点起色的时候却只想着提前去吃饭，而把自己说过的话和应承担的责任忘得一干二净。

工作就意味着责任。在这个世界上，没有不需承担责任的工作，相反，你的职位越高、权力越大，你肩负的责任就越重。不要害怕承担责任，要立下决心，你一定可以承担任何正常职业生涯中的责任，你一定可以比前人完成得更出色。

040 为责任感注入热情

托尔斯泰曾经说过："一个人若是没有热情，他将一事无成，而热情的基点正是责任感。"

许多年以前，伦敦住着一个小孩，自幼贫病交加，无依无靠，饱尝了人生的艰辛。为了糊口，不得不在一家印刷厂做童工。

环境虽苦，志气却不短。早就与书报结下了不解之缘的他，常常贪婪地伫立在书橱前，不住地摸着衣兜里仅有的买面包用的几个先令。为了买书，他不得不挨饿。一天早晨的上班途中，他在书店的书橱里发现了一本打开的新书，便如饥似渴地读了起来，直到把打开的两页读完才走。翌日晨，他又身不由己地来到了这个书橱前，奇怪，那本书又往后翻开了两页！他又一气读完了。他是多么想把它买下来呀，可是书价太高了。第三天，奇迹又出现了：书页又顺序地翻开了两页，他又站在那儿读了起来。就这样，那本书每天往后翻开两页，他每天来读，直到把全书读完。这天，书店里一位慈祥的老人抚摸着他的头发说："好孩子，从今天起，你可以随时来这个书店，任意翻阅所有的书籍，而不必付钱。"

日月如梭，这个少年后来成了著名的作家和记者——他就是英国一家晚报的主编。

　　之所以自学成功，是因为他苦读善学，也是因为他遇到了一位极富有责任感的人。善良的老人倾注给他的是人间最美好的东西：温存怜悯，爱护关怀，鼓舞鞭策。他向身处困境的少年人打开了向往美好生活的心扉，引导他步入知识的世界，为他后来成为对人类有所贡献、为世人所尊敬的作家而承担了自己的责任。

　　对生活的热爱，对人们、对大自然、对一切美好事物的热爱，会使一个人认识到自己身负的使命以及应该去承担的责任，从而努力对社会作出贡献。

　　责任感是不容易获得的，原因就在于它面对的许多小事。但是最基本的态度是一致的：做事成熟，无论多小的事，都能够比以往任何人做得都好。比如说，该到上班时间了，可外面阴冷、下着雨，而被窝里又那么舒服，你还未清醒的责任感让你在床上多躺了两分钟，你一定会问自己，你尽到职责了吗？还没有……除非你的责任感真的没有发芽，你才会欺骗自己。对自己的慈悲就是对责任的侵害，必须去战胜它。

041 避重就轻就是推卸责任

　　避免或逃脱责罚是人类的一种强烈本能。

　　"这不是我的错。"

　　"我不是故意的。"

　　"没有人不让我这样做。"

　　"这不是我干的。"

　　"本来不会这样的，都怪……"

　　这些辞令是什么意思呢？

　　"这不是我的错"是一种全盘否认。否认是人们在逃避责任时的常用手段。当人们乞求宽恕时，这种精心编造的借口经常会脱口而出。

　　"我不是故意的"则是一种请求宽恕的说法。通过表白自己并无恶意而推卸掉部分责任。

"没有人不让我这样做"表明此人想借装傻蒙混过关。

"这不是我干的"是最直接的否认。

"本来不会这样的，都怪……"是凭借扩大责任范围推卸自身责任。

找借口逃避责任的人往往都能侥幸逃脱。他们因逃避了由于自身错误而产生的社会后果而自鸣得意。这种心理强化使得这些借口得到了广泛使用。这类"免罪"的借口经常能够获得部分或完全的成功，否则，人们就不会使用这种手段了。

但事实上，逃避根本解决不了任何问题。

你应该为自己的行为负责。你作出决定，就理应承受相应的责备与赞扬。但是有时，人们在作决定时确实会受到种种客观情况的干扰：比如信息不通、缺乏常识、时间紧迫或者精神不够集中等等。所幸人类具有创造力，因此你有办法逃避应当承担的责任。当然，如果你真是无辜的，你经常能够通过事实、证据和逻辑驳斥对你的指责。但是，如果你真的有责任，就应该接受别人的责备。

如果你辜负了同事的信任，继而若无其事地对他们撒谎，你们之间的关系就会遭到毁灭性的破坏。为了免受应得的责备，有些人会掩盖真相、敷衍搪塞、编造借口、无中生有、言不对题或者真真假假、闪烁其词。这些欺骗伎俩并非总能奏效，但是其目的却已昭然若揭：不过是想方设法逃避谴责与惩罚罢了。

042 多一个借口就少一个机会

无数的人与成功失之交臂，重要的一点是为自己找到了自欺的理由。像什么"如果每天不堵车，我就不会经常迟到了；现在竞争太激烈了，要是早几年我也会成为××行业的精英；如果我有××的学历，我早就成为这方面的杰出人才了……"这些借口都是自欺欺人的。在你每找一个借口的同时，你也不经意间失去了一次机会。

在闻名世界的美国西点军校里，学员们在回答长官的问话时只能回答四句话，即："是，长官。""不是，长官。""不知道，长官。""没有任何借口，长官。"

"没有任何借口"的行为准则在200多年来使无数的西点军校的毕业生在各自的人生和事业上取得了非凡的业绩，尤其在军事方面，无数的经典战例都出自西点学子的指挥。

某报有一篇人物专访：一位名气颇大的律师，其钢琴弹得不亚于专业水准，接受采访时记者问他："业务如此繁忙，你是如何抽空搞音乐的？"他笑笑答道："要是喜欢，总有时间。"每一个成功者都是那些清楚地知道自己需要什么的人，他们懂得如何去寻找，而不是整天为自己找理由开脱。

我们经常可以碰到类似的情况，遇到一些自己不愿干或不想干的事情，找个理由替自己推脱——"没有时间"；看到一些成功人士的事例，想到自己一事无成，找个理由自我安慰——"别人的机遇好，而自己不走运"……如果我们真的想做一件事，想得食不甘味，夜不能寐，就一定会去做，而且一定会做好。多一个借口，你就少了一次机会。

043 任何时候都不找借口

借口就是推脱责任，所以不要对同事或领导找任何借口，因为没有任何借口。

对于企业来说，它所需要的是没有借口的员工。许多人把宝贵的时间和精力放在了寻找一个合适的借口上，而忘记了自己的职责和责任。对于员工来说，不要去找任何借口，哪怕是看似合理的借口。

"没有任何借口"是美国西点军校200年来奉行的最重要的行为准则。西点军校的一个现象吸引了世界上的经济学家们："二战"以后在世界500强企业里面，西点军校培养出来的董事长有1000多名，副董事长有2000多名，总经理、董事一级的有5000多名。

这个数字足以让世界上所有以培养经济人才为目标的商学院都自愧不如。西点军校对学生的要求是准时、守纪、严格、正直、刚毅，而这正是这个世纪企业管理者所必须具备的，也是一个忠诚的员工所必须具备的基本素质。

西点军校里有一个广为传诵的悠久传统，就是遇到军官问话，只有四种回答："报告长官，是！""报告长官，不是！""报告长官，不知道！""报告长官，没有任何借口！"除此之外，不能多说一个字。在西点军校，军官要的只是结果，而不是喋喋不休、长篇大论的辩解。"没有任何借口"是西点军校奉行的最重要的行为准则，是西点军校传授给每一位新生的第一个理念，其核心是敬业、责任、服从、诚实和忠诚。

人在做任何事情和承担做事所带来的后果的时候千万不要找借口，因为组织需要没有借口的员工。

044 与你的上司默契相处

每个员工都希望自己的能力得到上司的赏识，但是要注意一点，就是不要在上司面前故意显示自己，那样显得很做作。那样会给上司留下自大狂的印象，好像恃才傲物，盛气凌人，而使上司感到你难以相处，彼此间缺乏默契。因此与上司交往，要注意以下几点。

与上司说话，要注意寻找自然、活泼的话题，让他有机会充分地表达意见，你适当地作些补充，提一些问题。这样，他便知道你是有知识、有见解的，自然而然地认识了你的能力和价值，但又不显得你盛气凌人。

和上司交谈时，不要用上司不懂的技术性较强的术语。这样，他会怀疑你是故意让他难堪；也可能觉得你的才干对他的职务将构成威胁，并产生戒备，而有意压制你；还可能把你看成书呆子，缺乏实际经验而不信任你。这些情况都是对你不利的。

向上司提建议时，要注意从正面有理有据地阐述你的见解。不要显示出批评和瞧不起上司的意思。有民主要求，还要有民主素质，即要懂得尊重他人意见，尊重上司意见。这样，他才会承认你的才干。

对上司个人的工作提建议时，一定要谨慎一些，要事先仔细研究上司的特点，了解他喜欢用什么方式接受下属的意见，对不同的上司要采取不同的策略。比如大大咧咧的上司可用玩笑建议法，严肃的上司可用书面建议法，自尊心强的上司可用个别建议法，虚荣心强的上司可用寓建议于褒奖之中法等等。

你要懂得心理学上的角色换位法，设身处地体会上司的心境。有些人单独工作干得很好，当了上司却一筹莫展，尤其苦于处理各种横竖关系。因此要主动地帮助他分忧解难。在他犹豫不决、举棋不定时，主动表示理解和同情，并诚恳地做出自己的努力，减轻上司的负担，会令他非常高兴和赏识你，当然对你的升迁大有好处。

045 要经得起上司的批评

工作中要经得起上司的批评。这往往是初入社会的年轻人所难以做到的。

我们应该知道，每个人都有自身的缺点，因为金无足赤，人无完人。那么在工作中，我们也是难以完全避免出错，不管你是多么优秀、杰出。在公司里上班，恐怕就避免不了挨上司和老板的批评。这当然很不愉快，但在工作中几乎难以避免。对于刚进入社会的年轻人来说，这是最让人难以接受的。很多年轻人大学毕业，甚至是重点大学毕业，心中把自己当成"天之骄子"，自尊心过强，很不习惯被别人批评。但是在社会上就是要接受许多令我们不愉快的事。这是我们进入社会必须学习的一课。

刚上班的时候大家还比较生疏，上司或许还会对你客气点。时间长了，比较熟悉了，有时工作出现失误，就可能会遭到上司的批评。有的上司脾气不好，还会咆哮、唠叨、说教等等。

有些人受到痛斥，也许会产生"这下完了，上司很明显讨厌我"或"那么严厉真让人受不了，干脆辞职不干了"的想法。其实这种情况下首先不要意气用事，不能凭一时冲动做事，因为以后可能会后悔。

这种情况最需要的是冷静。你应好好反省，上司为何训斥你，明白自己错在哪里，力争以后不再重犯。至于对挨骂这件事情本身，大可不必看得那么严重。管理部下是上司的职责，从上司角度来讲，有时下属工作做得不好，的确让他们很着急，有时控制不住自己的情绪。作为下属，你也许有必要把挨骂当成工作的一部分。而且，骂与被骂实质上也是你与上司之间的一种沟通。他批评你，也意味着他把你当作真正的工作伙伴。此外上司对你的批评中多半透露着上司的本意和大量的实务知识，应心平气和地聆听，别漏掉这些有用的信息。

职场打工的人，不可能连一次骂也没挨过。首先，最重要的是保持顺从的态度。虽然不必做到像应声虫一样的地步，但是起码，脸上应该露出反省的表情，并以坦率诚恳的语气向上司道歉。挨骂之后，不可垂头丧气，也不可嘻嘻哈哈，让人产生随骂即忘的印象。当然，最重要的是应尽快改正错误，无礼的反抗态度只会使自己受到损害。

046 与同事建立良好的关系

在职场中，你决不能孤芳自赏，也不能认为做好自己的工作就功德圆满了。你必须与同事建立良好的关系，让你的做事能力、待人方法在同事心目中产生良好的印象。

这种事说起来容易，但做起来却异常困难，因为这不仅不是一朝一夕之间能够奏效的，而且要面面俱到，使上上下下的人都说你好，必须在日常言行中，一点一滴地去累积。

有关这一类的修养功夫很复杂，而且有些事也是只能意会不可言传的，在此仅能就几项原则性的问题加以探讨：关心别人，赞美别人，最终你也必定受到关心和赞美；常怀谦虚之心，不以傲慢态度对人，养成宽宏大度的胸襟；要有敬业、合群的精神，给人一个有出息、易于相处的印象；不要做"长舌妇"型的人物，更不可无中生有、挑拨是非。还要记住："敬人者，人恒敬之；爱人者，人恒爱之。"

人是感性的动物，在愉快的气氛下工作可收事半功倍之效。因此不妨多关心别人、体贴别人，增加亲切感，这样办起事来就更容易了。一个员工若想获得老板的赏识，就必须与同事建立良好的人际关系。而良好的人际关系的基础，决不是自大、自负的结果，而是在做好自己的工作外，懂得为其他同事着想，必要时，帮助同事处理某项工作。

不要自扫门前雪，若同事需要你的帮助，要尽力而为，即使不会立刻获得回报，但你的投资是不会白费的，起码同事会认为你是个大好人。处处设身处地去感觉他人的心态，再给予支持，没有人会不喜欢你的。尝试多花些时间协助同事工作，这也许会占用你一些时间，但你的整个职业生涯的发展，将因此受益匪浅。

和同事发生矛盾时，应该巧妙地处理，力争将其化解掉：首先不要让矛盾升级，要立刻着手处理。要直接与对方打交道，别另外拉进第三者，让更多人承担你的沮丧不好。另外，除非帮人调解是你的工作职责，而且双方都希望你出面帮助协调，否则不要成为别人矛盾的调解人。不要因责备对方而把事情人格化，如果矛盾源于对方的行为，记住要对事不对人。预先准备好至少一种对双方都有利的备用方案，并尽量显示幽默感，还要强调双方差异中的积极因素，从而缓和紧张气氛，并支持他人尝试改变的意图。在制订计划时留下足够的时间作阶段性回顾，以便在出现新问题时有可能及时解决。

尽量不要通过上级来解决矛盾，除非没有其他办法。如果你确实需要上级帮忙的话，要先拟一个合适的程序，并告诉对方你的计划。

总之，与同事的关系不可小视，它将直接影响到你的工作热情、工作效果，只有与同事建立良好关系才能彼此分忧解难、共同提高。

047 做一个受同事欢迎的人

在职场中，选择与同事友好相处、共同提高非常重要。我们常看到，有不少人能力很强，但他们在一个企业中始终发展不起来，也得不到独当一面的机会。尽管有时候他们的工作也很重要，但老板却不会把负责全面管理的工作交付给他们，其原因就是这些人缺乏制造和谐的能力。

一个人在就任经理的酒会上，说了几句肺腑之言："我相信，在这里能力比我强的人很多，学历比我高的人也不少，我之所以能侥幸获得晋升，是因为这些人都是我的好朋友，他们相信帮助我就如同帮助他们自己一样。"这句话听起来平淡无奇，但却贴切地道出了他成功的因素。如果你能使同事在你晋升之后，一点也不感到不嫉妒，反而像看到老朋友晋升一样高兴，可以说你在待人处事方面就达到炉火纯青的境界了。

要到达这种境界，不是全靠做事的能力，还要靠你制造和谐的本领，尤其在牵涉到名利方面的问题时，你能使自己成为"众望所归"的人，你的事业就无往不利了。

论个人做事的能力，有些人可能比谁都强，但在待人处事上，却欠缺缓冲能力、制衡方法，这类人除非跟老板有特殊的关系，否则，他们决不可能掌握大权。

在商场中，这种情形是常见的：有些老板，其企业的规模并不大，但他本人在商界的知名度却非常高，一提起他来，大家会打心眼里喜欢他；还有些人，在商界始终是打工者的身份，并未拥有自己的企业，但他们的名望却并不输给那些大老板。这种好的名声、好的人缘，并不是钱财可以买到的，而是由平时的待人接物一点一滴累积起来的。你有了好的声望，又有卓越的才能，你在企业的地位才会巩固。所以，培养制造和谐的能力，是每个想有所作为的员工的必修课。

你可能有这样的经验：在宴会上，有些人特别能制造热闹的气氛，只要有他们在，决不会有冷场，他们总是能使宾主尽欢。你别小看这种能力，能使宴会没有冷场的尴尬，不使大家低着头吃"闷"饭，决不是短时间内能够修炼成的。因为，在这种场合，话太多了不好，话太少也不好，在多与少之间，如何能拿捏得恰到好处，在最适当的时机说些最得体的话，这的确是一门大学问。

有人说，这要靠天才，有些人天生伶牙俐齿，讨人喜欢。但严格说起来，培养和谐的气氛，不是光靠能说会道就可以奏效的，还有很多其他的因素。其中最重要的一项就是气质——让人一见你就产生好感，比油嘴滑舌要强多了。

不过，大家一定要认识清楚，所谓"和谐的能力"，不是和稀泥，不是当"老好人"，更不是趋炎附势。而是能分辨是非黑白，该近的近，该远的远；该应付的应付，该以诚相见的，就要以诚相见。如果一个人油嘴滑舌，亲疏不分，那么表面上看起来他很吃得开，但日久天长，当别人认清他的真面目时，他这种"和谐的能力"，就会像被嚼过的口香糖，终会被吐掉的。

048 向同事虚心求教

一个人的力量总是渺小的，所能知道的也很有限，总有比自己在某些方面强的人，总会有自己不懂的事，这就必须提问请教。不要让虚荣心堵住了自己的嘴，否则，就是堵住了进入知识和成功殿堂的大门。

刚进入社会的年轻员工，由于血气方刚而容易犯自视甚高，不甘人下，以为听从上司的指使的的错误。他们把自己估计得太高，把自己的工作能力评价得太强。只要他们在工作中稍有好的表现，就认为自己对公司重要得不得了，就认为除了自己不可能再有人做得更好。这种幼稚、天真的想法，不知误了多少年轻人的事业和前途。

如果你由于工作认真、才能出众，慢慢地获得晋升，成了公司的高级员工。可是这时如果恃功而傲，认为公司有今日的发展，完全是你的功劳，做事的精神松懈了，对老板的态度随便了，老板自然会慢慢对你失去信任。

你应该知道，当年你可能是公司里最能干的人，所以老板才欣赏你、提拔你。等你升到某一阶层之后，由于自己工作态度的转变，做的事少，批评却多，甚至老是以"想当年"做资本来炫耀自己，对现有的工作又老是自以为是，不肯接受别人的批评和意见，老板又如何能再重用你？

"长江后浪推前浪"，当你这个前浪失去了冲劲，后浪又不断地涌上来时，你的地位很可能会被冲垮。这不是老板不重情义，而是任何企业在不断成长中的必然趋势，除非老板也像你一样，缺乏扩展事业的雄心，让几个老朋友守着摊子。否则，你过去的功劳就会逐渐失去重要性。

一般情况下，初次进入某个公司，首先要接受上岗培训。在这期间的学习内容颇多，很难一次性消化。但是，对工作手册、职责划分等有关资料，应尽早掌握。阅读上述资料时，如有不懂之处，应及时向前辈或上司请教，以确认其中的行业专用术语或简略语的准确定义。提出这类问题并不会让别人看不起，相反会增加别人对你的好印象，认为你虚心好学。

一名新员工进入公司后，最少半年时间内，无论有什么问题都要询问他人，这可说是新职员的特权。所以，不懂之处宜早问为妙。随着时间的流逝，同事会渐渐把你看做老员工，此时的你对于提问请教之事，慢慢就变得难于启齿。因此，为了早日胜任工作，请抓紧时间，不懂就问，并认真领会。

049 与不同类型同事友好交往

在职场中，同事天天在一起工作，低头不见抬头见，各人的性格习惯、脾气禀性、优点缺点也暴露得比较明显。因此，你必须掌握与不同类型同事共事的技巧，避免产生矛盾。

与同事交往时，必须练习人与人之间进退应对技巧。自己该如何出牌，对方会如何应对，这可是比下围棋、象棋更有趣的事情。

有人认为，平时须与有癖性的人交往以锻炼自己，使自己成为坚强的人。有癖性的人，全身上下都有棱角，刚开始与这样的人交往可能不习惯，会因与其棱角对抗而伤痕累累，但决不可因此退却，否则便会失去锻炼自己的宝贵机会。要学会忍受，这样你便有可能成为性格成熟的人，有限的人生也能获得最大的愉悦。另外，与以下几种类型的同事交往时也应特别留心。

1. 对待过于傲慢的同事

与骄傲自大、目中无人、举止无礼、出言不逊的同事打交道，难免让人觉得心中不快。对待这种人，多说无益，说话应尽量言简意赅，用简短的话语阐明你的意思，给他们一个干脆利落的印象，也使他们难以施展傲气，即使想摆架子也摆不了。减少与他们相处的时间，免得他们在你面前"尽显神威"。

2．对待尖酸刻薄的同事

尖酸刻薄的人，是职场上没礼貌的人，他们的话语多半没有素养，在与人发生争执时，会不留情面地挖人隐私，同时冷嘲热讽无所不至，好揭人短，以取笑别人为乐，让对方的自尊心受损，颜面尽失。与这样的人相处尽量保持距离，不要招惹他们，同时要有宽容心理，吃一点小亏，听到一些闲言碎语，切忌不可动怒，否则是自讨没趣。

3．对待深藏不露的同事

这种人对事物并不缺乏见解，只是不会轻易表达自己的想法，非要等到万不得已，或者水到渠成的时候，才会说出来。这种类型的人一般都有心计，他们喜欢观察别人、了解别人，从别人身上得到更多的讯息。这种人又很精明，他们会周旋在各种矛盾中而立于不败之地。和这类人交往，要有防范之心，以谨慎为妙，不要轻易地把自己想法或秘密告诉他们，否则他们会掌握你的底细和秘密。

4．对待冷漠死板的同事

与这一类人打交道，你不必在意他们的冷面孔；相反，你应该热情洋溢，以你的热情来化解他们的冷漠。但也不能急于求成，可以仔细观察他们的言行举止，从他们的言行中寻找出他们真正关心的事来。你可以随便和他们闲聊，因为每个人都会有自己感兴趣的事，只要你稍一触及，他们就会滔滔不绝地说出来。你也可以表达自己的观点，相信几次交流之后，他们一定不会对你冷漠了。

总之，在职场中，你可能会跟各种性格的同事打交道，你要选择做一个人人喜欢的友好同事，不要因对方是自己不喜欢的人，就厌恶他。不妨学习与这种人恰当交往的办法，这样自己也能渐渐地成长为有度量的人，并能在职场中崭露头角。

050 团队的成功就是个人的成功

在生活中，在职场中，我们总是走到两个极端，要么太过于追求个体的价值实现而忽视整体的利益，要么注重整体的利益而牺牲个体的利益，很难达到两者的平衡。在一个企业或者团队中，每一个成员都面临着这样的问题，但走上面所说的两个极端都不是好的解决办法，一个优秀的员工一定要在两者之间取得平衡。同时，个体与整体之间并不一定是互相抑制、此消彼长的绝对对立；相反，优秀的员工不仅能在两者之间取得平衡，还能让两者互相促进。

一个优秀的团队，会把各种人才聚合在一起，大家会在工作中对别人进行了解，在沟通中能发现别人的许多优点。这时，聪明的员工总能发现自己的不足和别人的长处，取长补短，虚心向周围的人学习。同时，大家也会为了共同的目标而改变自己以前不好的工作习惯，使自己变得更加优秀。

当然，在团队中因具体分工不同，工作上也还有轻重之分。有的人做的工作对于整个团队来说举足轻重，他们的收益比团队的其他人高一些，但他们的工作相对要复杂些、辛苦些，他们所承担的风险和获得的收益总是成正比的。天底下没有白吃的午餐，一个项目弄砸了，首先挨批受罚的是团队领导，然后是负责整个项目的核心技术人员，绝不会是搞测量的助理工程师。前两者的收益明显高于后者，但是他们承担的压力也会高于后者。

需要付出的努力多、承担的风险大的工作自然就会有较高的回报，这一点是大家都能理解的。所以就不要再对那些收益高的团队成员不满，更不能想方设法地在其工作中设置障碍，想通过这种方式博得领导重视是极不明智的。

在工作中，一个负责任的团队成员应接受任务并按时、保质、保量地完成。如果每个人都将自己的职责抛在一边，而只想从团队中攫取自己想要的东西，那么整个团队不成了一盘散沙了吗？在一个团队中，也许很多人都厌倦了做一个默默无闻的支持者，希望像核心人物那样出尽风头，但是无论怎样，个人总要服从团队，孤掌难鸣，再大的水滴离开大海都会很快就消失的。

一个对自己团队负责的人，其实也是在对自己负责，因为他的生存离不开团队，他的利益是和团队利益密切相关的，这就像鱼儿永远也不能离开水一样。只要我们在这个团队中一天，我们就应该对这个团队负一天的责任。你的团队需要你，而你自己更需要立足于你的本职工作，不懈地努力。

现今的工作多是程序化的工作，互相配合是每一个员工必备的素质。因此，越来越多的公司把是否具有团队协作精神作为招聘员工的重要标准。团队协作不是一句空话，善于协作的团队生命力极强，无坚不摧。而在团队中工作能力强、具有协作精神的员工，则是公司高薪留用的对象。相反，一个不肯合作的"刺头"，势必会被公司排斥。人员流动情况的研究表明，大多数人是因为喜欢独来独往而离开公司的，这一原因超过其他任何一种原因。

一个精通业务的员工，如果他仗着自己比别人优秀而傲慢地拒绝合作，或者合作时不积极，总倾向于一个人孤军奋战，这是十分可惜的。多人的合力远比一人的力量大，其实每个人都可以借助其他人的力量使自己更优秀。

还有很重要的一点，一个团队给予一个人的帮助不仅是物质方面的，更多的在于精神方面。一个积极向上的团队能够鼓舞每一个人的信心，一个充满斗志的团体能够激发每一个人的激情，一个善于创新的团队能够为每一位成员的创造力提供发挥的平台，一个协调一致、和睦融洽的团队能给每一位成员一份良好的体验。选择一个优秀团队，并且培养自己的团队协作精神吧，你将在团队中获得更大的成功！

051 积极融入到整个团队中

合作是一种双赢、多赢的战略。不过，合作有时也需要某个人作出一些牺牲，以保证团队的利益能够充分实现。但仔细想一想，团队的收益不也是个人的收益吗？如果没有人作出一点牺牲的话，那么整个团队最终将会失去成功的机会，受损失的不仅是整个团队，还有其所有成员。

没有规矩，不成方圆，团队合作其实也是有各种规矩和技巧的，如果你想处理好自己与团队其他成员的关系，就必须了解团队合作的技巧。

1. 遵守团队制度
团队各项制度的规定主要是为了防止效率低下和个人惰性的滋生。在制度模式下，由于利益的潜在诱导，必然影响到人们的选择；而制度特有的对于权利义务的明确界定，使得制度具备了有效阻遏惰性的功能。

团队在运作过程中，如果采取散兵游勇式的模式，可以想象为了维护团队正常的工作需要付出多么大的成本！但幸好企业的发展经验已经为我们提供了绝好的管理方法，即建立团队的制度来作为团队的指南。通过制度，团队的发展将变得有章可循，队员在进行行为选择时，也将拥有明确的理性预期，而团队的管理也将节省一大笔资金。

此外，员工只有了解团队的制度，熟悉团队的规划，才能使自己与团队的节奏保持一致，从而使整个团队发挥其最大效能。

2. 营造民主氛围

一个团队如果缺少民主氛围，那么这个团队就会死气沉沉，没有一点活力。营造民主氛围，团队领导起着关键作用。但作为团队中的一员，你有权利也有义务就团队事务发表自己的看法。设想一下你是否满意目前你所在团队的氛围，你是否觉得自己状态良好，而且潜能得到了发挥？

如果你对你的团队的氛围还比较满意，那么你一定要积极地投入到你的团队中去，主动地参与团队的各种活动，热情地帮助你的队友，但也要注意不要越俎代庖，干涉别人的事务。

如果你对你的团队的不民主的作风非常反感，建议你主动去找团队的领导就此进行沟通。此时态度一定要诚恳，要本着促进团队发展的心态和合作的理念去沟通；否则，如果演变成团队的内讧，就事与愿违了。如果在试着跟团队的领导沟通时，你的意见被忽视或者被嗤之以鼻，那么，为了自己的发展，你最好还是离开该团队，否则你的才能发挥会受到很大限制，而且你工作也不会顺心。

052 学会交流，与人合作

作为职场新人，在工作中有很多新东西是在课堂上从未学过的。其中最重要的一种是：与各种人物交流合作的能力。

工作中一个重要的技能是与人有效交流的能力。懂得如何在不同的层次上与人交往的员工才是成功的员工。

第一个层次的技能是读、写和说。几乎所有的工作都需要口头交流，同时要求阅读信件、报告、备忘录、会议记录、通讯和公关信息。另外，大多数机构要求能够清晰明确地表达看法：思路有条理，词汇和语法正确，易于理解，老练成熟，说服力强。至于写，要有清晰而富有逻辑性的结构、正确使用字词以及标点符号。要想有好人缘，和同事打成一片，还需要有非正式的交流技巧，如交流感情、提出异议、有幽默感和保守秘密等。

第二个层次的技能是自我表达——告诉别人我相信什么，立场是什么，需要什么。这便构成了我们有别于他人的"个性"，也正是吸引人的地方。我们还要让别人知道我们的价值观、无法容忍的事以及内心的感受。同时非语言交流也是生活的一部分，你需要在理解自己的态度和感受的前提下诚实地表达自己。而不善于隐藏自己消极态度和感受的人容易在人际交往上有麻烦或得到他人意料之外的反应。

任何工作都要碰到的一个问题是如何与管理者或老板进行清楚而有效地交流。如果老板不善于与人打交道，或存在偏见，正在生气，甚至无能的话，就比较麻烦。不幸的是，这种问题仍需员工设法来解决，员工要想方设法弄明白老板的意图。但有些问题却是由员工自己引起的。他们在从小与父母的关系中产生了对权威的抵触情绪，如果你也有这样的情绪的话，请保持客观态度，而且不要忘了在目前表面正常的工作关系中可能蕴藏着危险因素。

053 越权工作，喧宾夺主

要搞好和老板的关系，非常关键的一条就是要把握尺度，不要越位；否则，所有的一切都将付之东流。与领导共处，主动多做一点，多承担一些分外的事，会赢得更多的信赖和好感。但要喧宾夺主、自作主张，就不受欢迎了。

赵蕾在一家国有企业从事财务工作，财务部只有主任、出纳和她三人。主任不管业务，出纳去年才凭关系进来，于是全部门所有的工作几乎都压在了赵蕾身上。出纳只做现金一块的活计，连最基本的报销都不做，但主任从来不说出纳半个"不"字，因为出纳有靠山。在领导的纵容下，出纳工作极其马虎。相反，赵蕾做事努力尽心，可到最后总是费力不讨好。主任有时还会暗示赵蕾，她对工作太认真，把事情都默默地做完了，不等于把他架空了吗？

赵蕾心底里直呼冤枉。主任连电脑都不懂，动不动就甩手把所有的工作都推到她一个人身上，把她累得几乎趴下。到头来，却埋怨她太过能干，赵蕾感到自己简直里外不是人。

现在，主任和出纳都明显地表现出不喜欢赵蕾，平时两人总是有说有笑、有商有量，单单把赵蕾排除在外，赵蕾为此郁闷不已。

上例中的赵蕾对工作兢兢业业，为什么不被主任肯定？很可能是她平时有些越级的举动，令主任不满。她说，自己很想把财务部工作搞好，可是，在三个人中，就只有她有这个意识。由此可以看出，她把自己的角色弄错了。把部门搞好是主任的事情，作为下属，应当配合上级完成这一目标，而不是干脆代替上级去思考。她在言谈中，对主任颇为鄙视，主任对此怎么会没有察觉呢？看来，赵蕾还是应该先摆正自己的位置。

正确认识自己的角色定位，做到出力而不越位，你可以从以下方面着手。

1. 干工作不越位

做事时，要为自己定好位。哪些该做，哪些不该做，应该心中有数。有的人觉得别人的事给自己来做才能做好，才能表现一番，便抢别人的路。这样不仅不能把本职工作做好，反而会显示出自己的花花肠子，事事不能专心去做，一事无成。越位做事确实不是明智之举，往往出力不讨好。越位一方面会使被越位的同事感到愤怒和嫉妒，另一方面很容易使自己做不好本职工作，遭到上司的批评。为了防止越位，一定要明白自己的职能范围。

2. 表态不越位

表明对某件事的基本态度，一般与一定的身份相联系。超越身份，胡乱表态，是不负责任的表现。例如，在谈判的时候，我们必须坚持自己的立场，必须站在己方的位子上说话。我们可以进行换位思考，可是不能弄错自己的位置。并且每个人都不应多说话，以免说的话超出了自己该说的范围，让对方掌握更多的把柄，导致自己的谈判失败。做事的时候，我们应该找准自己的位置和对方的位置。

3. 场合不越位

有些场合，如应酬客人、参加宴会，应适当突出领导，让领导走在前面、位置居中等。有的人不注意这一点，显示自己过多，显示领导太少，是不对的。

总之，与领导相处凡事不可越位，这是每一个人最起码的工作准则。初入职场的年轻人，在与人打交道时，首先要摆正自己的位置，明确自己的职责，不要越位，不要越级。

054 擅自做主不是明智之举

某先生是一家投资公司的项目部经理，业务能力强，胆大心细。在世纪交替的那一波网络狂潮中，形形色色的人拿着形形色色的投资书来和老板谈。当时互联网热潮甚嚣尘上，老板被这些天方夜谭般的盈利模式搞得热血沸腾，决定投巨资搞一个"全球华人网上陵墓"，发一把死人财。

这位项目经理经过仔细分析和调查，认为这个项目涉及中国人的传统习俗，要想改变绝非易事。所以他就据理力争，极力反对这个项目，搞得老板很不高兴。这时，摆在他面前的路就只有两条，要么"纵容"老板，让公司承担巨大风险；要么阻止老板，让老板对自己不满甚至砸掉饭碗。他深思熟虑，终于选择了后者，但他没有在公司股东大会上公开反对，而是单独和老板推心置腹地长谈，给他分析市场，并且表示自己可以承担一切后果，包括引咎辞职。他的"死谏"引起了老板的思考和斟酌，决定先观望一下。果然不久，他们就听到消息，另外一家投资该项目的公司血本无归。

身在职场，自然免不了和领导打交道。然而，下属在与领导相处的过程中，容易犯又不易自省的错误就是替领导做主。

决策，作为领导活动的基本内容，处于不同层次的领导者其权限是不一样的。有些决策可以由下级领导作出，有些决策则必须由上级领导作出。有些主管不能充分认识这一点，明明应该由上级领导作的决策，他却超越权限，自己擅自做主。

在有的企业中，职员可以参与公司和本部门的一些决策，这时就应该注意，谁作什么样的决策，是有限制要求的。有些决策，你作为下属或一般的普通职员可以参与，而有些决策，下属还是不插言为妙，"沉默是金"，你要视具体情况见机把握。有些问题的答复，往往需要有相应的权威。作为职员、下属，明明没有这种权威，却要抢先答复，会给领导造成工作中的干扰，也是不明智之举。

有的下属可能认为，帮助领导作决定是在替领导分担工作，会得到领导加倍的赞赏。事实却相反，你的这种"大包大揽"的行为并不会赢得领导的好感，因为你的私自决定等于是在与领导的权威进行挑战。职场中的分工是明确的，下属应该尽职尽责地做好分内的事，一些关系到整体利益的大事还是由领导亲自掌权，作为下属的你还是不要随便乱"插手"。

在工作中，决策越位对上下级关系有很大影响。下属的热情过高，表现过于积极，会导致领导偏离"帅位"，大权旁落，无法实施领导的职责。领导往往会把这视为对自己权力的侵犯。如果你是下属，又时不时犯这样的毛病，领导就会视你为"危险角色"，对你保持一定的警戒，甚至设法来"制裁"你。这时，即使你有意同领导配合，也为时已晚。

055 巧妙与职场高手"过招"

俗话说，同行是冤家，无论你从事什么工作，必然存在着残酷激烈的竞争。不承认和不正视这种竞争，便是掩耳盗铃故作天真；过分夸大这种竞争，则是舍本逐末倒行逆施。

事实上，一个卓越的对手，远比一个平庸的朋友带给你的帮助更大。

因此，学会与高手"过招"，会使你的职业生涯受益无穷。

那么，面临高手带给你的巨大压力，该如何应对呢？

从事广告创意的X先生，历经千辛万苦，终于赢得了上司的赏识和同事的拥戴，眼看就要成为部门主管，可以率领一个团队了。可惜，天不遂人愿，公司高层上司不知出于何种考虑，高薪从别处挖来一名业内精英S先生进入部门工作。而且，S先生很快就熟悉了公司环境，利用原有的客户资源，表现出色。

每个人都知道，部门主管将由这两人的角逐产生。X自己更清楚，多年的奋斗和拼搏将面临强大的挑战。如何迎战？怎样取胜？败了，如何自处？太多问题困扰着他。

X先生经过冷静思考之后，迅速找到了自己的优势和不足，最终决定扬长避短，奋起反击。他一方面利用自己在公司里的影响力，上下协调，不断完善自己的本职工作，表现出杰出的管理才能。另一方面，他主动与S先生接触，虚心向他请教，不但使双方的关系大为改观，也使自己的业绩有了很大提升。

最终，X先生在竞争中胜出，成为部门主管，而S先生则调到另一个部门当主管，双方皆大欢喜。在以后的工作中，两个人还成了非常要好的工作伙伴。

竞争是冷酷无情的，尤其是和高手"过招"，一不留神就有可能一败涂地。我们要做的就是抓住竞争的机会，去战斗，去拼搏。也许你会失败，但在竞争的过程中，你也肯定能从对手身上学到很多东西。

056 不做办公室"长舌妇"

说话时要注意自己的语言，不要让自己的有口无心而毁掉了你的人缘，失掉了你的人格。背后议论别人的是非，说别人的坏话，换来的是惨痛的代价。在现实生活中，如果要想成为赢家，一定要严守自己的秘密，不可轻易亮出自己的底牌，务必做到"守口如瓶"。与人推心置腹，可以赢得朋友。但你若滔滔不绝，忘了留点隐私和机密，你的祸端就可能由嘴产生。

　　总公司的市场经理M初次来办事处指导工作，中午请部门同事一起吃饭，席间谈起一位刚刚离职的副总王琳。入职不久的D说："王琳脾气不好，很难相处"。M说："是吗，是不是她的工作压力太大造成心情不好？"D说："我看不是，三十多岁的女人嫁不出去，既没结婚也没男朋友，老处女都是这样心理变态。"

　　闻听此言，刚才还争相发言的人都闭上了嘴巴。因为，除了D，那些在座的老员工可都知道：M也是待字闺中的老姑娘！好在一位同事及时扭转话题，才抹去M隐隐的难堪，而事后得知真相的D则为这句话悔青了肠子。

　　故事中的同事D因为在众人面前议论其他同事的"难言之隐"，令其他一位有着同样"难堪"的同事感到很不自在，影响了彼此的同事关系。所以，在职场中，"长舌妇"最令人讨厌。

　　在社交场上，尤其是众人场合，人与人之间免不了互相议论，互相评价，比如某人气质绝佳，某人人缘不错，某人是个滑头，这个人可交，那个人不可交等。可以说，每个人都避免不了成为其他人茶余饭后的谈资和笑料，也正因为从别人的口中，人们才能真正认识到社交的意义和价值。

　　但是，对他人过多的议论和评价，并不受人欢迎。在办公室里，如果你热衷于和同事们三群两伙地谈论其他同事，很可能不久，你也会被其他同事所谈论和评价。如果大家谈论的是你的某个优点或长处，评价的是你的某个能力或强项，那说明你在大家的心目中留下了好印象，人缘还是不错的。但是，如果是你的某个缺点、某次蠢事被大家得知而正在爆料，那对你的影响可就是负面大于正面了。

057 制造"八卦新闻"会惹祸上身

　　某公司的几个女同事聚在一起吃午餐，聊着聊着，就开始发挥某方面的专长，批评起这个部门的主管不好，那个部门的主管看起来色迷迷的。连董事长的儿子、女婿也难逃一劫，一个一个被拿出来评头论足一番。几个女人七嘴八舌的，东一句西一句，越说越起劲。她们炮火隆隆，比起美伊战争有过之而无不及。

正当她们聊到精彩部分时，看到行政部门的小刘拿着便当走过来，就热情地叫他过来一起用餐。多了位听众，女人聊闲话的功力更是发挥到极致。一位陈小姐正在批评刚上任的男经理，她悻悻然地说："哼！什么都不懂，还老是摆个臭架子，依我看，我们小刘都比他强多了。小刘！你说是不是啊？"小刘正低着头吃饭，无端端被卷入这场战局里，为了阻止这个话题继续，小刘忽然抬起头来，望望四周，神秘兮兮地说："但是，我听经理说过他非常欣赏你，还想约你出去看电影，到底他约了没？约了没？"大家听了，原本一肚子的话顿时卡在喉咙里，众人眼光不约而同地集中在陈小姐泛红的脸上。这下子，陈小姐可成了八卦新闻的最佳女主角。

其实，新上任的经理，人才和品德都出类拔萃，暗恋他的人数不胜数，怎么会去喜欢一个成天在背地里说人是非，唯恐天下不乱的女人呢？这只不过是小刘为了耳根清净，虚晃的一招罢了。小刘的这招还真管用，接下来的时间里，大家都低着头默默无语，几个狐疑的目光轮流在陈小姐脸上打转。说人者人恒说之，陈小姐终于尝到被人在背后论长论短的滋味了。

在工作的空档说些无关痛痒的是非，可以有效地促进同事间的情谊，为平淡的工作增添一些色彩。但是这种行为一旦变成了不实的谣言，就是把自己的快乐建立在别人的痛苦之上了。如果散播了不实的谣言，不管你再怎么强调只是"听说"，不管你之后如何道歉补救，伤害已经造成。

爱在背后说别人的坏话，无中生有，制造"八卦"新闻，也许只当作玩笑，或者心直口快，并无恶意，但无论怎样都有意无意间对他人造成了伤害。要知道，语言伤害有时会超过人身伤害，因为语言上的伤害是伤了一个人的自尊心。一句侮辱性的语言完全可能毁掉深厚的友情，一句无心的评论很可能破坏了你与同事间的感情。

058 对隐私要守口如瓶

任愚在深圳一家公司工作，他和同事侯金私交甚好，常在一起喝酒聊天。一个周末，任愚备了一些酒菜、约了侯金在宿舍里共饮。两人酒越喝越多，话越说越多。酒已微醉的任愚向侯金说了一件他对任何人也没有说过的事。

"我高中毕业后没考上大学，有一段时间没事干，心情特别不好。有一次和几个哥们喝了些酒，回家时看见路边停着一辆摩托车。一见四周无人，一个朋友撬开锁，由我把车给开走了。后来，那朋友盗窃时被逮住，送到了派出所，供出了我。结果我被判了刑。刑满后我四处找工作，处处没人要。没办法，经朋友介绍我来到深圳，好不容易才在这家公司找到工作。不管咋说，现在咱得珍惜，得给公司好好干。"

任愚在深圳踏踏实实干了 3 年后，公司根据他的表现和业绩，把他和侯金确定为业务部副经理候选人。总经理找他谈话时，他表示一定加倍努力，不辜负领导的厚望。谁知道，没过两天，公司人事部突然宣布侯金为业务部副经理，任愚调出业务部另行安排工作岗位。

事后，任愚才从人事部了解到是侯金从中捣的鬼。原来，在候选人名单确定后，侯金便找到总经理，向总经理谈了任愚曾被判刑坐牢的事。知道真相后，任愚又气又恨又无奈，只得接受调遣，去了其他不怎么重要的部门上班。

任愚因工作认真、勤于思考、业绩良好被公司确定为中层后备干部候选人，这本来是他出人头地的一副好牌。可惜他不懂得出牌的奥妙，亮出了一张臭牌，无意间透露了一个属于自己的秘密而被竞争对手击败，终未被重用。

隐私是一种个人的收藏品，因为再好的朋友也可能由于某种原因感情破裂，如果他了解了你的隐私，那么到时你的秘密可能人尽皆知；如果你了解了他的隐私，他必定又会对你心存芥蒂、百般防范。每个人在自己的内心里，都有一片私人领域，在这里埋藏了许多心事。心事是自己的秘密，只能留给自己，千万不要随便说出口，也许它会成为别人要挟你的把柄，到最后让你追悔莫及。

让他人了解自己的隐私和主动了解他人的隐私都有很高的危险系数。为慎重起见，你应该把与隐私有关的事物拒之门外。与人交谈时，尽量不涉及隐私话题。

059 职场中防人之心不可无

世上最险恶的莫过于那些暗中害人的小人，尽管难防，但不可不防。人们在告诫年轻后辈时常说："害人之心不可有，防人之心不可无！"的确"害人之心不可有"，然而在社会上，光是不害人还不够，还得有防人之心。

不过，明枪易躲，暗箭难防，别人要害你不会事先告诉你。例如有人为了升迁，不惜设下圈套打击其他竞争者；有人为了生存，不惜在利害关头出卖朋友；有人走投无路，狗急跳墙……

在职业生活的漫长岁月中，免不了会遇到敌意、中伤、陷阱等种种料想不到的事情。如果事先预料这些事的发生，并一一克服，便能使你的工作生涯一帆风顺。

与工作岗位上的人交往时，必须修得人与人之间虚虚实实的进退应对技巧。自己该如何出牌，对方会如何应对，这可是比下围棋、象棋更具趣味的事情。

那么该如何防？

首先，"巩固城池"。也就是让人摸不清你的底细，实际上的做法便是不随便露出个性上的弱点，不轻易显露你的欲望和企图，不露锋芒，不得罪人，勿太坦诚……别人摸不清你的底细，自然不会随便利用你、陷害你，因为你不给他们机会。两军对仗，虚实被窥破，就会给对方可乘之机，"防人"也是如此。

其次，"阻却来敌"。兵不厌诈，争夺利益时人心也不厌诈，因此对他人的动作也要有冷静客观的判断，凡异常的动作都有异常的用意，把这动作和自己所处的环境一并思考，便可以发现其中玄机。

不过话虽这么说，人们因无法摆脱个性上的弱点和偏执而防不了人，何况"道高一尺，魔高一丈"，因此只有尽量小心了。不过若为了"巩固城池"而把自己搞得神秘兮兮，失去朋友，那就矫枉过正，反而会成为人们排挤的目标。但无论如何，"防人"还是必要的。

你有时也许会有这样的困惑：上司对你印象不错，你自己的能力也不差，工作也很卖力，但却总是迟迟达不到成功的峰顶，甚至常常感到工作不顺心，仿佛时时处处有一只看不见的手在暗中扯你的后腿。百思而不得其解之后，你也许会灰心丧气颓然叹道："唉，也许是命运之神在捉弄我吧！"

如果你真的遇到了这种困惑，我愿提醒你一句："也许那并不是命运之神，而是你的左右同僚，很可能，是你与他们的关系出现了什么毛病！"

060 跳槽三思而后"跳"

二十几岁的时候，还没有确定自己适合做什么，多换几份工作，多积累一些经验是很重要的。在职场中，每个人都明白"此处不留人，自有留人处"的道理，跳槽已成为一件很平常的事，但并非在任何时候都是一件有益的事。当情况不利时，跳槽就会变成一种风险。

既然有时跳槽会是一种风险，那我们如何判断呢？我们可以运用博弈的原理，判断跳槽对自己是否有利。

假设员工A在甲公司上班，如果他的薪酬是x元/月，由于种种原因A有跳槽的意向。他在人才市场上投递了若干份简历后，乙公司表示愿以y元/月的薪酬聘任A从事与甲公司类似的工作（y>x）。这时，甲公司面临两种选择：第一，默认A的跳槽行为，以p元/月的薪酬聘任B从事同样的工作（y>p）；第二，拒绝A的跳槽行为，将A的薪酬提升到q元/月，当然工资一定要大于或等于y元，员工A才不会跳槽。

当员工A有跳槽的想法时，单位甲和员工A之间的信息就不对称了。很明显，员工A占有更充分的信息，因为甲公司不知道乙公司愿给A支付多少薪酬。当员工A递出辞呈时，甲公司会首先考虑到员工A所处岗位人力资源的可替代性，如果A的人力资源不具有可替代性，那么，甲公司就会以提高薪酬的方式留住A，员工A与甲公司经过讨价还价后，甲公司会将员工A的薪酬提升到大于或等于y元/月的水平。如果A的人力资源具有可替代性，那么甲公司就会默认A的跳槽行为。

其实，每个单位都会针对员工的跳槽申请作出两种选择：默许或挽留。相对来说，员工也会作出两种选择：跳槽或留任。实际上，在对待跳槽问题上，单位和员工都会基于自身的利益讨价还价，最后作出对自己有利的选择。实质上这一过程是单位和员工的博弈过程，无论员工最后是否跳槽，都是这一博弈的纳什均衡。

以上只是基于信息经济学角度而进行的理论分析。实际上，当存在招聘成本时，即便人力资源具有可替代性，单位也会在事前或事后采用非提薪的手段阻止员工跳槽。例如，事前手段：单位与员工签署就业合同时，约定一定的工作时限和违约金额。事后手段：限制户籍或档案调动，扣押员工工资，扣押员工学历证书或相关资格证等。

另外，对于员工来说，跳槽也存在择业成本和风险。新单位是否有发展前景，到新单位后有没有足够的发展空间，新单位增长的薪酬部分是否会弥补原来的同事情缘，在跳槽过程中，员工必须考虑到这些因素。这只是员工一次跳槽的博弈，从一生来看，一个人要换多家单位，尤其是年轻人跳槽更为频繁。将一个员工一生中多次分散的跳槽博弈组合在一起，就构成了多阶段持续的跳槽博弈。

正所谓行动可以传递信息。实际上，员工每跳一次槽就会给下一个雇主提供自己正面或负面的信息，比如跳槽过于频繁的员工会让人觉得不够忠诚；以往职位一路看涨的员工会给人有发展潜力的感觉；长期徘徊于小单位的员工会让人觉得缺乏魄力。员工以往跳槽行为给新雇主提供的信息对员工自身的影响，最终将通过单位对其人力资源价值的估价表现出来。但相对来说，正面的信息会让新单位在原基础上给员工支付更高的薪酬。

从短期看，通常员工跳槽都以新单位承认其更高的人力资源价值为理由；如果从长期看，员工跳槽的前一阶段时间会影响到未来雇主对其人力资源价值的评估。这种影响既可能对员工有利，也可能对员工不利。换句话说，员工在选择跳槽时，也等于在为自己的短期利益与长期利益做选择。

职场中，如果你心已不在就职单位，那么你或多或少会在工作中表现出来。但你不要总以为自己才是最聪明的，也不要总想着跳槽，你需要时刻记住的是：无论如何取舍，不会有人为你的失误埋单，跳槽也存在风险，要经过充分考虑。

Part 3

因为内心强大，所以无畏无惧

061 好心态，好人生

俗话说："世上无难事，只怕有心人。"生活也不例外，只要我们用心去体验、去感受生活，就会少一份抱怨，多一份享受；就会少一些烦恼，多一些快乐。

生活既是人的对手，也是人的朋友，你怎么待他，他便会以其人以道，还自其人之身。作为对手，生活经常会给你出个难题，在你前进的方向设上陷阱，但是只要你用心对他，便能行走自如，便能征服他，把他变为你的朋友；作为朋友，只要你笑对人生，他便会时常让你尝到生活的美好滋味，让你体验生活的快乐。总之，只要用心生活，生活便会把你当作永远的朋友。

一名农夫在偏远农村呆了一辈子，从来没有离开过那片土地，从来没有去过大城市。当一位前去采访的记者问他，一辈子都住在这种恶劣的环境中，没有离开过大山，是否感到遗憾时，他回答说："没有遗憾，我每天都感到很快乐！"

生活是要用心灵去感受。用包容、豁达的心情看待生活，即使处于生命的低谷，也会觉察到人生的美好与幸福。

用心感受生活，就要品尝生活的原滋原味，就要接受生活的所有赏赐，不能挑肥拣瘦，有所偏袒。有的人一生追求名利，终生为之而奋斗。如果他"成功"了，那他也只能体味到名利的滋味，但这决不是生活的全部，决不是生活的原滋原味。事业的成功，剥夺了他与亲人相处的时间，剥夺了他真正感受生活的时间，也剥夺了他人生的权利。有的人一生追求金钱，但最后穷得只剩下钱了，因为钱，连亲情、友情、爱情都失掉了，这样的人生，又有什么意义呢？

古代哲学家说过："凡是存在的，都是合理的。"且不论这句话所包含的哲学思想对错与否，它对于生活是完全适应的。生活中的一切，不论是苦难还是芬芳，不论是烦恼还是快乐，都有其存在的理由，我们都无法回避，无法挑选，只能用心对待，只有这样，才能真正体味到生活的美好滋味。正如有的人喜欢吃酸，但如果整天让他吃酸的话，恐怕几天下来他就要叫苦不迭，见酸后退了。生活也一样，我们祈求天天交好运，但如果整天把自己泡在蜜罐里，也就感觉不到快乐了。苦难是生活的调味剂，是幸福的衬托，用心生活，就不能回避苦难。

拿破仑曾经说过："每个人都要学习专心致志于自己的生活，以期待在自己的人生沙滩上留下足迹。"要想不虚此行，要想今生无悔，就要用心感受生活，以豁达的态度面对人生。

心态好，一切都会好。用心生活的人，才能看到生活中最美好的风景。

062 不输给心情，就不会输人生

你不可能因为给人一个微笑而丧失什么，因为它永远会再回来。东西怎么出去，就会怎么回来。

向平曾经有段日子生活得很惆怅，他喜欢的女孩不在乎他，他精心做的稿子被改来改去，感冒也不时地光顾。这时向平的好朋友对他说："输什么也不能输了心情，有些事情还是放了吧。"

向平决定改变。他不再找那个女孩，那篇稿子他立即投往别处，并告别了一度懒散而无规律的生活，每天开始打球和跑步。结果，他的身体变了，那个女孩开始在乎起他了……

一个人或一件事能令你不舒服是一定有着什么原因的，有的原因要过很久才有可能知道，而有些原因你永远都不会知道，但这些都不重要，重要的是它使你不舒服，它影响你的心情，影响到你的判断，也消磨着你的时间和生命。

人的一生，就像一趟旅行，沿途中有数不尽的坎坷泥泞，但也有看不完的春花秋月。如果我们的一颗心总是被灰暗的风尘所覆盖，干涸了心泉，黯淡了目光，失去了生机，丧失了斗志，我们的人生轨迹岂能美好？

但如果我们能保持一种健康向上的心态，即使我们身处逆境、四面楚歌，也一定会有"山重水复疑无路，柳暗花明又一村"的那一天。

而且，就现实的情形而言，悲观失望者一时的呻吟与哀号，虽然能得到短暂的同情与怜悯，但最终的结果必然是别人的鄙夷与厌烦；而乐观上进的人，经过长久的忍耐与奋斗，最终赢得的将不仅仅是鲜花与掌声，还有那饱含敬意的目光。

虽然，每个人的人生际遇不尽相同，但命运对每一个人都是公平的。因为窗外有土也有星，就看你能不能磨砺一颗坚强的心，一双智慧的眼，透过岁月的风尘寻觅到辉煌灿烂的星星。先不要说生活怎样对待你，而是应该问一问，你怎样对待生活。

063 打开心窗看美景

人的一生，就像一趟旅行，沿途中有数不尽的坎坷泥泞，但也有看不完的春花秋月。如果我们的一颗心总是被灰暗的风尘所覆盖，干涸了心泉、黯淡了目光、失去了生机、丧失了斗志，我们的人生轨迹岂能美好？而如果我们打开心窗，保持一种健康向上的心态，即使我们身处逆境，四面楚歌，也一定能看到窗外的美景。

有两个重病人同住在一家大医院的小病房里。房子很小，只有一扇窗子可以看见外面的世界。其中一个病人的床靠着窗，他每天下午可以在床上坐一个小时。另外一个人则终日都得躺在床上。

靠窗的病人每次坐起来的时候，都会描绘窗外的景致给另一个人听。从窗口可以看到公园的湖，湖内有鸭子和天鹅，孩子们在那儿撒面包片，放模型船，年轻的恋人在树下携手散步，在鲜花盛开，绿草如茵的地方人们玩球嬉戏，后头一排树顶上则是美丽的天空。

另一个人倾听着，享受着每一分钟。他听见一个孩子差点跌到湖里，一个美丽的女孩穿着漂亮的夏装……朋友的诉说几乎使他感觉到自己亲眼目睹了外面发生的一切。

在一个天气晴朗的午后，他心想：为什么睡在窗边的人可以独享外头的权利呢？为什么我没有这样的机会？他觉得不是滋味，他越是这么想，就越想换位子。他一定得换才行！这天夜里，他盯着天花板想着自己的心事，另一个忽然惊醒了，拼命地咳嗽，一直想用手按铃叫护士进来。但这个人只是旁观而没有帮忙——他感到同伴的呼吸渐渐停止了。第二天早上，护士来时那人已经死了，他的尸体被静静地抬走了。

过了一段时间，这人开口问，他是否能换到靠窗户的那张床上。他们搬动他，将他换到了那张床上，他感觉很满意。人们走后，他用肘撑起自己，吃力地往窗外望……

窗外只有一堵空白的墙。

如果另一个人不起恶念，在晚上按铃帮助另一个人，他还可以听到美妙的窗外故事。可是现在一切都晚了，他看到的是什么呢？不仅是自己心灵的丑恶，还有窗外一无所有的白墙。几天之后，他在自责和忧郁中死去。

摆正好了自己的心态，你便会在一个愉悦轻松的环境中生活、工作，你会感觉到每天都阳光灿烂，从而能完全地放松身心，享受人生。

064 心若向阳，无畏悲伤

当消极心情出现时，要让自己的心情转换成积极心态；当忧郁心情出现时，要立即想办法将自己的心情调适到开朗的状态。

有一个女孩子，她生性乐观积极，也很懂得过日子，更知道要如何排解自己的不快。

清晨醒来，她会对镜中的自己大声说："今天是个好日子。"即使昨天的坏情绪尚未恢复，她还是会大声地说。

然后刷牙的时候，想着刷牙是一件多么令人愉快的事，牙齿将变得洁白干净，不会受到蛀虫的侵袭，口气清新。

洗脸也是一件非常愉快的事，因为清水的湿润，会使脸上的皮肤感到无比的舒畅。这都使她的脑细胞感到无比快乐。

她把细胞快乐论告诉人们，如果我们身上的每一个细胞都很快乐，我们自身当然也会非常地快乐。因为人的身体是由60~70兆个细胞组合而成的，所以让所有细胞和睦相处，是生活中最重要的一桩大事。

在我们的细胞之中，有的会若无其事地看着我们痛苦、烦恼，这可能是因为我们没有和这些细胞和睦相处的缘故吧。

女孩的细胞快乐论正是告诉人们必须从内心深处去爱身体中的每一个细胞，不停地与它们对话，让这些原本就健康、活跃的细胞更新苏醒，并发挥正常的功能。

虽然有人觉得这种与细胞对话的方式有些可笑，不过既然是一个不错的方法，就值得试试。渐渐地，你的生活模式就会发生改变。

每天清晨起床，对镜中的自己说："今天将是美好的一天。"

总是保持乐观的心情，你就会变得比以前开朗，不再把事情看得太严重，反正天塌下来还有别人顶着，无论何时、何地，总是积极地挑战明天。开始懂得与大家和睦相处，而不是明争暗斗，从心底去爱人，而不是做做表面工夫……

当身体有痛苦时，除了休息及看医生外，还要时常与自己的细胞对话："我们必须联合起来共同摆脱生理困境。"自己一定要具备比以往更坚强的意志力，并试图回想让心情愉快的往事。面对各种竞争与挑战，都要先深深吸一口气，然后做好积极应付的准备。

要知道，人不可能在一时之间就改掉长久的恶习，不过，只要有进步就可以了。而每天不间断地跟自己的细胞对话，会使我们更加认识内在的自己。

小柯曾因为房屋贷款之事而将自己搞得焦头烂额，每月的高额贷款压得他整天闷闷不乐，身体也愈来愈糟。可自从开始与自己的细胞对话后，他认识到借贷已是事实，不可能凭空消失，也不可能因自己的烦恼就立即减少数额。闷闷不乐不过是自寻烦恼，就算当时决定买房子是错误的，现在烦恼也为时晚矣。与其烦恼不堪，不如轻松生活，努力工作，早日把贷款还完。

人生只有一次，无可取代，为什么要因身外之物而烦恼，无辜损伤了自己的细胞。

不论外在环境是否狂风暴雨，只要心中有阳光，人生永远充满希望。

065 世界是不公平的，你要适应它

很多年轻人常常埋怨着生活对自己的不公，慨叹着自己生不逢时，在怨天尤人中打发日子。其实，不管生活对你是不是公正的，你都别无选择地要面对它，不管生活给你的是什么，你都有权利打破它，你不能控制生活，但是你可以和它斗争。

现实中，许许多多的年轻人都认为公平合理是生活中应有的现象。我们经常听他说："这不公平！""因为我没有那样做，你也没有权利那样做。"他们整天要求公平合理，每当发现公平不存在时，心里便不高兴。应当说，要求公平并不是错误的心理，但是，如果因为不能获得公平，就产生一种消极的情绪，这个问题就要注意了。

实际上绝对的公平并不存在，你要寻找绝对公平，就如同寻找神话传说中的宝物一样，是永远也找不到的。这个世界不是根据公平的原则而创造的，譬如，鸟吃虫子，对虫子来说是不公平的；蜘蛛吃苍蝇，对苍蝇来说是不公平的；豹吃狼、狼吃獾、獾吃鼠……只要看看大自然就可以明白，这个世界并没有公平。人们每天都过着不公平的生活，快乐或不快乐，是与公平无关的。

这并不是人类的悲哀，只是一种真实情况。

因此，不要埋怨这世界的不公，要去承认和适应这世界的不公。承认生活中充满着不公平这一事实的一个好处便是能激励我们去尽己所能，而不再自我伤感。让每件事情完美并不是"生活的使命"，而是我们自己对生活的挑战，承认这一事实也会让我们不再为他人遗憾。每个人在成长、面对现实、做种种决定的过程中都会遇到不同的难题，每个人都有感到成了牺牲品或遭到不公正对待的时候，承认生活并不总是公平这一事实，并不意味着我们不必尽己所能去改善生活，去改变整个世界。恰恰相反，它正表明我们应该这样做。当我们没有意识到或不承认生活并不公平时，我们往往怜悯他人也怜悯自己，而怜悯自然是一种于事无补的失败主义的情绪，它只能令人感觉比现在更糟。但当我们真正意识到生活并不公平时，我们会对他人也对自己怀有同情，而同情是一种由衷的情感，所到之处都会散发出充满爱意的仁慈。当你发现自己在思考世界上的种种不公正时，可要提醒自己这一基本的事实。你或许会惊奇地发现它会将你从自我怜悯中拉出来，使你采取一些具有积极意义的行动。

许多不公平的经历我们是无法逃避的，也是无从选择的，我们只能接受已经存在的事实并进行自我调整，抗拒不但可能毁了自己的生活，而且也许会使自己精神崩溃。因此，人在无法改变不公和不幸的事情时，要学会接受它、适应它。

066 控制世界，先战胜自己

哈佛学子约翰·肯尼迪曾说："一个连自己都控制不了的人，我们的民众会放心把国家都交给他吗？"

生活中，不好的情绪常常折磨我们的心灵，使我们做事情总是犯错误。因此，我们应尽量在情绪控制自己之前控制情绪。那些能取得成就的人往往是能驾驭情绪的人，而失败得一塌糊涂的人通常是那些被情绪驾驭的人。

一名初入歌坛的歌手，满怀信心地把自制的录音带寄给某位知名制作人。然后，他就日夜守候在电话机旁等候回音。

第一天，他因为满怀期望，所以情绪极好，逢人就大谈抱负。第十七天，他因为情况不明，所以情绪起伏，胡乱骂人。第三十七天，他因为前程未卜，所以情绪低落，闷不吭声。第五十七天，他因为期望落空，所以情绪坏透，拿起电话就骂人。没想到，电话正是那位制作人打来的。他为此而自断了前程。

实际上，我们自己不生气什么事情都没有了，生气都是自找的，在生气的时候我们要适当进行情绪转换，让自己不至于伤心难过。

有些人一遇到挫折，就会觉得自己倒霉透顶。于是，嘴里骂着，心里恨着。其实这样的生气是无谓的，根本不能改变现状，还不如利用这些时间想想如何变不利为有利，跨过艰难。

约翰尼·卡特很早就有一个梦想——当一名歌手。参军后，他买了自己有生以来的第一把吉他。他开始自学弹吉他，并练习唱歌，还自己创作了一些歌曲。服役期满后，他开始努力工作以实现当一名歌手的愿望，可他没能马上成功。没人喜欢听他唱歌，他连电台唱片音乐节目广播员的职位也没能得到。他只得靠挨家挨户推销各种生活用品维持生计，不过他还是坚持练唱。他组织了一个小型的歌唱小组在各个教堂、小镇上巡回演出，为歌迷们演唱。不久，他制作的一张唱片吸引了两万名以上的歌迷，金钱、荣誉、在全国电视屏幕上露面——所有这一切他都赶上了。他对自己坚信不疑，这使他获得了成功。

然而，卡特又接着经受了第二次考验。经过几年的巡回演出，他被那些狂热的歌迷拖垮了，晚上必须服安眠药才能入睡，而且还要吃些"兴奋剂"来维持第二天的精神状态。他开始染上一些恶习——酗酒、服用催眠镇静药和刺激兴奋性药物。他的恶习日渐严重，以致对自己失去了控制能力：他更多地不是出现在舞台上而是在监狱里。到了1967年，他每天必须吃一百多片药。

一天早晨，当他从佐治亚州的一所监狱刑满出狱时，一位行政司法长官对他说："约翰尼·卡特，我今天要把你的钱和麻醉药都还给你，因为你比别人更明白，你能充分自由地选择自己想干的事。这就是你的钱和药片，你现在就把这些药片扔掉吧，否则，你就去麻醉自己、毁灭自己，你自己选择吧！"

卡特选择了生活。他又一次对自己的能力有了肯定，深信自己能再次成功。他回到纳什维利，并找到他的私人医生，开始戒毒瘾。尽管这在别人看来几乎不可能，因为戒毒瘾比找上帝还难。但他把自己锁在卧室闭门不出，一心一意就是要根绝毒瘾，为此他忍受了巨大的痛苦，经常做噩梦。后来，在回忆这段往事时，他说，那段时间总是感觉昏昏沉沉的，好像身体里有许多玻璃球在膨胀，突然一声爆响，只觉得全身布满了玻璃碎片。当九个星期以后，他又恢复到原来的样子了，睡觉不再做噩梦。他努力实现自己的计划，几个月后，重新登上了舞台。经过不停息地奋斗，他终于又一次成为超级歌星。

一个人要想征服世界，首先要战胜自己。天底下最难的事莫过于驾驭自己，这正如一位作家所说："自己把自己说服了，是一种理智的胜利；自己被自己感动了，是一种心灵的升华；自己把自己征服了，是一种人生的成熟。大凡说服了、感动了、征服了自己的人，就有力量征服一切挫折、痛苦和不幸。"

控制自己不是一件非常容易的事情，因为每个人心中永远存在着理智与感情的斗争。年轻人应该有战胜自己的感情，控制自己命运的能力。如果任凭感情支配自己的行动，就会使自己成为感情的奴隶。

067 自控，成熟比成功更重要

年轻人正处于青春年少、意气风发的年龄，一旦缺少自控，很容易被自己的情绪左右。但是自我控制是一种重要的能力，也是人区别于动物的重要标志。人是有理性的人，而非依赖感情行事。没有自制力的人终将一事无成，他因为一点小刺激和小诱惑就抵制不了，继而容易深陷其中，最终害的还是自己。

有一个间谍，被敌军捉住了，他立刻装聋作哑，任凭对方用怎样的方法诱惑他，都毫不动摇。等到最后，审问的人故意和气地对他说："好吧，看起来我从你这里问不出任何东西，你可以走了。"你认为这个间谍会立刻转身走开吗？不会的！要是他真这样做，他就会被识破。这个聪明的间谍依旧毫无知觉地呆立着不动，仿佛对于那个审问者的话完全不曾听见。

审问者是想以释放他使他麻痹，来观察他的聋哑是否真实，因为一个人在获得自由的时候，常常会精神放松。但那个间谍听了依然毫无动静，仿佛审问还在进行，就不得不使审问者也相信他确实是个聋哑人了，只好说："这个人如果不是聋哑的残废者，那一定是个疯子！放他出去吧！"就这样，间谍保住了自己的性命。

很多人都惊叹于这个间谍的聪明。其实，与其说这个间谍聪明，还不如说是他超凡的情绪自控力在关键时刻拯救了他的生命，换回了他的自由。

情绪是人对事物的一种最浮浅、最直观、最不用脑的情感反应。它往往只从维护情感主体的自尊和利益出发，对事物没有复杂、深远和智谋的考虑，这样的结果，常使自己处在很不利的位置上或为他人所利用。本来，情感离智谋就已距离很远了（人常常以情害事，为情役使，情令智昏），情绪更是情感最表面、最浮躁的部分，以情绪做事，焉有理智？不理智，能有胜算吗？

但是很多年轻人在工作、学习、待人接物时，却常常依从情绪的摆布，头脑一发热（情绪上来了），什么蠢事都愿意做，什么蠢事都做得出来。事后冷静下来，自己就会感到犯了错误。这都是因为情绪的躁动和亢奋，蒙蔽了人的心智所为。

所以，给自己的情绪装一个自制的阀门吧。这样你才能做到挥洒自如，才能赢得卓越的人生。日常生活中难免会有情绪不好的时候，这时候不妨试着用以下的方法控制情绪：

1. 转移

当你受到无法避免的痛苦打击时，可能会长期沉浸在痛苦之中，这样既于事无补、不能解决任何问题，又影响自己的工作、损害健康，所以你应该尽快地把自己的注意力转移到那些有意义的事情上去，转移到最能使你感到自信、愉快和充实的活动上去。这一方法的关键是尽量减少外界刺激，尽量减少它的影响和作用。

2. 解脱

解脱就是换一个角度来看待令人烦恼的问题。从更深、更高、更广、更长远的角度来看待问题，对它有新的理解，以求跳出原有的圈子，使自己的精神获得解脱，以便把精力全部集中到自己所追求的目标上。

3. 升华

升华就是利用强烈的情绪冲动，把它引向积极的、有益的方向，使之具有建设性的意义和价值。我们常说的"化悲痛为力量"就是指升华自己的悲痛情绪。其实不只是悲痛可以化为力量，其他的强烈情感也都可以化为力量。

4. 利用

利用，就是我们常说的"坏事也能变成好事"。一种利用是对时机和客观条件的利用。一个能使你苦恼的强制性要求，如果能巧妙地加以利用，就有可能首先在精神上感到自己由被动转化为主动，进而可以使烦恼变得怡然自得、乐在其中。

068 性格成就你，也能毁灭你

人们常说："性格决定命运。"由此可见，性格对人生有着多大的影响。有了健康的性格，才能享有健康的人生。性格对人的身心健康有深远的影响。有人将性格比喻为生命的"指挥仪"和"导向仪"，由此可见，保持良好的性格对人来说是多么重要。

世界上没有两个人是完全相同的，这不仅指人的外表，更主要是指每个人都有自己独特的性格特征。性格对人的心理健康、生活事业有非常明显的影响，性格缺陷是造成心理障碍和事业失败的一个重要因素。

人生的悲剧很多时候是性格所致，《三国演义》里的关羽，过五关、斩六将，英勇无敌，但因性格刚愎自用，最终败走麦城而死。俄国作家果戈理长篇小说《死魂灵》里的泼留希金，他的家财堆积得腐烂发霉，可是贪婪、吝啬的性格促使他每天上街拾破烂，过着乞丐般的生活。在现实生活里，性格的悲剧更是屡见不鲜。

当代著名作家梁晓声1977年从复旦大学毕业。在开往北京的火车上，他细细反省了一下自己在复旦3年的所作所为，将自己做过的亏心事细数了一遍。透过这些亏心事，梁晓声认识到了自身性格中的不少消极因素，诸如怯懦、"随风倒"等。认清了这些消极因素，梁晓声就通过自觉的努力去克服它们，从而使自己的性格朝着有利于成功的方向发展。

梁晓声说："我最首位的人生信条是'自己教育自己'。"他把反省列为人生信条的首位，通过自省，他能够清晰地认识到自己性格中的种种消极因素，自觉地抑制这些因素的扩张。正是因为梁晓声善于调动自己性格中积极的个性因素，才使他走上了成功的道路。

每一个看似无常的游戏下都隐藏着性格的潜在规则，就像从很小的孔穴能窥见阳光一样，人生的每一小步都能折射出你的性格。

每一个渴望成功的年轻人所要做的不是怨天尤人，不是等待徘徊，而是塑造自己的性格，把握个人的命运。千万不要成为性格的牺牲品，一步一步跌入自己导演的悲剧中。

性格具有很大的可塑性，良好性格的形成更离不开后天的培养。只要从小事做起、从现在做起、从身边做起，就可以逐渐形成有影响力的性格。自我性格的培养和完善需要相当长的一个过程，你可以试着通过下面的途径来不断完善自己。

1. 通过交友来培养自己的性格

通过与朋友的交往，我们可以从他们身上学到好的性格特征。此外，在与朋友交往的过程中，通过比较你可以发现自己性格中的缺点。这样，你就可以有针对性地完善自己的性格。

2. 通过读好书来培养自己的性格

一本好书可以影响人的性格形成，乃至影响一个人的一生。二十几岁的年轻人，应该在空闲的时候多读一些好书。

3. 在工作中培养良好的性格品质

（1）培养认真负责的性格品质。每个老板都喜欢认真负责的员工。

（2）主动进取的性格。面对竞争压力，你只有开拓进取。

（3）团结合作的性格。你只是一颗小螺丝钉，只有大家一起努力，工作才能顺利开展。

（4）处世灵活的性格。交往的最高境界是掌握好分寸，尊重别人也尊重自己。

4. 在体育锻炼中培养性格

体育锻炼对人的性格培养有重要作用，国外有关专家的研究表明，一些项目的体育锻炼可以培养人良好的性格品质。这些性格品质包括：决心、进取心、自信心、坚韧性、责任感、勇敢、果断、主动性、独立性和自制力等。

5. 在业余爱好中培养自己的性格

健康的爱好既可以使我们从中获得巨大的乐趣，也可以使我们的性情得到陶冶。比如，旅游可以使我们欣赏一些名山大川，培养我们对大自然和世界的热爱；练习书法可以培养我们诚实勤奋、一丝不苟的性格特征；集邮和钓鱼等爱好可以培养我们认真、仔细和耐心的性格特征；下棋、打牌可以培养我们思维的灵活性，等等。

069 生气是拿别人的错误惩罚自己

有这样一个极富哲理的故事：

有一天，佛陀在竹林精舍的时候，有一个婆罗门突然闯进来，因为同族的人都出家到佛陀这里来，令他很不满。佛陀默默地听他的无理胡骂之后，等他稍微安静后对他说："婆罗门啊，你的家偶尔也有访客吧！""当然有，你何必问此！""婆罗门啊，那个时候，偶尔你也会款待客人吧？""那是当然的了！""婆罗门啊，假如那个时候，访客不接受你的款待，那么，这些菜肴应该归于谁呢？""要是他不吃的话，那些菜肴只好再归于我！"佛陀看着他，又说道："婆罗门啊，你今天在我的面前说了很多坏话，但是我并不接受它，所以你的无理胡骂，那是归于你的！如果我被谩骂，而再以恶语相向时，就有如主客一起用餐一样，因此我不接受这个菜肴。"然后，佛陀为他说了以下的偈："对愤怒的人，以愤怒还牙，是一件不应该的事。对愤怒的人，不以愤怒还牙的人，将可得到两个胜利：知道他人的愤怒，而以正念镇静自己的人，不但能胜于自己，也能胜于他人。"婆罗门经过这番教诲，出家佛陀门下，成为阿罗汉。

　　动怒发脾气是拿别人的过错来惩罚自己的蠢行。当你对某人所做的某事不满、动气，说明此人在你心目中占有一席之地，你重视、在乎此人，你不希望他所做之事会令你不快更不希望会伤害到你。如果确实这个人在你的心目中占有一席之地，你动气还情有可原。如果你们之间什么关系都没有，那生什么气呢？为了一个跟你毫无瓜葛的人动气值得吗？再进一步来说，别人犯了错，而你去动气，岂不正是拿别人的错误来惩罚自己吗？

　　动气是拿别人的错误惩罚自己。然而，真正做到不惩罚自己的人又有多少？走在路上被人泼了水，也不知道是什么水。虽然对方一个劲儿地道歉，你也明白人家不是故意的，可是看着自己湿漉漉的衣服，还是忍不住抱怨："真可恶，怎么这么倒霉？"于是一整天都在想这件事，又后悔不已：早知道就早点出门，或晚点出门。总之，到头来还是在生自己的气。现在想一想，真是不值得，反正被泼了就泼了，再怎么抱怨、后悔都没用，衣服还是湿的。那么倒不如这样想，也许我穿这件衣服不好看呢，不是常说遇水则发吗？这样一来，快乐指数就上来了，回家换件衣服，重新开始新的一天。

　　不必为了一件已经无法挽回的事而破坏自己的情绪，不必拿别人的错误惩罚自己，也不要将自己的错误迁就于别人的身上，冷静地分析问题，就能做到不动气。

　　为别人所犯下的错误生气，你无疑是在拿别人的错误来惩罚自己，想一想，这是多么划不来啊！为突来的情绪生气，你发了一场熊熊的无名火，想一想，这对别人来说，又是多么的不公平！

070 冲动是魔鬼，让你疯狂让你悔

　　当一个人冲动时，其全部的注意力都集中在导致他冲动的这一件事情上，对于其他的诸如后果之类的问题根本就没有时间和空间去考虑。因此有人说：冲动是魔鬼。无数个令人扼腕叹息的悲剧一再向众人诠释了这句话。包括我们，在自己的经历中也多少有些体会。在各种情绪冲动下，人极易干出后悔终生的傻事来。

心理学家认为，人在受到伤害时，愤怒是正常的反应。第一个念头便是想攻击伤害自己的人，但在行动前最好先问问自己：这样做能否达到目的？对解决事情有无帮助？

这是一个真实的故事：在临近高考还有23天的那天早上，在一个时常洋溢着欢乐笑声的班集体里，同学们正在全神贯注地填着志愿表。一切都是那么的平静，谁也不敢相信一场流血事件即将发生……

小全，全年级师生公认的一名高材生，拥有无限的前程。但他做事很冲动，只要情绪一来就根本不知道什么是冷静，什么是君子动口不动手。其实他并不想伤害别人，更不想毁了自己的前途。那是理智与他无缘呢，还是他自己放弃了对理智的索求？

事情的起因很简单，一位同学从小全身边走过时，不小心碰了他一下，小全不高兴地说："走路看着点！"那位同学不以为然地说："怕碰就别在这里坐着。"小全的火"腾"地一下窜了上来，对着那个同学的脸上就是一拳……

待他冷静下来后，他才发现不应该发生的一切已成了现实。他把那位同学的双眼给打瞎了，年满18岁的他将要面临严厉的刑事处罚。

冲动，让一个前程似锦的少年走向了囹圄，知道此事的人无不唏嘘。

因为冲动而使自己受伤害的例子举不胜举。譬如：自己向来尊敬的人，如果作出令我们伤心的事情，我们很可能立即讽刺回去；受了陌生人的气，恨不得用原子弹炸他等等。其中，办公室是最容易滋生怒火的场所，当我们看到能力平平的同事晋升，而自己却备受冷落时，便会怒火中烧；天天为公司卖命，偶尔早点下班，主管就语带讥讽地说："今天才上半天班就自动下班了呀！"有些人便一怒之下跑到老板面前拍桌子，把辞呈往老板面前重重一摔，然后自以为很帅地说："我不干了"等等。这些做法，在当时可能是出了一口气，但最后吃亏的还是我们自己。

071 冲动之下不要做决定

当我们情绪低沉，意兴阑珊的时候，千万要冷静，不要在情绪冲动的情况下作出决定。多年以后，当我们回头看时，方知这些决策给我们造成很大的伤害。

一位美丽的姑娘与一位才华出众的意中人共坠爱河，家里人却极为反对，认为门不当户不对，小伙子家太穷了。姑娘极力坚持，却不料此时意中人意外地离去。姑娘遭受重大打击后，万念俱灰，便随意地听从父母的安排，嫁给一位自己并不爱的阔少爷。岁月流逝，姑娘发现：她从一种伤痛中走入另一种更深的痛苦。

每临大事有静气，是能够做成大事者的基本素质之一，越是重大的决策，越是要心平气和，头脑冷静，周密地分析各种信息，判断各方局势，作出认真负责、科学的决策。

在情绪冲动的情况下，我们极易干出后悔终生的傻事来。所以，在情绪不好的时候，首先想到的是平静，控制住自己的情绪，而不是匆忙决策。

多数年轻人心智不够成熟，做事情时要和多种因素进行协调，也包括自己的情绪。

072 冷静，冷静，再冷静

人需要冷静。冷静使人清醒，冷静使人聪慧，冷静使人沉着，冷静使人理智稳健，冷静使人宽厚豁达，冷静使人有条不紊，冷静使人少犯错误，冷静使人心有灵犀，冷静使人高瞻远瞩。

在美军历史上，艾森豪威尔是一个充满戏剧性的传奇人物。

美军历史上，共授予10名五星上将，艾森豪威尔是其中晋升最快的：潘兴从准将到五星上将用了13年；马歇尔从上校到五星上将用了20年；麦克阿瑟从上校到五星上将用了16年；布莱德雷从上校到五星上将用了9年；阿诺德从准将到五星上将用了12年；欧内斯特·金从上校到海军五星上将用了19年；切斯特·尼米兹从海军上校到海军五星上将用了18年；威廉·哈尔西从海军上校到五星上将用了16年，威廉·莱希从海军上校到海军五星上将用了27年的时间。而艾森豪威尔从上校到陆军五星上将仅用了4年的时间！

太平洋战争爆发后，艾森豪威尔被调到陆军部工作，负责远东事务。

他向马歇尔报到的第一天，马歇尔跟他讲了20分钟，最后问他一句话："我们在远东太平洋的行动方针是什么？"如果艾森豪威尔当时就回答的话，那么很有可能不会是后来我们见到的艾森豪威尔了。因为马歇尔最讨厌对重大问题脱口而出的行为，马歇尔认为，这种不假考虑就给予回答的做法，投机的成分很大。

然而，艾森豪威尔却想了片刻，冷静地说："将军，让我考虑几个小时再回答你这个问题，可以吗？"

马歇尔说："好！"于是，在他的笔记本里面，艾森豪威尔的名字下面又多了一行字：此人完全可以胜任准将军衔。

冷静，正是马歇尔选将的重要标准。

面对金钱、美色、物欲的诱惑时，人需要冷静；得意、顺利、富足、荣耀时，人需要冷静；面对错综复杂的事物，人需要冷静；被人误解、嫉妒、猜疑时，同样需要冷静……

在大是大非面前，我们应该拥有马歇尔一样的头脑，也应该抱定这种原则。对于一个政治家如此，对于个人与个人之间也是如此。

不管是现实还是梦想，首先要冷静地生活，脚踏实地地生活，不要流于世俗，也不要天花乱坠。

年轻人，脚踏实地的冷静干点事情吧，冷眼旁观一段时间，稳定了情绪以后再投入社交活动、投入工作、爱情。

073 抱怨是人生的磨蚀剂

在日常工作和生活中，我们可以随处找到时常抱怨的人。他们抱怨自己的专业不好，抱怨住处很差，抱怨没有一个好爸爸，抱怨工作差、工资少，抱怨空怀一身绝技没人赏识你，我们也许会抱怨世界真不公平，抱怨这，抱怨那，抱怨之余，还大发牢骚，发一通脾气。

张永顺是一家汽车修理厂的修理工，从进厂的第一天起，他就开始喋喋不休地抱怨，什么"修理这活太脏了，瞧瞧我身上弄的"，什么"真累呀，我简直讨厌死这份工作了"，什么"你看小强光收个费多好啊"……每天张永顺都是在抱怨和不满的情绪中度过。他认为自己是在受煎熬，在像奴隶一样卖苦力。因此，他每时每刻都窃视着师傅的眼神与行动，稍有空隙，他便偷懒耍滑，应付手中的工作。

转眼几年过去了，当时与张永顺一同进厂的三个工友，各自凭着精湛的手艺，或另谋高就，或被公司送进大学进修，唯独他仍旧在抱怨声中做他讨厌的修理工。

从这个小例子中不难看出，一个人一旦被抱怨束缚，不尽心尽力，应付工作，只能让自己过得很累，抱怨越多，就越累得难受，越气忿不平。

为什么抱怨的人会说生活这么累，因为他只看到了自己的付出，而没有看到自己的所得，而不抱怨的人即使真的很累，也不会埋怨生活，因为他知道，失与得总是同在、成正比的，一想到自己获得了那么多，真是高兴啊。

如果你想抱怨，生活中一切都会成为你抱怨的对象；如果你不抱怨，生活中的一切都不会让你抱怨。不胜任的人，经常抱怨世界的不公平，因为机会经常被别人抓住了。胜任的人，也知道世界是不公平的，但他们不去抱怨，而是通过付出超人的努力，让自己把握住稍纵即逝的机会。

如果抱怨成了一个人的习惯，就像搬起石头砸自己的脚，于人无益，于己不利，生活就成了牢笼一般，处处不顺，处处不满；反之，你则会明白，自由地生活着，其实本身就是最大的幸福，也就没有了那么多的抱怨。

074 化焦虑为成长的契机

人之所以会焦虑会担心会害怕，是因为在潜意识中我们都渴望过一种自由自在、无忧无虑的生活，我们在面对可能发生的事件（当然指的是消极的）或克服此事件产生的后果时缺乏信心，潜在的不自信使我们的思想、行为、情绪造成一种紊乱，肌肉不由自主地战栗。在这种情况下，我们不仅注意力无法集中，情绪失控，而且记忆会严重丧失，这种情况若不改善，长期下来，会造成我们的消化不良、胃溃疡、头痛、免疫系统的减弱、失眠、呼吸不顺畅、疲劳等等。

每个人都知道什么是焦虑：在你面临一次重要的考试以前，在你第一次和某位姑娘约会之前，在你的老板大发脾气的时候，你都会感到焦虑。

如果你得了焦虑症，你可能在大多数时候、没有什么明确的原因就会感到焦虑；你会觉得你的焦虑是如此妨碍你的生活，事实上你什么都干不了。

因此，我们一定要警惕焦虑的到来。

要防止焦虑成为病态，就要通过各种能舒缓压力的方式。要化解焦虑，必须先认识焦虑。当我们的身体突然感到僵硬、呼吸不顺，加上心里烦躁不安时，告诉自己，焦虑的征兆来了！

接下来要问的是，自己正面对哪些压力事件？生活中有哪些事件对自己容易构成压力？面对焦虑，面对真实的自己，是化解焦虑的最佳良药。让我们一起化焦虑为成长的契机，做个自在、心无挂碍的现代人。

丰富业余爱好，以生活兴趣摆脱心理困扰。加强耗氧运动，以振奋精神摆脱心理困扰。休闲常听音乐，以改变心境摆脱心理困扰。选择适宜颜色，以滋养心气摆脱心理困扰。改善居处光线，以怡然身心摆脱心理困扰。

075 把忧虑从你的思想中赶走

露西班上有个叫马利安·道格拉斯的学生告诉她，他家里曾遭受过两次不幸。第一次，他失去了五岁的女儿，一个他非常爱的孩子。他和妻子都以为他们没有办法承受这个打击。更不幸的是，"10月后，我们又有了另外一个女儿——而她仅仅活了5天。"

这接二连三的打击使人几乎无法承受，马利安·道格拉斯告诉露西：
"我睡不着，吃不下，无法休息或放松，精神受到致命的打击，信心丧失
殆尽。吃安眠药和旅行都没有用。我的身体好像被夹在一把大钳子里，而
这把钳子愈夹愈紧。"

"不过，感谢上帝，我还有一个4岁的儿子，他教给我们解决问题的方
法。一天下午，我呆坐在那里为自己难过时，他问我：'爸，你能不能给
我造一条船？'我实在没兴趣，可这个小家伙很缠人，我只得依着他。

"造那条玩具船大约花费了我3个小时，等做好时我才发现，这3个小
时是我许多天来第一次感到放松的时段。

"这一发现使我大梦方醒，使我几个月来第一次有精神去思考。我明
白了，如果你忙着做费脑筋的工作，你就很难再去忧虑了。对我来说，造
船就把我的忧虑整个冲垮了，所以我决定使自己不断地忙碌。

"第二天晚上，我巡视了每个房间，把所有该做的事情列成一张单
子。有好些小东西需要修理，比方说书架、楼梯、窗帘、门把、门锁、漏
水的龙头等等。两个星期内，我列出了242件需要做的事情。

"从此，我使我的生活中充满了启发性的活动：每星期两个晚上我
到纽约市参加成人教育班，并参加了一些小镇上的活动。现在任校董事会
主席，还协助红十字会和其他机构的募捐，我现在忙得简直没有时间去忧
虑。"

让自己忙碌起来，你的血液就会开始循环，你的思想就会开始变得敏
锐——让自己一直忙着，这是世界上最便宜的一种药，也是最好的一种。

要改掉你忧虑的习惯，第一条规则就是："让自己不停地忙着。忧虑
的人一定要让自己沉浸在工作里，否则只有在绝望中挣扎。"

要在忧虑毁了你之前，先改掉忧虑的习惯，还需要记住：不要让自己因
为一些应该丢开和忘掉的小事烦恼，生命太短促了。适应不可避免的情况。

如果我们以生活为代价，付给忧虑过多的话，我们就是糊涂人。

下面提供抗拒忧虑的三个方法。

方法一：如果你想避免忧虑。就照威廉·奥斯勒博士的话，生活在
"完全独立的今天"里，不要为未来担忧，只要好好过今天这一天。

方法二：下次你再碰上麻烦，不论大小——被逼在一个角落的时候，试试威利·卡瑞尔的万灵公式：

（1）问你自己："如果我不能解决我的困难，可能发生的最坏情况是什么？"

（2）自己先做好接受最坏情况的心理准备——如果必要的话。

（3）镇定地去改善最坏的情况——也就是你已经在精神上决定可以接受的那种。

方法三：常常提醒自己，忧虑会使你付出自己的健康为代价，"不知道怎样抗拒忧虑的人，都会短命。"

076 用乐观取代悲观

生命的艺术舞台只有喜剧和悲剧两种剧场，如果你选择喜剧，恭喜你，你将赢得人生的大奖；如果你选择悲剧，对不起，你将过早地被逐出艺术的殿堂。

如果你选择喜剧，你就要笑面人生，即使生活中困难再多，压力再大，也要以笑脸相待，而不能稍有不顺便拉长脸，眉头紧皱。当然，生活在这样一种嘈杂、浮躁、紧张的时代，人时常会因生存的压力而感到沮丧和低沉，即便是如此，悲观失望又有什么用呢？只能搞坏自己的心情，于事却是无补的。

消极悲观的人，整天愁眉苦脸，看什么都不顺眼，甚至要寻死觅活。这些人遇到一点困难，生活有挫折，就说命运对他们不公，就自毁自灭，甚至于堕落，这种例子已有不少。古时有寻世外桃源的，有隐居山林的，有"看破红尘"出家的等等。而今，已无法脱离社会的这类人，就甘愿沉沦，随遇而安，不求进取。这些人是生活的弱者，是懦夫。他们不敢吃苦，贪图安逸，总是幻想着一切都是美好的，他们也只能生活在幻想中。

悲观成习的人绝不是个"马大哈"，他不会得过且过，也不能对人对己都马马虎虎。相反，他们处事谨慎，处处提防自己行为不要出格。一旦有了行为的失检，总是害怕大难临头。同时，悲观的人也有很强的"良心"自监力，即使没有什么严重后果，他也决不饶恕自己。

尼采曾说："受苦的人，没有悲观的权利；失火时，没有怕黑的权利；战场上，只有不怕死的战士才能取得胜利；也只有受苦而不悲观的人，才能克服困难，脱离困境。"

极端的悲观是心理不健康的表现，必须进行适当调适。

不少年轻人对未来担忧，正为自己建立越来越狭窄、有限的世界；假如做些与他人合作的工作，受到他人的约束，考虑自己以外的事情，生活也就会出现新的意义。愉快的社交活动对人们的情绪有着深远的影响。当人们掌握了处理人际关系的技巧后，自重感增加，也会慢慢地赶走悲观心情。

一个悲观的人老呆在屋子里，便会产生禁锢的感觉。然而，当他离开屋子，漫步在林荫大道，就会发现心绪突然变了，怒气和沮丧也消失了，心中充满了宁静，自然的色彩给人带来阵阵快意。另外，任何一种体育锻炼都有助于克服悲观心理，经常参加体育锻炼会使人精神振奋，避免消极地生活下去。

077 快乐在我手中

快乐，是一种感受，它取决于自己的态度，就算你拥有亿万财富，如果没有善于快乐的心态，依然不会快乐；即使你并不富有，但是自己具有善于发现快乐的心，那么依然会变得很快乐。

应邀访美的女作家在纽约街头遇到一位卖花的老太太。这位老太太穿着相当破旧，身体看上去又很虚弱，但是她脸上满是喜悦。女作家挑了一朵花说："你看起来很高兴。"

"为什么不呢？一切都这么美好。"

"你很能承担烦恼。"女作家又说，然而老太太的回答令女作家大吃一惊。"耶稣在星期五被钉在十字架上的时候，那是全世界最糟糕的一天，可三天后就是复活节。所以，当我遇到不幸时，就会等待三天，一切就恢复正常了。"

"等待三天"，这是一颗多么普通而又不平凡的心。确实，人生并非尽是莺歌燕舞，四季如春，总是伴随着几多不幸，几多烦恼。其实，每个人的心，都好比一个水晶球，晶莹闪烁。然而一旦遭遇不测，背叛生命的人，会在黑暗中渐渐消殒；而忠实于生命的人，总是将五颜六色折射到自己生命的每一个角落。只要我们有善于发现快乐的心，在困境中依然保持一份积极的心态，那么你依然可以过得很快乐。

快乐，是需要付出才能体会到的，有的人经常会想要是有一天自己什么都不用做，就能有好吃的好喝的，那才叫真正的快乐呢。但是实际上这样的生活是最无趣的也是最可怕的。人最怕的就是空虚的心灵；真正的快乐是建立在充实的有意义的人生上的。

078 幸福在于把握现在，珍惜所有

"世间最珍贵的不是'得不到'和'已失去'，而是现在能把握的幸福。"幸福是什么？幸福就在于把握现在，珍惜所有，坚信你所拥有的就是最好的。其实我们都很幸福，只是我们的眼光过高，看不到人生最简单的幸福，每个人都有他们自己的幸福，只是我们未曾体会过。幸福原来很简单，复杂的心把它过于复杂化，单纯的心自会拥有一份最美最真的幸福。

遇到你真正爱的人时，要努力争取和他相伴一生的机会！因为当他离去时，一切都来不及了。

遇到可相信的朋友时，要好好和他相处下去！因为在人的一生中，遇到知己真的不易。

遇到人生中的贵人时，要记得好好感激！因为他是你人生的转折点。

遇到曾经爱过的人时，要微笑着向他感激！因为他是让你更懂爱的人。

遇到曾经恨过的人时，要微笑着向他打招呼！因为他让你更加坚强。

遇到曾经背叛你的人时，要跟他好好聊一聊。因为若不是他，今天的你不会懂这世界。

遇到你曾经偷偷喜欢的人时，要祝他幸福。因为你喜欢他时，不是希望他幸福快乐吗？

遇到匆匆离开你人生的人时，要谢谢他走过你的人生。因为他是你精彩回忆的一部分。

遇到曾经和你有误会的人时，要趁现在解释清楚误会。因为你可能只有这一次机会解释清楚。

079 攀比是一种自我折磨

某机关有一位小公务员，过着安分守己的平静生活。有一天，他接到一位高中同学的聚会电话。十多年未见，小公务员带着重逢的喜悦前往赴会。昔日的老同学经商有道，住着豪宅，开着名车，一副成功者的派头，让这位公务员羡慕不已。自从那次聚会之后，这位公务员重返机关上班，好像变了一个人似的，整天唉声叹气，逢人便诉说心中的烦恼。

"这小子，考试老不及格，凭什么有那么多钱？"他说。

"我们的薪水虽然无法和富豪相比，但不也够花了嘛！"他的同事安慰说。

"够花？我的薪水攒一辈子也买不起一辆奔驰车。"公务员懊丧地跳了起来。

"我们是坐办公室的，有钱我也犯不着买车。"他的同事看得很开。但这位小公务员却终日郁郁寡欢，后来得了重病，卧床不起。

有一项调查表明，95%的都市人都有或多或少的自卑感，在人的一生中，几乎所有的人都会有怀疑自己的时候，感到自己的境况不如别人。

这是为什么呢？潜藏在人心中的好胜心理、攀比心理是这一问题产生的根源。我们总把他人当作超越的对象，总希望过得比别人好，总拿别人当参照物，似乎没有别人便感觉不到自身存在的价值。于是，工作上要和同事比：比工资、比资格、比权力；生活上要和邻居比：比住房、比穿着、比老婆，就连孩子也不放过，成了比的牺牲品。既然是比，自然要比出个高下，比别人强者，趾高气扬；不如别人者便想着法子超越，实在超不过便拉别人后腿，连后腿也拉不住者便要承受自卑心理的煎熬。

如果我们能够真正的静下心来，认真地去学习、工作，我们做的会比现在好很多。只有拭去心灵深处的浮躁，才能找到幸福和快乐，那么，幸福和快乐在哪里？幸福和快乐其实就在我们每个人的心里。只要你愿意，你随时都可以支取。在很多时候，我们都急需在心中洒点水，以浇灭某些欲望。只要平静下来，你就能体会到人生的乐趣，而没有必要在浮躁的世界中去追求那些不切实际的东西。

080 以感恩之心看世界

穷人区里的一位小学老师要求她所教的班级的小学生画下最让他们感激的东西。她心想能使这些穷人家小孩心生感激的事物一定不多，她猜他们多半是画桌上的烤火鸡和其他食物。当看见道格拉斯的图画时，她十分惊讶，那是以童稚的笔法画成的一只手。谁的手？全班都被这抽象的图案吸引住了。

"哦，我猜这是上帝给我们赐食物的手，"一个孩子说。"一位农夫的手。"另一个孩子说。

到全班都安静下来，继续做各自的事时，老师才过去问道格拉斯，那到底是谁的手。"老师，那是你的手。"孩子低声说。她记得自己经常在休息时间牵着孤寂无伴的道格拉斯散步，她也经常如此对待其他孩子，但这对无依无靠的道格拉斯来说却特别有意义。

是的，一生中我们每一个人都会有要感谢的人和事，或许不是什么大恩大德，只是生活中的一点一滴，比如，感谢母亲辛勤的工作，感谢同伴热心的帮助，感谢人与人之间的相互理解……对很多给予者来说，也许这些给予是微不足道的，可是作用却常常难以估计。

感恩是一种生活状态，一种善于发现美并欣赏美的道德情操。人生在世，不如意的事情十有八九。如果囿于这种不如意之中，终日惴惴不安，那生活就会索然无趣。相反，如果我们拥有一颗感恩的心，善于发现事物的美好，感受平凡中的美丽，那我们就会以坦荡的心境、开阔的胸怀来应对生活中的酸甜苦辣，让原本平淡的生活焕发出迷人的光彩！

感恩之心看世界，我们会让父母欣慰，让朋友快乐。感恩之心看世界，我们会平添几分信心，增长几分激情，热情回报社会。让我们微笑面对生命，轻轻地说，我懂得回报，我会让爱我的人因我而幸福。

081 风雨人生，保持平常心

生活不总是一帆风顺的，也正因为如此，我们的生活才有滋有味，才多姿多彩。保持一颗平常心最为重要。不以物喜，不以己悲，宠辱不惊，去留无意，临危不惧，泰然处之，在平淡中给自己一个动力；在昂扬中留给自己一份淡泊；在匆忙中懂得适时地给心灵一次释放；在喧闹中为自己找寻一份宁静。

平常心就是一种中庸的处世心态，既不清心寡欲，也不声色犬马；既不自命清高，也不妄自菲薄；既不吹毛求疵，也不委曲求全。

从前，在迪河河畔住着一个磨坊主，他是英格兰最快活的人。他从早到晚总是忙忙碌碌，同时像云雀一样快活地歌唱。他是那样的乐观，以致使其他人都乐观起来。这一带的人都喜欢谈论他愉快的生活方式。终于，国王想见他。

"我要去找这个奇怪的磨坊主谈谈，"他说，"也许他会告诉我怎样才能快乐。"

他一迈进磨坊，就听到磨坊主在唱："我不羡慕任何人，不，不羡慕，因为我要多快活就有多快活。"

"我的朋友，"国王说，"我羡慕你，只要我能像你那样无忧无虑，我愿意和你换个位置。"

磨坊主笑了，给国王鞠了一躬。

"我肯定不和您调换位置，国王陛下。"他说。

"那么，告诉我，"国王说，"什么使你在这个满是灰尘的磨坊里如此高兴、快活呢？而我，身为国王，每天都忧心忡忡，烦闷苦恼。"

磨坊主又笑了，说道："我不知道你为什么忧郁，但是我能简单地告诉你，我为什么高兴。我自食其力，我爱我的妻子和孩子，我爱我的朋友们，他们也爱我。我不欠任何人的钱。我为什么不应当快活呢？这里有这条迪河，每天它使我的磨坊运转，磨坊把谷物磨成面，养育我的妻子、孩子和我。"

"不要再说了，"国王说，"我羡慕你，你这顶落满灰尘的帽子比我这顶金冠更值钱。你的磨坊给你带来的，要比我的王国给我带来的还多。如果有更多的人像你这样，这个世界该是多么美好啊！"

其实，人需要的是一颗平常心。一个人，无论聪明愚笨，都会有得失成败，谁都不可能只享受成功的喜悦，而不遭受失败的痛苦，只有在得失成败之间保持一颗平常心，才会摆脱得意时的狂妄自大和失意时的萎靡不振。有一颗了不起的平常心，把自己置于百姓们平淡如水的衣、食、住、行中，才会在司空见惯的日子里一点点吮吸着人间的真情，在默默付出的同时，获得精神的满足和幸福。

凡事保持平常心，成功不值得骄傲，那不过是人生的一个驿站，我们不知道走出驿站的下一步是什么；失败不值得伤心，那不过是一不小心走错的一段路，纠正方向从头再来；失意不要沮丧，一年四季里，有风和日媚的时候。这便是平常心，这便是人生路。当你以一颗平常心走过人生风风雨雨，你才能看到那金色的果实。

082 平静和智慧一样宝贵

钱钟书先生把婚姻比围城，城里的人往外挤，城外的人往里挤。其实人生又何尝不是如此呢？身居繁华都市的人，往往追求寂寞平静的田园生活；而身在林深竹海的乡人，却又很是向往灯红酒绿的都市生活。

其实，平静是福，真正生活在喧嚣吵闹的都市中的人们，可能更懂得平静的弥足珍贵。与平静的生活相比，追逐名利的生活是多么不值得一提。平静的生活是在真理的海洋中，在争流波涛之下，不受风暴的侵扰，保持永恒的安宁。

心灵的平静是智慧美丽的珍宝，它来自于长期、耐心的自我控制。心灵的安宁意味着一种成熟的经历以及对于事物规律的不同寻常的了解。

人人向往平静，然而，生活的海洋里因为有名誉、金钱、房子等各种诱惑在"兴风作浪"而难得宁静。许多人整日被自己的欲望所驱使，好像胸中燃烧着熊熊烈火一样。一旦受到挫折，一旦得不到满足，便好似掉入寒冷的冰窖中一般。生命如此大喜大悲，哪里有平静可言？人们因为毫无节制的狂热而骚动不安，因为不加控制欲望而浮沉波动。只有明智之人，才能够控制和引导自己的思想与行为，才能够控制心灵所经历的风风雨雨。

是的，环境影响心态，快节奏的生活，无节制的对环境的污染和破坏，以及令人难以承受的噪声等等都让人难以平静，环境的搅拌机随时都在把人们心中的平静撕个粉碎，让人遭受浮躁、烦恼之苦。然而，生命的本身是宁静的，只有内心不为外物所惑，不为环境所扰，才能做到像陶渊明那样身在闹市而无车马之喧，而有了所谓的"心远地自偏"。

一个人如果能丢开杂念，就能在喧闹的环境中体会到内心的平静。

有一个小和尚，每次坐禅时都幻觉有一只大蜘蛛在他眼前织网，无论怎么赶都不走，他只好求助于师父。师父就让他坐禅时拿一支笔，等蜘蛛来了就在它身上画个记号，看它来自何方。小和尚照师父交代的去做，当蜘蛛来时他就在它身上画了个圆圈，蜘蛛走后，他便安然入定了。

当小和尚做完功一看，却发现那个圆圈在自己的肚子上。原来困扰小和尚的不是蜘蛛，而是他自己，蜘蛛就在他心里，因为他心不静，所以才感到难以入定，正像佛家所说："心地不空，不空所以不灵"。

平静是一种心态，是生命盛开的鲜花，是灵魂成熟的果实。平静在心，在于修身养性，平静无处不在，只要有一颗平静之心。追求平静者，便能心胸开阔，不为诱惑，坦荡自然。

平静是一种幸福，它和智慧一样宝贵，其价值胜于黄金。真正的平静是心理的平衡，是心灵的安静，是稳定的情绪。

083 去除完美心，人生更坦然

"完美主义"指对己或对人所要求的一种态度。持完美主义，对任何事都要求达到毫无缺点的地步，因而难免只按理想的标准苛求，而不按现实情境考虑是否应该留有余地。

很多年轻人都有追求完美的倾向与需要，希望每件事都尽可能地做到完美的地步。这种倾向是人类追求自我实现与自我超越的动力源泉，促使人们为自己或某些工作设定较高的目标，并更加努力地去完成它。

但是，这种倾向若过度苛求，就会变成完美主义。对任何事都坚持高目标，不考虑自己的能力、环境的条件、他人的需要、工作可达到的限度等对达成目标的限制，而一味地要求目标的完美无缺。如此，往往给予自己和他人许多压力与责难。完美主义不能忍受所作所为未能达到目标，也不欣赏与肯定自己及他人在努力过程中的付出，而经常地责备自己与他人，充满不满与批评。

过度完美主义的人，除了因苛责而使自己及他人感到不愉快之外，也容易有由于所定目标过高，又怕无法完成所带来的不完美感，而不敢有所作为。如此，反而会给人一种顾虑太多、畏首畏尾的感觉。

有一位大龄女青年，具有高等学历，容貌很漂亮，事业上也很有成就。她在方方面面都对自己要求严格，在很多人眼里，可以算一位相当完美的人。当然她在择偶方面的标准也相当高，稍有缺点的就看不上，觉得配不上自己。又觉得婚姻是终生大事，不能马虎，宁可等着，也不能将就。结果，抱着这样的观念，一晃四十了，还是孑然一身。她自己感到很奇怪，像她条件这样好的人，为什么就不能被好男人发现呢？

其实她不知道，也许正是她的"完美"把许多男士吓着了。每个人固然希望自己的对象能具有较多的优点，可是如果这个人真的完美，却也让人受不了。首先会怕自己配不上对方；其次，因为对方要求高，你稍有缺点，他（她）就要求你改正，你肯定会活得很紧张、很累。

人本来就是活生生的、有血有肉、有个性棱角的个体，生活也是有晴天有雨天，有欢乐有悲伤、有顺利有挫折的真实现实，苛求完美的结果会使自己陷入失望气闷之中。做人需要抛弃完美的心态，以平常心坦然面对和接受生活中的一切。

084 心浮气躁难成大事

在一些年轻人的心灵深处，总有一种力量使他们茫然不安，让他们无法宁静，这种力量叫浮躁。浮躁就是心浮气躁，是成功、幸福和快乐最大的敌人。从某种意义上讲，浮躁不仅是人生最大的敌人，而且还是各种心理疾病的根源，它的表现形式呈现多样性，已渗透到我们的日常生活和工作中。

一条河隔开了两岸，此岸住着凡夫俗子，彼岸住着僧人。凡夫俗子们看到僧人们每天无忧无虑，只是诵经撞钟，十分羡慕他们；僧人们看到凡夫俗子每天日出而作，日落而息，也十分向往那样的生活。日子久了，他们都各自在心中渴望着：到对岸去。

终于有一天，凡夫俗子们和僧人们达成了协议。于是，凡夫俗子们过起了僧人的生活，僧人们过上了凡夫俗子的日子。

没过多久，成了僧人的凡夫俗子们就发现，原来僧人的日子并不好过，悠闲自在的日子只会让他们感到无所适从，便又怀念起以前当凡夫俗子的生活来。

成了凡夫俗子的僧人们也体会到，他们根本无法忍受世间的种种烦恼、辛劳、困惑。于是也想起做和尚的种种好处。

又过了一段日子，他们各自心中又开始渴望着：到对岸去。

任何一种事情做久了都会令人心生厌倦、感到没有出路。其实，问题也许并非出在事情本身，而只是人的心理作用。在人生旅途中，永远都不要忘记随时调整心态，因为旅途的突破取决于人自身的突破。

085 别跟自己过不去

一个人快乐与否，主要取决于什么呢？主要取决于一种心态，特别是如何善待自己的一种心态。

不少人悲叹生命的有限和生活的艰辛，却只有极少数人能在有限的生命中活出自己的快乐。

不少年轻人悲叹生命的有限和生活的艰辛，抱怨生活中这样那样的烦恼。生活中苦恼总是有的，有时人生的苦恼，不在于自己获得多少，拥有多少，而是因为自己想得到更多。人有时想得到的太多，却有很多愿望达不到，于是我们便感到失望与不满。然后，我们就自己折磨自己，说自己"太笨""不争气"等等，就这样经常自己和自己过不去，与自己较劲。日复一日地重复的无趣，使庸人烦闷异常，不知该不该按自己的想法去做，一切烦恼都由自己产生。

静下心来仔细想想，生活中的许多事情，并不是你的能力不强，恰恰是因为你的愿望不切实际。我们要相信自己的天赋具有做种种事情的才能，当然相信自己的能力并不是强求自己去做一些能力做不到的事情。事实上，世间任何事情都有一个限度，超过了这个限度，好多事情都可能是极其荒谬的。我们应时常肯定自己，尽力发展我们能够发展的东西，剩下的，就安心交给老天。只要尽心尽力，只要积极地朝着更高的目标迈进，我们的心中就会保存一份悠然自得。从而，也不会再跟自己过不去，责备、怨恨自己了，因为，我们尽力了。即便在生命结束的时候，我们也能问心无愧地说："我已经尽了最大的努力。"那么，你真正的此生无憾了！

凡事别跟自己过不去，要知道，每个人都有或这样或那样的缺陷，世界上没有完美的人。这样想来，不是为自己开脱，而是使心灵不会被挤压得支离破碎，永远保持对生活的美好认识和执著追求。

别跟自己过不去，是一种精神的解脱，它会促使我们从容走自己选择的路，做自己喜欢的事。假如我们不痛快，要学会原谅自己，这样心里就会少一点阴影。这既是对自己的爱护，又是对生命的珍惜。

086 微笑是最美丽的人生态度

法国作家拉伯雷说过这样的话："生活是一面镜子，你对它笑，它就对你笑，你对它哭，它就对你哭。"如果我们整日愁眉苦脸地生活，生活肯定愁眉不展；如果我们爽朗乐观地对待生活，生活也一定以灿烂回报。所以，既然现实无法改变，当我们面对困惑、无奈时，不妨给自己一个笑脸，一笑解千愁。

笑不仅可以解除忧愁，还能提高人体免疫力，增强体质，治疗各种病痛。微笑能加快肺部呼吸，增加肺活量，能促进血液循环，使血液获得更多的氧，从而更好地抵御各种病菌的入侵。

雪莱说过："笑实在是仁爱的表现，快乐的源泉，亲近别人的桥梁。有了笑，人类推感情就沟通了。"笑是快乐的象征，是快乐的源泉。笑能化解生活中的尴尬，能缓解工作中的紧张气氛，也能淡化忧郁。

既然笑声有这么多的好处，我们有什么理由不让生活充满笑声呢？不妨给自己一个笑脸，让自己拥有一份坦然；还生活一片笑声，让自己勇敢地面对艰难。这是怎样的一种调节，怎样的一种豁达，怎样的一种鼓励啊！

赫尔岑有句名言说："人不仅要会在快乐时微笑，也要学会在困难中微笑。"人生的道路上难免遇到这样那样的困难，时而让人举步维艰，时而让人悲观绝望，漫漫人生路有时让人看不到一点希望。这时，不妨给自己一个笑脸，让来自于心底的那份执著，鼓舞自己插上理想的翅膀，飞向最终的成功；让微笑激励自己产生前行的信心和动力，去战胜困难，闯过难关。

清新、健康的笑，犹如夏天的一阵大雨，荡涤了人们心灵上的污泥、灰尘及所有的污垢，显露出善良与光明。笑是生活的开心果，是无价之宝，但却不需花一分钱。所以，每个人都应学会以微笑面对生活。

那么，今天你笑了吗？没有的话，那么现在就让你的嘴角就往上翘一翘吧！

087 不为打翻的牛奶而哭泣

"不要为打翻的牛奶而哭泣"，这是一句英国谚语，其中的道理是，不要为已经失去的而难过，每个人都应当接受已经不可挽回的既成事实，忘记过去向前看。这是多年来人类在实践中得到的智慧结晶。莎士比亚对此做了精辟的诠释："明智的人永远不会坐在那里为他们的损失而悲伤，却会很高兴地去找出办法来弥补他们的创伤。"

总有些年轻人习惯沉浸在过去的痛苦经验中走不出来，这是自己戕害自己。在生活中，最怕自己跟自己过不去，总是为以前的失误、过错、挫败而唉声叹气，这样下去只能日复一日，没有出头的一天。与其如此，倒不如痛快地忘记过去，以一种新的姿态重新开始自己的构思和行动，争取在最短的时间里赢得成功。这样就可以治疗你过去的痛苦。因此治疗过去痛苦最好的办法不是唉声叹气，而是用新的成功来加以替代。

拿破仑·希尔说："当我读历史和传记并观察一般人如何渡过艰苦的处境时，我一直既觉得吃惊，又羡慕那些能够把他们的忧虑和不幸忘掉并继续过快乐生活的人。"

生活中，我们必须面对现实，接受已经发生的任何一种情况，使自己适应，忘记过去的不快，继续向前走。

荷兰首都阿姆斯特丹15世纪的老教堂的废墟上有一行字，那上面刻的是："事情是这样的，就不会是别样"。

在漫长的岁月中，我们一定会碰到一些令人不快的情况，它们既是这样，就不可能是别样，但我们却可以有所选择。要么把它们当作一种不可逃避的情况加以接受，并且适应它们，要么拒之千里，甚至用忧虑毁了我们的生活。

088 淡定的人生不寂寞

在每个年轻人面前，选择很多，诱惑也很多，但成功不会藏在繁华的泡沫里，也不会躲在灯红酒绿的喧嚣中。请你静下心来，去做一件事！只有静心地做事，身体才能找到正确的位置。只有头脑静下来，才能安心地做事。

被誉为"昆虫界的荷马""昆虫界的维吉尔"的法国著名昆虫学家、动物行为学家、作家——法布尔，出生于法国南部普罗旺斯圣莱昂的一户农家，他的童年是在离该村不远的马拉瓦尔祖父母家中度过的，乡间的那些可爱的昆虫深深地吸引着他。

成年后，法布尔发表了《节腹泥蜂习性观察记》，这篇论文赢得了法兰西研究院的赞誉，他被授予实验生理学奖。这期间，法布尔还将精力投入到对天然染色剂茜草或茜素的研究中去，当时法国士兵军裤上的红色，便来自于茜草粉末。贫穷的他，长年靠着中学教员的薪水维持一家人的生计，同时他还节衣缩食，省下一点点钱来扩充设备。功夫不负有心人，经过多年的努力，他获得了三项研究专利，应公共教育部长维克多·杜卢伊的邀请，负责一个成人夜校的组织与教学工作，但其自由的授课方式引起了一些人的不满。于是，他辞去了工作，携全家在奥朗日定居下来，并且一住就是十余年。在这十余年里，法布尔完成了《昆虫记》的第一卷。

真菌是法布尔的兴趣之一，他曾以沃克吕兹的真菌为主题写下许多精彩的学术文章。他对块菰的研究也十分详尽，并细致入微地描述了它的香味，美食家们声称能从真正的块菰中品出他笔下描述的所有滋味。

后来，他用好不容易积攒下的一笔钱，在小镇附近购得一处荒地上的老旧民宅，并用当地的普罗旺斯语给这个处所取了个风趣的雅号"荒石园"，使这里成了一座花草争艳、百虫汇聚的乐园，他开始过上了远离喧嚣纷攘的田园生活。这是一块荒芜的地方，但却是昆虫的乐园，除了可供家人居住外，那里还有他的书房、工作室和试验场，能让他安静地集中精力思考，全身心地投入到各种观察与实验中去，可以说这是他一直以来梦寐以求的天地。就是在这儿，法布尔一边进行观察和实验，一边整理前半生研究昆虫的观察笔记、实验记录和科学札记，完成了《昆虫记》的后九卷。

40多年里，法布尔深入到昆虫的生活之中，用田野实验的方法研究昆虫的本能、习性、劳动、交配、生育、死亡。蜘蛛、蜜蜂、螳螂、蝎子、蝉、甲虫、蟋蟀等皆成了他笔下的小精灵。他一边行走于生物世界，过着自由自在的生活，一边锲而不舍地观察和研究大自然的昆虫，直到生命的最后时刻。如今，这片土地已经成为博物馆，静静地座落在有着浓郁普罗旺斯风情的植物园中。

生活的喧嚣很容易让我们疲惫，也许品一杯淡茶，可以换回片刻的轻松；也许欣然接受生活的变化，固守自己心中那一片净土，可以体会到怡然自得的妙趣。

089 抵得住繁华，禁得住诱惑

诱惑是个美丽的陷阱，落入其中者必将害人害己，无法自救；诱惑又是枚糖衣炮弹，无分辨能力者必定被击中；诱惑还是一种致命的病毒，会侵蚀每一个缺乏免疫力的大脑。做人要有定见，在利益面前多一分小心谨慎，将诱惑拒之于门外。

据说，东南亚一带有一种捕捉猴子的方法非常有趣。当地人将一些美味的水果放在箱子里面，再在箱子上开一个小洞，大小刚好让猴子的手伸进去。猴子经不住箱子中水果的诱惑，抓住水果，手就抽不出来，除非它把手中的水果丢下。但大多数猴子恰恰不愿丢掉到手的东西，以致当猎人来到的时候，不需费什么气力，就可以很轻易地捉住它们。

人又能比猴子高明多少呢？许多人无法抗拒诸如金钱、权利、地位的诱惑，沉迷其中而不能自拔。

经不住金钱诱惑者，信奉金钱至上，金钱万能，说什么"金钱主宰一切""除了天堂的门，金子可以叩开任何门"等等。他们视金钱为上帝，不择手段去得到它。他们一边用损坏良心的办法挣钱，一边又用损害健康的方法花钱。钱越多的人，内心的恐惧越深重，他们怕偷、怕抢、怕被绑票。他们时时小心，处处提防，惶惶然终日，寝食难安。恐惧的压力造成心理严重失衡，哪里有快乐可言？其实，钱财乃身外之物，生不带来死不带走，应该取之有道，用之有度。金钱也并非万能，健康、友谊、爱情、青春等都无法用金钱购买。金钱是一个很好的奴隶，但却是一个很坏的主人，我们应该做金钱的主人，而不应该沦为它的奴隶。

落入权势诱惑之陷阱者，终日处心积虑，热衷于争权斗势，一朝不慎就会成为权力倾轧的牺牲品，永生不得翻身。结党营私，各树党羽，明争暗斗，机关算尽，到头来，算来算去算自己。过于沉迷权势的人，为了保住自己的"乌纱帽"，处处阿谀奉承，事事言听计从，失去了做人的尊严，更不用说有什么做人的快乐了。

经不住美色诱惑者，流连忘返于脂粉堆中，醉生梦死于石榴裙下。古往今来，不知有多少王侯将相的前程断送在声色之中。君不见，李隆基因了一个杨玉环，终日不理朝政，最终导致权奸作乱，好端端一个开元盛世倾刻间土崩瓦解。吴三桂为了一个陈圆圆，冲冠一怒为红颜，引清兵入关，留下千古罪名。

这个世界太浮躁，有太多的诱惑，一不小心就会掉入这个美丽的陷阱。所以，做人一定要坚守本分，拒诱惑于门外。

090 静下来，一切都会好

有人说，现代社会中大千世界的众生相就是忙碌、盲目和茫然。的确，我们每天都被无数种嘈杂的声音和疲倦的尘埃紧紧缠绕着，它们如饥似渴地吞噬着我们的青春、折磨着我们的身心，让我们苦不堪言。我们无法在尘世中静下心来生活和工作，无法静下心来感受和体验，也无法静下心来思考与计划，因此幸福也变得遥不可及。在漫漫的人生旅途中，我们随时需要静下心来，从忙碌、盲目和茫然的世界中退后一步，让内心回到安静的状态，从而赶走身边的无奈，驱散周围的喧嚣，抚平疼痛的伤口，迎接幸福的未来。只要我们学会静下来，送自己一颗安静的心，幸福就会与我们共鸣，和我们一起扭转人生。

静下来，是一种生活方式。痛苦的时候静下来，可以探究苦痛的根源，培育愉悦的心境。烦乱的时候静下来，可以摆脱扭曲和误解，从束缚中体会自由。迷惘的时候静下来，可以抛弃执着的预想，分享当下的幸福。

　　静下来，是一种心灵模式。心静了，就可以整理一下自己的心情，拂去心灵的蒙尘，在忙碌中安享内心的平静，一切困惑与迷茫都将豁然开朗，我们将会收获满满的幸福。因为心静则无欲，无欲则平和，平和则幸福。

　　静下来，是一种工作福利和生命奖赏。工作是一个练习让心智完整的时机，完完全全地专注在手头上的工作，以使自己达到忘我的状态，那是让内心的平静与平和来引导财富旅程的幸福时刻。

　　静下来，是一种人生格局与梦想载体。静下来，不再去想那些付出没有回报的徒劳，不再去回忆那些地老天荒的誓言，不再去迷恋那段轰轰烈烈的爱恋，不再去顾忌那些所谓的得与失。一切的人与事、情与仇、爱与怨，只会轻轻划过，悄然散落在悠悠岁月的淡淡斑纹中，淡了，再淡，淡出记忆，淡出知足。

　　静下来，是一种成功策略与幸福方法。静下来，洗涤生活的无奈与感情的失意，自己给自己找乐子，拒绝太多的恩怨思绪，拒绝太多的占有欲望，拒绝太多的伤感埋怨，拒绝太多的挣扎徘徊，即便泛起那一点点心灵涟漪，也会储存得温温顺顺、平平静静。

　　静下来，我们的思绪不再乱窜，我们的情感不再流离失所，我们的心情不再跌荡起伏。一切烦躁与沉闷都会悄悄地匿迹，静静地消失，安静且唯美。那种静谧的感觉，是快节奏生活中最惬意的心灵释放和最精妙的灵魂洗涤。

　　静下来，听听音乐，看看小说，望望风景，数数星星；静下来，浇浇花草，照照镜子，翻翻照片，理理思绪。静下来，你会感到冰冷从身边逃走的身影，你会听到温暖从心头划过的声音，那是安详、安静与安宁赐给你的叮咛与祝福。原来——静下来的感觉如此美妙！

　　静下来，在忙碌的人生中得享内心的平静，收获人生的幸福。

091 修养心灵，找回真实的自己

　　一个皇帝想要整修在京城里的一座寺庙，他派人去找技艺高超的设计师，希望能够将寺庙整修得美丽而又庄严。

后来有两组人员被找来了，其中一组是京城里很有名的工匠与画师，另外一组是几个和尚。

由于皇帝不知道到底哪一组人员的手艺比较好，于是他就决定给他们机会作一个比较。

皇帝要求这两组人员，各自去整修一个小寺庙，而这两个组互相面对面。三天之后，皇帝要来验收成果。

工匠们向皇帝要了一百多种颜色的颜料，又要了很多工具；而让皇帝很奇怪的是，和尚们居然只要了一些抹布与水桶等简单的清洁用具。

三天之后，皇帝来验收。

他首先看了工匠们所装饰的寺庙，工匠们敲锣打鼓地庆祝工程的完成，他们用了非常多的颜料，以非常精巧的手艺把寺庙装饰得五颜六色。

皇帝很满意地点点头，接着回过头来看看和尚们负责整修的寺庙，他一看之下就愣住了，和尚们所整修的寺庙没有涂上任何颜料，他们只是把所有的墙壁、桌椅、窗户等等都擦拭得非常干净，寺庙中所有的物品都显出了它们原来的颜色，而它们光亮的表面就像镜子一般，无瑕地反射出从外面而来的色彩，那天边多变的云彩、随风摇曳的树影，甚至是对面五颜六色的寺庙，都变成了这个寺庙美丽色彩的一部分，而这座寺庙只是宁静地接受这一切。

皇帝被这庄严的寺庙深深地感动了，当然我们也知道最后的胜负了。

我们的心就像是一座寺庙，我们不需要用各种精巧的装饰来美化我们的心灵，我们需要的只是让内在原有的美，无瑕地显现出来。

如果你珍爱生命，请你修养自己的心灵。人总有一天会走到生命的终点，金钱散尽，一切都如过眼云烟，只有精神长存世间，所以人生的追求应该是一种境界。

在纷纷扰扰的世界上，心灵当似高山不动，不能如流水不安。居住在闹市，在嘈杂的环境之中，不必关闭门窗，任它潮起潮落，风来浪涌，我自悠然如局外之人，没有什么能破坏心中的凝重。身在红尘中，而心早已出世，在白云之上。又何必"入山唯恐不深"呢？关键是你的心。

　　心灵是智慧之根，要用知识去浇灌。胸中贮书万卷，不必人前卖弄。"人不知而不愠，不亦君子乎？"让知识真正成为心灵的一部分，成为内在的涵养，成为包藏宇宙、吞吐天地的大气魄。只有这样，才能运筹帷幄之中，决胜千里之外，才能指挥若定挥洒自如。

　　修养心灵，不是一件容易的事，要用一生去琢磨。心灵的宁静，是一种超然的境界！高朋满座，不会昏眩；曲终人散，不会孤独；成功，不会欣喜若狂；失败，不会心灰意冷。坦然迎接生活的鲜花美酒，洒脱面对生活的刀风剑雨，还心灵以本色。

Part 4

自己是最大的靠山

092 躺在父母的怀抱里永远长不大

名人的后辈做出伟大成绩的很多，父辈的指点当然对他们十分有益。但是他们成功最关键的还是自身的努力。任何被人们称为"天才"的人并不是因为有一个天才老爸，而是自身的才华得到了人们的肯定。所以，现在的年轻人应该走自己的成功之路，不要把希望寄托在父母的身上，靠父母的关系和能力为自己的成功垫脚，这并不是万全之策。作为新时代的年轻人、独立的一代，事业的成功取决于我们自己。

著名作家大仲马得知自己的儿子小仲马寄出的稿子屡屡碰壁，就告诉他说："如果你能在寄稿时，随稿给编辑先生们附上一封短信说，'我是大仲马的儿子'，或许情况就会好一些。"

小仲马断然拒绝了父亲的建议，他说："不，我不想坐在你的肩上摘苹果，那样摘来的苹果没味道。"年轻的小仲马不但拒绝以父亲的盛名作为自己事业的敲门砖，而且不露声色地给自己取了十几个其他姓氏的笔名，以避免那些编辑先生们把他和父亲联系起来。

他的长篇小说《茶花女》寄出后，终于以其绝妙的构思和精彩的文笔震撼了一位资深编辑。这位资深编辑曾和大仲马有着多年的书信来往。他看到寄稿人的地址同大作家大仲马的丝毫不差，便怀疑是大仲马另取的笔名；但作品的风格却和大仲马的截然不同。带着这种兴奋和疑问，他迫不及待地乘车造访大仲马家。令他大吃一惊的是，《茶花女》这部优秀的作品的作者竟是大仲马名不见经传的年轻儿子小仲马。

"您为何不在稿子上署上您的真实姓名呢？"老编辑疑惑地问小仲马。

小仲马说："我只想拥有真实的高度，希望您看重的是我创作的作品本身而不是我的姓氏。"

面对这个充满自信的年轻人，老编辑不由得笑了。他对小仲马的做法赞叹不已，相信他一定可以走出名人父亲的阴影，创出自己的一番事业来。《茶花女》出版后，法国文坛书评家一致认为这部作品的价值大大超越了大仲马的代表作《基督山伯爵》，小仲马终于获得了梦寐以求的成功。

大仲马父子的成就造就了一段文坛父子兵的佳话。但是我们现在在提到小仲马的时候，不会以大仲马的儿子来作为开头语，而是称之为"伟大的作家，《茶花女》的作者小仲马"，这就是他的成功。用自己的双手摘到的苹果才格外香甜，用自己的双手开创的人生才格外饱满、精彩。

093 克服心理断乳期

人应该是独立的。独立行走，使人脱离了动物界而成为万物之灵。当你跨进青春之门的时候，你就开始具备了一定的独立意识，但对别人尤其是父母的依赖常常困扰着自己。依赖，是心理断乳期的最大障碍，是阻碍你迈向成功的沉重绊脚石。

要克服依赖习惯，可从以下几个方面出招：

第一招：要充分认识到依赖习惯的危害。要纠正平时养成的习惯，提高自己的动手能力，多向独立性强的人学习，不要什么事情都指望别人，遇到问题要做出属于自己的选择和判断，加强自主性和创造性。学会独立地思考问题。独立的人格要求独立的思维能力。

第二招：要在生活中树立行动的勇气，恢复自信心。自己能做的事一定要自己做，自己没做过的事要锻炼做，正确地评价自己。

第三招：丰富自己的生活内容，培养独立的生活能力。在学校中主动要求担任一些班级工作，以增强主人翁的意识。使我们有机会去面对问题，能够独立地拿主意，想办法，增强自己独立的信心。

第四招：多向独立性强的人学习。多与独立性较强的人交往，观察他们是如何独立处理自己的一些问题的，向他们学习。同伴良好的榜样作用可以激发我们的独立意识，改掉依赖这一不良习惯。

094 依赖别人，不如期待自己

追求成功，得靠实力，靠自身的努力。只要拥有了遇事求己的坚强和自信，人人都能成为自己的救世主。

一天，天降大雨，有个人在屋檐下避雨，看见观音正撑伞走过。他说："观音菩萨，普度一下众生吧，带我一段如何？"观音说："我在雨里，你在檐下，而檐下无雨，你不需要我度。"这人立刻跳出檐下，站在雨中："现在我也在雨中了，该度我了吧？"观音说："你在雨中，我也在雨中，我不被淋，因为有伞；你被雨淋，因为无伞。所以不是我度自己，而是伞度我。你要想度，不必找我，请自找伞去！"说完便不见踪影。第二天，这人遇到了难事，便去寺庙里求观音。走进庙里，才发现观音的像前也有一个人在拜，那个人长得和观音一模一样，丝毫不差。这人问："你是观音吗？"那人答道："我正是观音。"这人又问："那你为何还拜自己？"观音笑道："我也遇到了难事，但我知道，求人不如求己。"

有些年轻人一遇到困难，首先想到的是求人帮忙；有些人不管有事还是没事，总喜欢跟在别人身后，以为别人能解决他的一切疑难。在他们的心里，始终渴望着一根随时可以依靠的拐杖。但实际上，在绝大多数时候，自己才是最可靠的。把自己的幸福寄予在别人的灵魂之上是很难获得安全感的。并不是每个人都能像凌霄花那样攀缘高枝炫耀自己，因为这个世界上没有那么多供你依靠的大树。即使有，也是不可靠的，如果大树倒了，你该怎么办？

清代画家郑板桥老年得子，在他临死前让儿子自己去做馒头，并留给儿子这样的遗言："淌自己的汗，吃自己的饭，自己的事自己干。靠天靠人靠祖宗，不算好汉。"靠自己，用自己勤劳的双手与聪明的大脑才是最永久的保障。美国石油大亨洛克菲勒曾张开怀抱鼓励孩子从桌子上跳下来，可当孩子跳下来的时候洛克菲勒并没有去接住孩子，而是让孩子记住："凡事要靠自己，不要指望别人，有时连爸爸也是靠不住的！"

在工作中，很多人总是倾向于去依赖别人的帮助，把自己的全部工作量往其他同事身上压，结果不但变成了其他同事避而远之的拖油瓶，自己也无法在工作中得到实际的锻炼。当离开其他同事的帮助时就像失去了骨架的软体动物一样什么事情也做不好。再或者是太相信别人，把所有的希望都寄托在别人身上，最后被敌方往背后戳一小刀毙命。就像《国际歌》中所唱的那样："从来就没有什么救世主，也不靠神仙皇帝，要创造人类幸福，只有依靠人类自己。"自己才是最可靠的，自己的生活是把握在自己手中的，是需要自己去创造的。内因才是根本，当我们在工作中遇到困难的时候，我们不拒绝外界的帮助，但是最主要的还是要依靠自己。摆脱对别人的依赖心理，靠自己创造自己的幸福，应该从以下几个方面着手：

1. 制定一份"自我独立宣言"

树立独立的人格，培养自主的行为习惯。用坚强的意志约束自己有意识地摆脱对其他的同事和领导的依赖，同时自己要开动脑筋，把要做的事的得失利弊考虑清楚，心里就有了处理事情的主心骨，也就敢于独立处理事情了。

2. 树立人生的使命感和责任感

一些没有使命感和责任感的人，生活懒散，消极被动，常常跌入依赖的泥坑。而具有使命感和责任感的人，都有一种实现抱负的雄心壮志。他们对自己要求严格，做事认真，不敷衍了事、马虎草率，具有一种主人翁精神。这种精神是与依赖心理相悖逆的。选择了这种精神，你就选择了自我的主体意识，就会因依赖他人而感到羞耻。

3. 不要太依赖外界的帮助

当你遇到困难时，不要轻易向别人求援或接受他人的帮助，要充满信心去实践自己的主张。

4. 消除身上的惰性

依赖心理产生的源泉，在于人的惰性。要消除依赖心理，首先要消除身上的惰性。要消除惰性，就得锻炼自己的意志。处理事情的时候，要果敢向前，说做就做，该出手时就出手；还得有灵活的头脑，要善于思考，勤于思考。

095 靠自己拯救自己

在不断的生活斗争中，每一个人都会陷入成功与失败的旋涡中，在不断挣扎与抗争中，成功者选择自己拯救自己，失败者相信神会眷顾他，当他这个信念与现实不符时，最终他会选择自我迷茫。

在不断与生活进行着抗争时，只有自己能拯救自己，只要有一丝的抗争勇气，就有一丝的成功希望。自人类出现以来，我们就不断地在与大自然进行着斗争，与其说是适者生存，还不如说是在这场斗争中，胜利的是人类。

在崎岖的生活之路上，我们需要不断地与环境斗争。你是否已经从心底否定了自己？要是已经否定了自己，再舒适的环境也不会造就一个成功者。

有两个人同时到医院去看病，并且分别拍了 X 光片，其中一个原本就生了大病，得了癌症，另一个只是做例行的健康检查。

但是由于医生取错了照片，结果给了他们相反的诊断，那一位病况不佳的人，听到身体已恢复，满心欢喜，经过一段时间的调养，居然真的完全康复了。

而另一位本来没病的人，经过医生的"宣判"，内心起了很大的恐惧，整天焦虑不安，失去了生存的勇气，意志消沉，抵抗力也跟着减弱，结果还真的生了重病。

看到这则故事，真的是令人哭笑不得，因心理压力而得重病的人是该怨医生还是怨自己呢？乌斯蒂诺夫曾经说过："自认命中注定逃不出心灵监狱的人，会把布置牢房当作唯一的工作。"

以为自己得了癌症，于是便陷入不治之症的恐慌中，脑子里考虑得更多的是"后事"，哪里还有心思寻开心，结果被自己打败。而真的癌症患者却用乐观的力量战胜了疾病，战胜了自己。

更多的时候，人们不是败给外界，而是败给自己。俗话说"哀莫大于心死"，绝望和悲观是死亡的代名词，只有挑战自我，永不言败者才是人生最大的赢家。

战胜自己就是最大的胜利。与其说是战胜了疾病，不如说是战胜了自己。工作不顺利时，我们常常会找种种借口，认为是领导故意刁难，把不可能完成的工作交给自己；认为最近健康状况欠佳，才导致效率不高……心想偷懒，还把偷懒理由正当化，总认为期限还长，当下不妨放松一下。

096 凭自己的力量前行

松下幸之助曾经说过这样一段话："狮子故意把自己的小狮子推到深谷，让它从危险中挣扎求生，这个气魄太大了。虽然这种作风太严格，然而，在这种严格的考验之下，小狮子在以后的生命过程中才不会泄气。在一次又一次地跌落山涧之后，它拼命地、认真地、一步步地爬起来。它自己从深谷爬起来的时候，才会体会到'不依靠别人，凭自己的力量前进'的可贵。狮子的雄壮，便是这样养成的。"

美国石油家族的老洛克菲勒，有一次带他的小孙子爬梯子玩，可当小孙子爬到不高不矮（不至于摔伤的高度）时，他原本扶着孙子的双手立即松开了，于是小孙子就滚了下来。这不是洛克菲勒的失手，更不是他在恶作剧，而是要小孙子的幼小心灵感受到做什么事都要靠自己，就是连亲爷爷的帮助有时也是靠不住的。

人，要靠自己活着，而且必须靠自己活着，在人生的不同阶段，尽力达到理应达到的自立水平，拥有与之相适应的自立精神。这是当代人立足社会的根本基础，也是形成自身"生存支援系统"的基石，因为缺乏独立自主个性和自立能力的人，连自己都管不了，还能谈发展成功吗？即使你的家庭环境所提供的"先赋地位"是高于常人，你也必得先降到凡尘大地，从头爬起，以平生之力练就自立自行的能力。因为不管怎样你终将独自步入社会，参与竞争，你会遭遇到远比学习生活要复杂得多的生存环境，随时都可能出现或面对你无法预料的难题与处境。你不可能随时动用你的"生存支援系统"，而是必须得靠顽强的自立精神克服困难，坚持前进！

因此，我们要做生活的主角，要做生活的编导，而不要让自己成为一个生活的观众。

　　善于驾驭自我命运的人，是最幸福的人。在生活道路上，必须善于做出抉择，不要总是让别人推着走，不要总是听凭他人摆布，而要勇于驾驭自己的命运，调控自己的情感，做自我的主宰，做命运的主人。

　　要驾驭命运，从近处说，要自主地选择学校，选择书本，选择朋友，选择服饰。从远处看，则要不被种种因素制约，自主地选择自己的事业、爱情和崇高的精神追求。

　　你的一切成功，一切造就，完全决定于你自己。

　　你应该掌握前进的方向，把握住目标，让目标似灯塔在高远处闪光；你得独立思考，独抒己见。你得有自己的主见，懂得自己解决自己的问题。你不应相信有什么救世主，不该信奉什么神仙和皇帝，你的品格、你的作为，就是你自己的产物。

　　的确，人若失去自己，则是天下最大的不幸；而失去自主，则是人生最大的陷阱。赤橙黄绿青蓝紫，你应该有自己的一方天地和特有的色彩。相信自己创造自己，永远比证明自己重要得多。你无疑要在骚动的、多变的世界面前，打出自己的牌，勇敢地亮出你自己。你应该果断地、毫不顾忌地向世人宣告并展示你的能力、你的风采、你的气度、你的才智。

　　自主的人，能傲立于世，能力拔群雄，能开拓自己的天地，得到他人的认同。勇于驾驭自己的命运，学会控制自己，规范自己的情感，善于布局好自己的精力，自主地对待求学、择业、择友，这是成功的要义。

097 没有人看不起你，除了你自己

　　很多年轻人都有一种自卑感，内心不相信自己，也总是怀疑别人看不起自己。

　　其实，没有人看不起你，除了你自己，你的自卑心让你感觉自己事事不如别人，处处矮人一截。

　　让别人相信我们，首先就要自己相信自己。在现实生活中放弃自己的权利，让别人的意志来决定自己生活的人实在不少。他们把自己上学、择

业、婚姻——统统托付或交给别人，失去了自我追求，自我信仰，也就失去了自由，最后变成了一个毫无价值的人，人生最大的缺失，莫过于失去自信。

自卑只能自怜，自信赢得成功。相信自己，就是相信自己的优势，相信自己的能力，相信自己有权占据一个空间。没有得到你的同意，任何人也无法让你感到自惭形秽。

其实，心灵的力量是很容易培养的，因为人的心灵是很单纯的，唯一的要求是要相信你自己，肯定你自己，相信你自己是个好人，勤奋、努力、认真、节俭，肯定自己的大方、仁慈、善良……但是，要人相信自己的最大困难，就是人永远与别人比较：我不够好，因为别人比我更好；我不够仁慈，因为有人比我更仁慈；我不够漂亮，因为有人比我更漂亮……我们要学会爱自己、肯定自己，相信自己是独一无二的，相信自己总有闪亮的地方。

098 自己就是一座金闪闪的金矿

100多年前，美国费城有几个高中毕业生因为没钱上大学，他们只好请求仰慕已久的康惠尔牧师教他们读书。康惠尔牧师答应教他们，但他又想到还有许多年轻人没上大学，要是能为他们办一所大学那该多好啊！于是，他四处奔走为筹办一所大学向各界人士募捐。当时办一所大学大约需要投资150万美元，而他辛苦奔波了5年，连1000美元也没筹募到。一天，他情绪低落地走向教室，发现路边的草坪上有成片的草枯黄歪倒，很不像样。他便问园丁："为什么这里的草长得不如别处的草呢？"园丁回答说："您看这里的草长得不好，是因为您把这里的草和别处的草相比较的缘故。看来，我们常常是看别人的草地，希望别人的草地就是我们自己的，却很少去整治自己的草地！"

这话使康惠尔怦然心动，恍然大悟。此后，他积极探求人生哲理，到处给人们演讲"钻石宝藏"的故事：有个农夫很想在地下挖到钻石，但在自己的地里一时没有挖到。于是，他卖了自己的土地，四处寻找可以挖出钻石的地方。而买下这块土地的人坚持辛勤耕耘，反倒挖到了"钻石宝藏"。康惠尔向人们讲道：财富和成功不是仅凭奔走四方发现的，它属于在自己的土地上不断挖掘的人，它属于相信自己有能力"整治自己的草地"的人！由于他的演讲发人深省，很受欢迎。7年后他赚得800万美元，终于建起了一所大学。如今他所筹建的高等学府依然屹立在费城，并且闻名于世。

这个启示很重要，也很实在。很多的时候，我们总是羡慕别人的才能、幸运和成就，总是不敢相信自己，总是认为别人比我们要强很多，一件事情要得到别人的肯定才是正确的。其实这又何必呢？你自己就是一座金闪闪的金矿！

099 相信自己是独一无二的

有这样一个寓言故事：一天，一个喜欢冒险的男孩爬到父亲养鸡场附近的一座山上去，发现了一个鹰巢。他从巢里拿了一枚鹰蛋，带回养鸡场，把鹰蛋和鸡蛋混在一起，让一只母鸡来孵。孵出来的小鸡群里有了一只小鹰。小鹰和小鸡一起长大，因而不知道自己除了是小鸡外还会是什么。起初它很满足，过着和鸡一样的生活。

但是，当它逐渐长大的时候，它的内心就有一种奇特不安的感觉。它不时地想："我一定不只是一只鸡？"只是它一直没有采取什么行动，直到有一天一只了不起的老鹰翱翔在养鸡场的上空，小鹰感觉到自己的双翼有一股奇特的新力量，感觉胸腔里心正猛烈地跳着。它抬头看着老鹰的时候，一种想法出现在心中："我和老鹰一样。养鸡场不是我待的地方。我要飞上青天，栖息在山岩之上。"

它从来没有飞过，但是它的内心里有着力量和天性。它展开了双翅，飞到一座矮山的顶上。极为兴奋之下，它再飞到更高的山顶上，最后冲上了青天，飞到了高山的顶峰。它发现了伟大的自己。

记着，没有人能够完全像你一样地活出你自己，但是你必须发现真正的自我，然后你将会知道你能，因为你学会了认为你能。你就会发现潜伏的力量。因此，为了成全我们的寓言，我们可不要做一只鸡，而要做一只内心强大的鹰！这当然也会是令我们非常兴奋的事情。

在这个世界上，每个人都是独一无二的，你就是你，你无须按照别人的眼光和标准来评判甚至约束自己，你无须总是效仿别人，保持自我的本色，做一个真正的自我，这是最重要的。

100 肯定自己就成功了一半

在做任何事情以前，如果能够充分肯定自我，就等于已经成功了一半。当你面对挑战时，你不妨告诉自己：你就是最优秀的和最聪明的，那么结果肯定是向积极的方向发展。

一个叫黄美廉的女子，自小就患上脑性麻痹症。此病状十分吓人，因肢体失去平衡感，手足便时常乱动，眯着眼，仰着头，张着嘴巴，口里念叨着模糊不清的词语，模样十分怪异。这样的人其实已失去了语言表达能力。

但黄美廉硬是靠她顽强的意志和毅力，考上了美国著名的加州大学，并获得了艺术博士学位。她靠手中的画笔，还有很好的听力，来抒发自己的情感。

在一次讲演会上，一个不懂世故的中学生竟然这样提问："黄博士，你从小就长成这个样子，请问你怎么看你自己？"在场的人都在责怪这个学生不敬，但黄美廉却十分坦然地在黑板上写下了这么几行字："一、我好可爱；二、我的腿很长很美；三、爸爸妈妈那么爱我；四、我会画画，我会写稿；五、我有一只可爱的猫……"最后，她再以一句话作结束："我只看我所有的，不看我所没有的！"

不愧是黄博士！她以自己的实践，道出了走好人生路的真谛：人不可自卑，要接受和肯定自己。

人或因先天或因后天而造成外表缺陷，这都是无法自我选择的，但内心状态、精神意志却完全是靠自身力量进行抉择的。还是那句"天生我材必有用"，在纷繁的世界上更应接受和肯定自己，任何悲观情绪都不利于走好你的人生之路。

接受自己就是不否认自我，不回避现实；肯定自己就是尽力发挥自己的优势，多看多想自己好的一面，就能增强信心、充满活力。

101 不必羡慕别人的才能

古希腊的大哲学家苏格拉底在临终前有一个不小的遗憾——他多年的得力助手，居然在半年多的时间里没能给他寻找到一个最优秀的关门弟子。

苏格拉底在风烛残年之际，知道自己时日不多了，就想考验和点化一下他的那位平时看来很不错的助手。他把助手叫到床前说："我的蜡所剩不多了，得找另一根蜡接着点下去，你明白我的意思吗？"

"明白，"那位助手赶忙说，"您的思想光辉是得很好地传承下去……"

"可是，"苏格拉底慢悠悠地说，"我需要一位最优秀的传承者，他不但要有相当的智慧，还必须有充分的信心和非凡的勇气……这样的人选直到目前我还未见到，你帮我寻找和挖掘一位好吗？""好的、好的，"助手很尊重地说，"我一定竭尽全力地去寻找，以不辜负您的栽培和信任。"

苏格拉底笑了笑，没再说什么。

那位忠诚而勤奋的助手，不辞辛劳地通过各种渠道开始四处寻找了。可他领来一位又一位，总被苏格拉底一一婉言谢绝了。半年之后，眼看苏格拉底就要告别人世，最优秀的人选还是没有眉目，助手非常惭愧，泪流满面地坐在病床前，语气沉重地说："我真对不起您，令您失望了！"

"失望的是我，对不起的却是你自己，"苏格拉底说到这里，很失意地闭上眼睛，停顿了许久，才又不无哀怨地说，"本来，最优秀的就是你自己，只是你不敢相信自己，才把自己给忽略、给耽误、给丢失了……其实，每个人都是最优秀的，差别就在于如何认识自己、如何发掘和重用自己……"话没说完，一代哲人就永远离开了他曾经深切关注着的这个世界。

你自己就是一座金矿，关键是你如何看待、发掘和重用自己。每个向往成功、不甘沉沦的年轻人，都应该思索和牢记先哲的这句至理名言。

102 羡慕别人不如珍惜自己

很多年轻人总是认为别人什么都比自己好，羡慕别人的才能，羡慕别人的工作，羡慕别人的背景，羡慕别人的生活。

你不必羡慕别人的美丽花园，因为你也有自己的乐土，也许你的花不如别人的漂亮名贵，但是你的花可能给人类提供更多观赏以外的价值，这便是别人的花没有的优势。

你不必羡慕别人的笑容，那也许只是苦中作乐或是强颜欢笑。我们总是习惯于羡慕别人，但很少有人想到羡慕自己。也许，只有懂得羡慕自己的人，才是真正值得羡慕的人。

一个人来到这个世界上总有许多值得别人羡慕的地方，即使处在人生的低谷亦然如此。比如我们现在的学习非常累，但我们为了理想而奋斗，生活很充实；一个人事业受挫了，但他还有成功的机会；一个人下岗了，但他还有健康的体魄，一切可以从头开始。和那些更不幸的人相比，这一切太值得羡慕了，也太应该珍惜了。

其实，人生不需要太圆满，留个缺口也是件很美的事。懂得每个人的生命都有欠缺，就不会与他人做无谓的比较，反而更珍惜自己所拥有的一切。好好数数上苍给你的东西，你会发现自己所拥有的其实很多，而缺少的那一部分，虽不可爱，却也是你生命中的一部分，接受它并善待它，你的人生会快乐很多。

103 不要活在别人的阴影下

如果你是处处参照他人的模式追求幸福，那么你的一生都会悲惨地活在他人的价值观里。生活中的我们常常很在意自己在别人的眼里究竟是一个什么样的形象，因此，为了给他人留下一个比较好的印象，我们总是事事都要争取做得最好，时时都要显得比别人高明。在这种心理的驱使下，人们往往把自己推上一个永不停歇的痛苦的人生轨道上。

事实上，人生活在这个世界上，并不是一定要压倒他人，也不是为了他人而活。人活在世界上，所追求的应当是自我价值的实现以及对自我的珍惜。不过值得注意的是，一个人是否能实现自我并不在于他比其他人优秀多少，而在于他在精神上能否得到幸福的满足。

我们每个人的生活面貌都是由自己塑造而成的，如果我们能学会接受自己，看清自己的长处，明白自己的短处，便能踏稳脚步，达到目标；这样就不至于浪费许多时间精力，控制苦恼。发现自我，秉持本色，这是一个人平安快乐的要诀。

善待我们的生命，充实我们的人生，认清我们在这个世界上的正确位置，寻找到我们生活中的独特价值。求己之愿求，追己之愿追，活得像个我而不是他，不去理会那些不相干的事，不去做追风潮赶浪头之事。这样，当你回头望望时，你将庆幸自己一直在坚持着走自己的路。

104 你的价值由你决定

有一天下午，珍妮正在弹钢琴时，七岁的儿子走了进来。他听了一会儿说：“妈，你弹得不怎么高明吧？”

不错，是不怎么高明。任何认真学琴的人听到她的演奏都会不屑，不过珍妮并不在乎。多年来珍妮一直这样不高明地弹，弹得很高兴。

珍妮也喜欢自己那种不高明的歌唱和不高明的绘画。因为她不是为他人而活。

下面的这则寓言也许很能说明问题，因为幸福无需寻求他人的认可。

一只大猫看到一只小猫在追逐它自己的尾巴，于是问："你为什么要追逐你自己的尾巴呢？"小猫回答说："我了解到，对一只猫来说，最好的东西便是幸福，而幸福就是我的尾巴。因此，我追逐我的尾巴，一旦我追逐到了它，我就会拥有幸福。"大猫说："我的孩子，我曾经也注意到这些问题。我曾经也认为幸福在尾巴上。但是，我注意到，无论我怎么去追逐，它总是逃离我，但当我朝前走的时候，无论我去哪里，它似乎都会跟在我后面。"

获得幸福的最有效的方式就是不为别人而活，就是避免去追逐它，就是不向每个人去要求它。通过和你自己紧紧相连，通过把你积极的自我形象当作你的顾问，通过这些，你就能得到更多的认可。

当然，你绝不可能让每个人都同意或认可你所做的每一件事，但是，一旦你认为自己有价值，值得重视，那么，即使你没有得到他人的认可，你也绝不会感到沮丧。

105 走自己的路，让别人去说吧

在认清了自己、认清了别人、认清了环境、认清了客观条件之后，就要坚定地走自己的路，朝着既定的目标勇敢前进，就要"咬定青山不放松"，不要因为一些外在的因素而放弃。不仅要有明确的目标，而且要目标坚定，不为别事所动。在当今光怪陆离的商品社会中，就是坚持自己的节操，维持自己高贵的人品，甘于寂寞和宁静，不为锦衣玉食、高官厚禄所动，而是淡泊明志，为自己的崇高理想而努力奋斗，坚持自己的生存方式。

我国南朝时有名的唯物主义哲学家和无神论者范缜做了尚书殿中郎，并做了竟陵王萧子良的宾客。萧子良相信佛教，但范缜却不信。萧子良问他："你不相信因果报应，那么，为什么有的人富贵，有的人贫贱呢？"范缜回答说："人生好比树上的花，同时开放，随风飘落，有的吹到厅堂坐席上面，有的落到墙外粪坑中间。吹到坐席上的就像你，吹到粪坑中的就像我，贵贱虽不相同，其本质是一样的。因果又在哪里呢？"

范缜发表《神灭论》后，朝野喧哗，于是萧子良召集一些高僧和文士，同他辩论，但都不能取胜。萧子良派王融去对范缜说："《神灭论》的道理是错误的，你坚持这种说法，恐怕对你不利，像你这样的才能，还怕做不到中书郎那样的高官吗？你何必坚持，还是放弃这种说法吧。"范缜大笑说："假如范缜卖论取官，早就做到尚书或左、右仆射了，岂止做一个中书郎呢？"

我们活在世上，不能没有做人的尊严，不能不顾及自己的身份和名誉，不能让强烈的虚荣心占据自己。正如徐悲鸿所说："人不可有傲气，但不可无傲骨。"选定了目标，就不要理会别人的冷嘲热讽。

106 自卑会绊住你前进的步伐

纽约的深秋来临了，树叶片片落下，一阵风吹过，一个年轻的乞丐不禁打了一个寒战，空荡荡的裤脚随风飘起。自从他的右脚连同整条腿断掉后，他的一切希望都化成了泡影，他变成了一个乞丐，每天靠别人的施舍过日子。

可是今天太不幸了，他一整天都没有吃东西了。乞丐走进一个庭院，向女主人乞讨。

他故意把拐杖往地面上敲打，想引起女主人的怜悯之心。

可是女主人毫不客气地指着门前一堆砖对乞丐说："你帮我把这些砖搬到屋后去吧。"说完女主人俯身搬起砖来，并故意用一只手拿一根棍子，一只手拿砖头，依靠一条腿走路搬了一趟说："你看，并不是非要两条腿才能干活。我能干，你为什么不能干呢？"

乞丐怔住了，他用异样的目光看着妇人，尖突的喉结像一枚橄榄上下滑动了两下，终于他俯下身子，用他那唯一的腿和一只手搬起砖来，一次只能搬两块。他整整搬了两小时，才把砖搬完，累得气喘如牛，脸上有很多灰尘，几绺乱发被汗水浸湿了，贴在额头上。

　　妇人递给乞丐一条雪白的毛巾说："这下你该明白了吧，要想干成功一件事，就别让自卑绊住了你的腿。"

　　乞丐接过去，很仔细地把脸和脖子擦了一遍，白毛巾变成了黑毛巾。

　　妇人又递给乞丐20元钱，乞丐接过钱，很感激地说："谢谢你。"

　　妇人说："你不用谢我，这是你自己凭力气挣的工钱。"

　　乞丐说："我不会忘记你的，这条毛巾也留给我作纪念吧。"说完他深深地鞠一躬，就上路了。若干年后，一个穿着体面的人来到这个庭院。他举止优雅，气度不凡，跟那些自信、自重的成功人士一模一样。美中不足的是，这人只有一条左腿，右腿是一条假肢。

　　来人俯下身用手拉住有些老态的女主人说："如果没有你，我还是个乞丐，是你让我克服了心中的自卑，增添了我走向成功的勇气。现在，我是一家公司的董事长。"

　　妇人已经记不起他是谁了，只是淡淡地说："这是你自己凭信心干出来的。"

　　没有右腿的乞丐是靠什么成功的？是他克服自卑增强自信后走向了成功。在他断掉右腿时，世界对他来说是灰暗的，他认为自己什么都不能做了。当他用两只手一趟趟地把砖头搬走时，他甩开了自卑的局限，获得了一种新的力量，迈开了走向成功的脚步，并最终获得了成功。

107 推倒心中自卑的墙

　　我们在年轻的时候总是看到很多成功者，作为初出茅庐者，每一位年轻人在面对比自己强的人的时候总会有一种对自己消极的评价，但是，当这种评价超出了某种限度时，那就会演变为自卑心理。

　　自卑的人，总哀叹事事不如意，老拿自己的弱点跟别人的优点比，越比越气馁，甚至比到自己无立足之地。有的人在旁人面前就面红耳赤，说不出话；有的人遇上重要的会面就口吃；有的人认为大家都欺负自己因而厌恶他人。因此，若对自卑感处置不妥，无法解脱，将会使人消沉，甚至走上邪路，坠入犯罪的深渊，或走上自杀的道路。

与此同时，长期被自卑感笼罩的人，不仅自己的心理活动会失去平衡，而且生理上也会产生变化，最敏感的是心血管系统和消化系统，将会受到损害。生理上的变化反过来又影响心理变化，加重人的自卑心理。

自卑，是个人对自己的不恰当的认识，是一种自己瞧不起自己的消极心理。在自卑心理的作用下，遇到困难、挫折时往往会出现焦虑、泄气、失望、颓丧的情感反应。一个人如果做了自卑的俘虏，不仅会影响身心健康，还会使聪明才智和创造能力得不到发挥，使人觉得自己难有作为，生活没有意义。所以，克服自卑心理是克服通往成功路上的一大障碍。

108 自己是最大的靠山

鲁迅在《祝福》里描写的祥林嫂，是一个只知向神佛乞求改变自己命运的不幸女人。时至今天，还有很多人一旦在前进的道路上遭遇困难、碰到挫折、面临逆境、身处不幸之时，就会抱怨自己的命运，嗟叹自己的命运是如此多磨，从而轻易把自己的失败归责于他人，把成功的希望寄托在他人身上，把命运的改变希冀于上帝的垂青。

每个人对自己都是有所了解的，只不过有的人了解得比较清楚，有的人却从未认真想过，还不太清楚。有的人过高地估计了对自己的认识，而有的人却总是看低自己的能力。对自己命运的掌握，全在于对自己的了解上，这就是说要知命。

可是偏偏就有那么一种人，对自己的命运越了解，越是清楚，反而越是相信在冥冥之中有个东西在主宰自己的命运，认为自己现在所拥有的一切都是上天安排好的，是上天注定的，于是放弃抗争的努力，让很多能改变自己命运的机会从身边白白溜走。不去做主观努力，只知一味地等待，看到一只兔子撞死在树桩上，就一辈子守在树桩旁，从未想过还可以离开树桩到其他地方去抓兔子。

中国有句古话："靠山吃山，靠水吃水。"说的是充分利用身边的有利条件，助自己成功。但是还有一句话："靠山山倒，靠水水流。"意思是说外在的条件都是不可靠的，要想成就一番事业，除了一些外在的条件外，更重要的是靠自己的双手和聪明才智，才能有所成就。

109 知命，不信命，掌控命

做人应该乐天知命，知命而不信命。人的命运是可以改变的。历史前进的步伐就是那些从不相信命运，从不向命运低头服输的人引领着的。昔日，陈胜、吴广高喊"王侯将相宁有种乎"，首先向自己的命运进行了抗争。做人更应该这样，更应该经常向自己发问："难道我就是这个样子，不能改变吗？"人的超越，最主要的是对自我的超越。只有超越自我，才能改变自己的命运，才能成为自己命运的主人。

出生在同样的环境中，坐在同一间教室里，听同样的老师讲课，毕业后的结果却大相径庭，原因是什么？这不是一个简单环境决定论所能回答得了的。其中显现出来的差别就在于每个人对待自己命运的不同态度。相信命运与不相信命运的人的结果有着很大的差异。

可见，人的处境永远不是僵直呆死与毫无道理可讲的，处境是按照一定的规律而变化的。人都会有自己的机遇也会有自己的挫折，有自己的无常也会有自己的有常，有自己的顺风也会有自己的厄运。命运由我做主，幸福在于自己去寻求，无论身处逆境、顺境或是俗境，时刻以一种乐天知命而不信命的态度超越自己，去做自己命运的主人。

110 给自己鼓掌，为自己喝彩

有一位美国作家，他是靠着为报社写稿维持生活的。他给自己定了一个目标，每周必须完成两万字。达到了这一目标，就到附近的餐馆饱餐一顿作为对自己奖赏；超过了这一目标，还可以安排自己去海滨度周末，在海滩大声为自己鼓掌、喝彩。于是，在海滨的沙滩上，常常可以见到他自得其乐的身影。

作家劳伦斯·彼德曾经这样评价一些著名歌手：为什么许多名噪一时的歌手最后以悲剧结束一生？究其原因，就是因为，在舞台上他们永远需要观众的掌声来肯定自己，需要别人为自己喝彩。但是由于他们从来不曾听到过来自自己的掌声和喝彩声，所以一旦下台，进入自己的卧室时，便会倍觉凄凉，觉得听众把自己抛弃了。他的这一剖析，确实非常深刻，也值得深省。

我们鼓励所有人给自己鼓掌，为自己喝彩，绝不是叫他自我陶醉，而是为了让他强化自己的信念和自信心，正确地评估自己的能力。

当我们取得了成就，做出了成绩或朝着自己的目标不断前进的时候，千万别忘了给自己鼓掌，为自己喝彩。当我们对自己说"你干得好极了"或"真是一个好主意"时，我们的内心一定会被这种内在的诠释所激励。而这种成功途中的欢乐，确实是很值得我们去细细品味的。

人生来就需要得到鼓励和赞扬。许多人作出了成绩，往往期待着别人来赞许。其实光靠别人的赞许还是不够的，何况别人的赞许会受到各种外在条件的制约，难以符合我们的实际情况或满足我们真正的期盼。如果要克服自卑感，增强自己的自信心和成功信念，那么就不妨花些时间，恰当地自己为自己喝彩。

111 不做人云亦云的八哥

做事要有自己的主见，要用自己的大脑来判断事物的是非，千万不要人云亦云。

一群喜鹊在女儿山的树上筑了巢，在里面养育了喜鹊宝宝。它们天天寻找食物、抚育宝宝，过着辛勤的生活。在离它们不远的地方，住着好多八哥。这些八哥平时总爱学喜鹊们说话，没事就爱乱起哄。

　　喜鹊的巢建在树顶上的树枝间，靠树枝托着。风一吹，树摇晃起来，巢便跟着一起摇来摆去。每当起风的时候，喜鹊总是一边护着自己的小宝宝，一边担心地想：风啊，可别再刮了吧，不然把巢吹到了地上，摔着了宝宝可怎么办啊，我们也就无家可归了呀。八哥们则不在树上做窝，它们生活在山洞里，一点都不怕风。

　　有一次，一只老虎从灌木丛中窜出来觅食。它瞪大一双眼睛，高声吼叫起来。老虎真不愧是兽中之王，它这一吼，直吼得地动山摇、风起云涌、草木震颤。

　　喜鹊的巢被老虎这一吼，又随着树剧烈地摇动起来。喜鹊们害怕极了，却又想不出办法，就只好聚集在一起，站在树上大声嚷叫："不得了了，不得了了，老虎来了，这可怎么办哪！不好了，不好了！……"附近的八哥听到喜鹊们叫得热闹，不禁又想学了，它们从山洞里钻出来，不管三七二十一也扯开嗓子乱叫："不好了，不好了，老虎来了！……"

　　这时候，一只寒鸦经过，听到一片吵闹之声，就过来看个究竟。它好奇地问喜鹊说："老虎是在地上行走的动物，你们却在天上飞，它能把你们怎么样呢，你们为什么要这么大声嚷叫？"喜鹊回答："老虎大声吼叫引起了风，我们怕风会把我们的巢吹掉了。"寒鸦又回头去问八哥，八哥"我们、我们……"了几声，无以作答。寒鸦笑了，说道："喜鹊因为在树上筑巢，所以害怕风吹，畏惧老虎。可是你们住在山洞里，跟老虎完全井水不犯河水，一点利害关系也没有，为什么也要跟着乱叫呢？"

　　八哥一点主见也没有，只知道随波逐流、人云亦云，也不管对不对，以至于闹出了笑话。我们做人也是一样，一定要独立思考，自己拿主意，不盲目附和别人。不然，就会像故事中的八哥一样既可悲又可笑了。

　　不要因为旁人的眼光改变了自己的观念。每个人站的角度不同，说话的方式自然有所差异，有智慧的人不会和不同角度的人争吵。当你想到去哪里，就抬起脚勇往直前，想做某事就努力去实践，并不断地检视自己，时时勉励自己向前走，这就是成功的秘诀。所以没有主见的人总喜欢附和其他人的意见。虽然脚在前进，却被人牵着鼻子走。只有心中有主见的人，才能分辨是非。因此，不要被人牵着鼻子走，别人说什么并不重要，关键要有自己的主张和思维。

112 改变"随风倒"：这次听自己的

世界著名交响乐指挥家小泽征尔在一次欧洲指挥大赛的决赛中，按照评委会给他的乐谱在指挥演奏时，发现有不和谐的地方。他认为是乐队演奏错了，就停下来重新演奏，但仍不如意。这时，在场的作曲家和评委会的权威人士都郑重地说明乐谱没有问题，而是小泽征尔的错觉。面对着一批音乐大师和权威人士，他思考再三，突然大吼一声："不，一定是乐谱错了!"话音刚落，评判台上立刻报以热烈的掌声。

原来，这是评委们精心设计的圈套，以此来检验指挥家们在发现乐谱错误并遭到权威人士"否定"的情况下，能否坚持自己的正确判断。前两位参赛者虽然也发现了问题，但终因趋同权威而遭淘汰。小泽征尔则不然，因此，他在这次世界音乐指挥家大赛中摘取了桂冠。

这个故事告诉我们，自信是成功者必备的素质，这不仅仅是掌握相当的知识，还需要再坚持一下的毅力和勇气。在强者面前，坚持己见，需要很大的勇气，不要随随便便地就否定了自己，只要是自己确信的，就不怕是在谁的脚下，都要有勇气和底气大声说出来!

一辈子跟着别人的屁股后头走，不如自己另辟蹊径。既然每个人的条件不同、能力不同，那么就更应该掌握自己的方向，开创自己的道路。

113 凡事不要随波逐流

不少年轻人过于相信权威人物的话语或成功人士的经验，从而失去了自己的观点，限制了自己的人生发展。

不要过于迷信成功者的成功经验，经验只能参考，绝不是用来照搬的。向成功者学习，这是所有想做事业的人都要经历的过程。但必须明白一点，从别人的成功经验里学习一些东西是可以的，但切忌将别人成功的做法生搬硬套地运用在自己的事业中。因为：天下任何事情都有它自身的特点。别人的办法只适合别人的事业。

一旦公之于众的办法，就会成为普遍规则，不是智慧的精华了，也就不实用了——何况很多人创业的秘密是绝对不会告诉别人的。也就是说，成功者创业最关键的"招数"永远不可能公之于众。

因此，对于所有成功者的经验和办法，一定要抱着一种警惕的心态去接受它。步成功者后尘只能是空热闹一场，社会上有太多太多这样的例子：看见别人开饭店挣了大钱，自己也跟着开一家饭店，最终却赔了钱。看见别人开服装店搞得很红火，于是自己跟着去做，但自己的店里就是没人光顾。看见别人搞房地产成了亿万富翁，自己也铺开摊子干，结果搞得自己倾家荡产不说，还得像过街老鼠一样到处躲债。

于是有人大叫："这真是邪门了！"也有人说："这都是命！"其实每个人都有自己的才能，也有自己固定的关系网，更有自己特定的性格，而成功者在选择项目和确定经营方式时，都会注意使各方面都适合自己的特点。你和他们主客观条件都大相径庭，怎么能生搬硬套，步其后尘呢？

114 没有主张，就没有了自己

成功需要肯定自己，坚持自己的立场。不知你是否因为别人表露出一种不以为然的态度就改变自己的立场？你是否因为别人不同意你的意见而感到消沉、忧虑？你是否在饭馆吃饭时，饭菜的口味并不令你满意，而你却不敢提出意见，或者退回去，因为这样你怕服务员会不高兴？你是否处心积虑寻求别人的赞许，渴望得到别人的赏识，未能如愿时就会情绪低落？

曾有位年轻朋友这样诉说他的苦恼：

每当听到同事下班一块儿去吃饭、喝酒、唱歌时，他便陷入进退两难的境地中。按个人意愿，他一点也不想去，只希望回家好好休息，看书，听听音乐，静静地享受独处省思的乐趣。但是他知道若是把这些想法讲出来作为婉拒的理由，会被同事取笑而成为笑柄。于是他压下了自己的意愿，顺从同事的模式，在喧闹、放荡、嬉笑中，度过了一个又一个吃喝玩乐的夜晚。

他越来越不快乐，越来越痛恨自己，想改变这种令他厌恶的上班式无味之友谊，想大声向同事们说"不"，可又总提不起勇气。他甚至觉得自己就像头被人牵来牵去的猪。

还有一位书生气很浓的朋友下海经商。朋友们都说他不是一块经商的料：不抽烟、不喝酒、不会拉关系，不会与人讨价还价等，好像商人应具备的资质他全没有。但让大家跌破眼镜的是：他的公司在经过一段艰难的沉寂之后，竟然生意兴隆，财源广进。他说：我只做好了最基本的几点，以诚待人，守诺守信，保证质量，客户们刚开始还有些不习惯，现在都挺喜欢同我打交道的，省心省力还踏实。

是的，寻求别人的认同和支持固然很重要，但是没有自己的主张，就没有了自己。自己的事自己做主。因此，不管什么时候，都不要放弃自己，放弃了自己不仅会失去成就自己的机会，还使自己的生命随之失去意义。

115 不因别人的声音迷失了自己

我是谁？我从哪里来？又要到哪里去？这些问题从古希腊开始，人们就开始问自己，然而都没有得出令人满意的结果。

不过，即便如此，人从来没有停止过对自我的追寻。正因为如此，人常常迷失在自我当中，很容易受到周围信息的暗示，并把他人的言行作为自己行动的参照，从众心理便是典型的证明。其实，人在生活中无时无刻不受到他人的影响和暗示。比如，在公共汽车上，你会发现这样一种现象：一个人张大嘴打了个哈欠，他周围会有一些人也忍不住打起了哈欠。有些人不打哈欠是因为他们受暗示性不强。哪些人受暗示性强呢？可以通过一个简单的测试检查出来。

让一个人水平伸出双手，掌心朝上，闭上双眼。告诉他现在他的左手上系了一个氢气球，并且不断向上飘；他的右手上绑了一块大石头，向下坠。三分钟以后，看他双手之间的差距，距离越大，则受暗示性越强。认识自己，心理学上叫自我知觉，是个人了解自己的过程。在这个过程中，人更容易受到来自外界信息的暗示，从而出现自我知觉的偏差。

在日常生活中，人既不可能每时每刻去反省自己，也不可能总把自己放在局外人的地位来观察自己。正因为如此，个人便借助外界信息来认识自己。个人在认识自我时很容易受外界信息的暗示，从而常常不能正确地知觉自己。

曾经有心理学家用一段笼统的、几乎适用于任何人的话让大学生判断该话是否适合自己，结果，绝大多数大学生认为这段话将自己刻画得细致入微、准确至极。下面一段话是心理学家使用的材料，你觉得是否也适合你自己呢？

你很需要别人喜欢并尊重你。你有自我批判的倾向。你有许多可以成为你优势的能力没有发挥出来，同时你也有一些缺点，不过你一般可以克服它们。你与异性交往有些困难，尽管外表上显得很从容，其实你内心焦急不安。你有时怀疑自己所作的决定或所做的事是否正确。你喜欢生活有些变化，厌恶被人限制。你以自己能独立思考而自豪，别人的建议如果没有充分的证据你不会接受。你认为在别人面前过于坦率地表露自己是不明智的。你有时外向、亲切、好交际，而有时则内向、谨慎、沉默。你的有些抱负往往很不现实。

这其实是一顶戴在谁头上都合适的帽子。

一位名叫肖曼·巴纳姆的著名杂技师在评价自己的表演时说，他之所以很受欢迎是因为他的节目中包含了每个人都喜欢的成分，使得"每一分钟都有人上当受骗"。人们常常认为一种笼统的、一般性的人格描述能够十分准确地揭示自己的特点，心理学上将这种倾向称为"巴纳姆效应"。

巴纳姆效应在生活中十分普遍。以算命为例，很多人请教过算命先生后都认为算命先生说得"很准"。其实，那些求助算命的人本身就有易受暗示的特点。当人的情绪处于低落、失意的时候，对生活失去控制感，于是，安全感也受到影响。一个缺乏安全感的人，心理的依赖性也大大增强，受暗示性会比平时更强。加上算命先生善于揣摩人的内心感受，稍微能够理解求助者的感受，求助者立刻会感到一种精神安慰。算命先生接下来再说一段无关痛痒的话，便会使求助者深信不疑。

每一个年轻人，不妨问一下自己：我有从众心理吗？我是否也在"巴纳姆效应"中迷失自己？

Part 5

你的才华要撑得起你的梦想

116 别拿青春赌明天

很多年轻人每天都在计划明天的事情，把明天的计划安排得满满的，把明天的前程描绘得天花乱坠。可是，他们中的很多人却没有好好地把握今天，让今天白白地从自己身边溜走。请问丢了今天为明天，这样做值得吗？

有一个人，他总是在迫不及待地"奔向未来"。

譬如，约好了下班去喝一杯，他所谈论的第一件事就是，该去哪儿吃晚饭；到了晚饭的时候，他又急急忙忙地吃完最后的甜食，赶奔一家电影院；在电影院，最后一个镜头还没结束，他就已经站起来准备走了；回家的车里，他又在做明天、下一星期、明年的计划。

他从来都不是生活在此时、此地。因此，也就不能把握生活。

其实，生活有它自己的时间表。生养一个孩子要十个月，而养育成人要近二十年，要长时间培养才能造就出一名小提琴好手或是滑雪健将。取得成功需要时间——而要成为一个成功的人则需要更长的时间。

有的年轻人总是着眼于未来的人生，每天都在做着规划，订着计划，设想着明天怎么做，梦想着美好的未来，但却忽视了今天，不能及时完成该做今天的事情，让今天白白从手中溜走了。这是对时间最大的浪费，对青春最大的辜负。只有抓住今天，才能把握明天，才能掌握未来。要想拥有期望的未来，就要把握好今天的每一分钟。

117 虚度时间是不可饶恕的犯罪

时间是什么？

时间是人生最初的财富。一个人刚来到世上时，时间是他唯一的财富。

时间是生命。所谓生命，就是逐渐支出时间的过程。有些人需要地位，就用自己的时间去换取权力；有些人需要财富，就把时间一点点地换成金钱；有些人需要闲适，于是就在宁静和安谧中从容地度过自己的时日。

如果你热爱自己的生命，你就应该珍惜时间，合理地利用时间，不使一日闲过。

关于古人珍惜时间的记载很多，班固的《汉书·食货志》载："冬，民既入；妇人同巷，相从夜织，女工一月得四十五日。"一月怎么能是四十五日呢？颜师古为此注释说："一月之中，又得夜半十五日，共四十五。"这就很清楚了，原来古人除了计算白天一日外，还将每个夜晚的时间算作半日，一月就多了十五天，这是对时间十分科学合理地利用。

古往今来一切有成就的人，都很严肃地对待自己的生命，总是尽量多劳动、多工作、多学习，不肯虚度年华，不让时间白白浪费掉。

时间是世界上最公平的东西，富人和穷人每天所分配的时间都是二十四个小时。只不过有的人会善加利用，有的人任意挥霍。任意挥霍者便会抱怨时间不够用。其实时间就像海绵里的水，只要愿挤，总还是有的。正如歌德所说："我们有足够的时间，如果恰当地去用它。"

有个学生向老师抱怨说："我的时间总不够用。"

于是，老师找来一只箱子，里面放了些大石头，此时箱子看来是满的。但是老师又让学生放一些弹珠进去，石头的缝隙中竟可以放许多弹珠。这样一来。似乎箱子又满了。但是老师又要学生倒入一桶细砂，等细砂也塞不下时，居然还可以倒入一盆水。

最后老师对学生说："你看到箱子满了，但却仍然可以再放入东西。你似乎觉得时间已排满了，但其中还有一些闲散的时光可以利用。"

时间是世界上一切成就的土壤。时间给空想者痛苦，给创作者幸福，虚掷光阴的人将被时间毁灭。

"一寸光阴一寸金，寸金难买寸光阴。"我们要学会节约时间，绝对不要过混天磨日，消磨时光的生活。马克·吐温说："我们计算着每一寸逝去的光阴；我们跟它们分离时所感到的痛苦和悲伤，就跟一个守财奴在眼睁睁地瞧着他的积蓄一个子儿、一个子儿地给强盗拿走而没法阻止时所感到的一样。"

卡耐基说："想成为富翁的秘诀，不过是各位天天做买卖，已精通生计之道了，下面两点尽道其诀窍。那就是：'勤勉'和'惜时'。"勤奋的人是时间的主人，懒惰的人是时间的奴隶，你愿意成为奴隶吗？你愿意少壮时不努力，老时再让伤悲来折磨自己的心吗？

118 抓住一年的 3200 万秒

有一个三只钟的故事总能给人启迪。

一只新组装好的小钟放在了两只旧钟当中。两只旧钟"滴答""滴答"一分一秒地走着。

其中一只旧钟对小钟说："来吧，你也该工作了。可是我有点担心，你走完3200万次以后，恐怕便吃不消了。"

"天哪！3200万次。"小钟吃惊不已。"要我做这么大的事？办不到，办不到。"

另一只旧钟说："别听他胡说八道。不用害怕，你只要每秒滴答摆一下就行了。"

"天下哪有这样简单的事情。"小钟将信将疑。"如果这样，我就试试吧。"

小钟很轻松地每秒钟"滴答"摆一下，不知不觉中，一年过去了，它摆了3200万次。

很多年轻人都渴望成功，却又总觉得它是那么遥不可及，倦怠和不自信让我们怀疑自己的能力，放弃努力。

其实，我们不必想以后的事，一年、甚至一个月之后的事，只要想着今天我要做些什么，明天我该做些什么，然后努力去完成，就像那只钟一样，每秒"滴答"摆一下，成功的喜悦就会慢慢浸润我们的生命。

119 21世纪学习的五项修炼

有人做过一个统计，美国《财富》杂志每年都会评出的世界五百强企业，在1970年所列的世界五百强，到了2000年的时候，大约三分之二都已经销声匿迹了，平均寿命不到40年。公司失败的原因大都在于，组织学习能力上的障碍妨碍了组织的学习及成长，使组织被一种看不见的巨大力量所侵蚀，乃至最终被吞没了。个人同样如此，如果你不发展自己的学习能力，你也终将被整个社会的看不见的力量所吞没。

踏实工作不代表故步自封，优秀的人应该勇于向新事物、新知识挑战，因为在知识经济时代，如果你没有进步，就代表着你正在被淘汰。

美国麻省理工学院教授彼得·圣吉创建的五项修炼是我们的五个学习方向：

第一，通过自我超越，可以伸展"向上的张力"，突破"成长上限"，不断实现心中的梦想。

第二，通过改善心智模式，可以消除"藏在内心深处的顽石"，实现"心灵的转换"，开启一扇"重新看世界的窗户"。

第三，通过建立共同愿望，可以找到人生的价值，找出现实与理想之间的差距，活出生命的意义。

第四，通过团队学习，可以彼此以诚相待，在深度会谈中实现沟通，在互动中提高智商。

第五，通过系统思考，可以廓清思想上的迷雾，使我们更清楚地认识自己及面对的世界。

120 学习是成长的生命线

人生就是一个不断学习的过程。你想成为怎样的人，决定于你所学到的东西。每天都努力学点新的东西，这样你的生命才会不断成长。

有一天，龙虾与寄居蟹在深海中相遇，寄居蟹看见龙虾正把自己的硬壳脱掉，只露出娇嫩的身躯。寄居蟹非常紧张地说："龙虾，你怎可以把唯一保护自己身躯的硬壳也放弃呢？难道你不怕有大鱼一口把你吃掉吗？以你现在的情况来看，连急流也会把你冲到岩石上去，到时你不死才怪呢！"

龙虾气定神闲地回答："谢谢你的关心，但是你不了解，我们龙虾每次成长，都必须先脱掉旧壳，才能生长出更坚固的外壳，现在面对的危险，只是为了将来发展得更好而作的准备。"

寄居蟹细心思量一下，自己整天只找可以避居的地方，而没有想过如何令自己成长得更强壮，整天只活在别人的荫护之下，难怪一直都限制了自己的发展。

每个人都有一定的安全区，不要固守着自己的优势。如果你想跨越自己目前的成就，请不要划地自限，勇于接受挑战充实自我，你一定会发展得比想象中更好。

在一个漆黑的晚上，老鼠首领带领着小老鼠出外觅食，在一家人的厨房内，垃圾桶之中有很多剩余的饭菜，对于老鼠来说，就好像人类发现了宝藏。

正当一大群老鼠在垃圾桶及附近范围大挖一顿之际，突然传来了一阵令它们肝胆俱裂的声音，那就是一头大花猫的叫声。它们震惊之余，更各自四处逃命，但大花猫绝不留情，穷追不舍，终于有两只小老鼠走避不及，被大花猫捉到，正在此时，突然传来一连串凶恶的狗吠声，令大花猫手足无措，狼狈逃命。

大花猫走后，老鼠首领施施然从垃圾桶后面走出来说："我早就对你们说过，多学一种语言有利无害，这次我就救了你们一命。"

"用学习创造利润"——这已被管理学界和企业界公认为是当今和未来"赢"的策略。

西点军校前校长米尔斯曾说："每个人所受教育的精华部分，就是他自己教给自己的东西。"学校里获取的教育仅仅是一个开端，其价值主要在于训练思维并使你适应以后的学习和应用。

而人生剩下的路，你要边走边学习。这次的学习，没有人教你，但是你

151

通过自己的勤奋和聪明获取的知识比别人传授给你的知识更为有用，也更为持久。这将是一笔属于你自己的财富。它可以迅速转化为才能，帮助你获得成功。

121 学习力决定你的竞争力

有一句话是这么说的，最不可宽恕的是一个人晚上上床时还像早上起床时一样无知。虽然我们出生时一无所知，但只有蠢人才永远如此。任何时候都不要骄傲自满于自己目前所知道的，这个世界上需要学习的太多了。

有一个爸爸，为了防止孩子们陷入自满的陷阱，让自己的孩子每天都学会一个新的知识在饭前进行交流，说出后才能吃饭。一次，他的儿子为了完成任务在饭前匆匆找了一个新知识：刚果的人口是……餐桌上顿时鸦雀无声。大家都觉得这个知识实在太琐碎了。

但这位爸爸却说："好，孩子他妈，你知道这个答案吗？"妻子的回答总是会使严肃的气氛变得轻松起来，她说："刚果？我非但不知道它的人口是多少，连它在世界上的哪个角落也不知道呢！"这个回答正中爸爸的下怀，于是他说："把地图拿来，我来告诉你们刚果在哪儿。"

就这样，全家人在地图上寻找起刚果来。一天又一天，日积月累，全家人在饭桌上学习了许多知识，大家共同进步着。

那些成功人士更明白这个道理。有时候，为了一堂课，他们会乘坐商务专机，飞达千里之外，在外人眼里是很奢侈的事，而他们则视为理所当然，因为这堂课可能会给他们带来更大的价值。美特斯·邦威集团创始人周成建就是这样的"空中飞人"。初中毕业的他，现在已经拿到了硕士文凭，他曾经说，唯一持久的竞争优势是具备比你的竞争对手学习得更快的能力。

年轻人必须终身学习，这样才能不被时代淘汰，才能拥有持久的竞争力，才能拥有更美好的人生。

122 树立终身学习的观念

现代社会，衡量企业成功的尺度是创新能力，而创新来源于不断地学习，不学习不读书就没有新思想，也就不会有新策略和正确的决策。

孔子说："朝闻道，夕死可矣。"这正是终生学习的最佳写照。

任何一个成功者，都是通过学习才开始走向成功的。终生学习，才会终生进步。社会在不断地发展变化，学习就像逆水行舟，不进则退，没有原地踏步的。人的知识不进步，就会后退，知识就像机器也会折旧，特别是像电脑方面的知识，数年不进步，就会面临淘汰。一个人要成长得更快，就一定要喜欢学习，善于学习。

对于一个人来说，不能精通所有的学科知识，"博"是有限度的。但是也要能比较广泛地掌握与他经营目标有关的政治、经济、科技、管理和哲学方面的知识等以及综合性、边缘性的学科知识，努力使自己成为一个万事通晓的杂家，万金油效用的通才。

一个人很难具有所需要的全面知识，因而要从博中求专，干一行钻研一行，对所经营目标中的专业，设法掌握它的全部真谛，成为专业中的权威专业。"博"会拓宽视野，丰富头脑；"专"会使人热爱事业，增加胜利的信心。

知识越多，经验越丰富，在为人处事中所遇到的问题便越多。这可以锻炼一个人的眼光广阔，思路全面，决断正确，具有不断上进的雄心壮志。

人的一生是终生学习、不断充实的一生。有了良好的学习习惯才能不断吸取知识、丰富体验，使自己的生命更富有意义。对于年轻人来说，应当树立终身学习的观念，以应对不断变化的时代的挑战。

123 让自己成为知识的熔炉

知识就是力量。尤其在知识经济时代，谁拥有了知识，谁就拥有了追求成功的第一要素。

随着时代的发展，人们打破了往日对知识的理解。

人们已认识到：知识与能力并不完全相等，知识并不等于能力。21世纪对能力界限的新要求，迫使人们重新审视自己所学的知识。

但不管时代怎样发展，你都应使头脑保持清醒，你必须清晰明了地理解知识与能力的关系。

培根在提出"知识就是力量"的口号以后，又明确地指出："各种学问并不把它们本身的用途教给我们，如何应用这些学问乃是学问以外的、学问以上的一种智慧。"

有了知识，并不等于就有了与之相应的能力。运用知识与学了知识之间还有一个转化过程，中国有句谚语："学了知识不运用，如同耕地不播种。"

如果你有很多的知识但却不知如何运用，那么你拥有的知识就只是死的知识。死的知识是不能解决实际问题的。

因此，你在学习知识时，不但要让自己成为知识的仓库，还要让自己成为知识的熔炉，让所学知识在熔炉中消化、吸收。

124 每天进步一点点

年轻人无不渴望成功，但又时常感觉成功可望而不可及。其实，那遥远的成功就蕴藏在我们日常生活的一举一动中，只要每天都进步一点点，时间长了，你会发现，原来你已经前进了一大步，甚至已经发生了翻天覆地的变化。而那些无视那一点点的进步，不能旷日持久地维持一小步的增长的人，永远都不会有成功的一天。

法国有一个童话故事中有一道脑筋急转弯的智力题：荷塘里有一片落叶，他每天会增长一倍，假使30天会长满整个荷塘，问第28天，荷塘里有多少荷叶？答案要从后往前推，即有四分之一荷塘的荷叶，这时，你站在荷塘的对岸，你会发现荷叶是那么的少，似乎只有那么一点点，但是第29天就会占满一半，第30天就会长满整个池塘。

正像荷叶长满荷塘的整个过程，荷叶每天变化的速度都是一样的，可是前面花了漫长的28天，我们能看到的荷叶都是只有那一个小小的角落。在追求成功的过程中，即使我们每天都在进步，然而，前面那漫长的28天因无法让人享受到结果，常常令人难以忍受，人们常常只对第29天的希望与第30天的结果感兴趣，却因不愿忍受漫长的成功过程而在第28天的放弃。

每天进步一点点，它具有无穷的威力，只是需要我们有足够的耐力，坚持到第28天以后。

成功来源于诸多要素的集合叠加，比如，每天笑容比昨天多一点点；每天走路比昨天精神一点点，每天行动比昨天多一点点，每天效率比昨天高一点点；每天方法比昨天的多找一点点……正如数学中 $50\% \times 50\% \times 50\% = 12.5\%$，而 $60\% \times 60\% \times 60\% = 21.6\%$，每个乘项只增加里0.1，而结果却几乎成倍增长，每天进步一点点，假以时日，我们的明天与昨天相比将会有天壤之别。

每天进步一点点是简单的，就是要你始终保持强烈的进取心。一个人，如果每天都能进步一点点，哪怕1%的进步，试想有什么能阻挡得了他最终到达成功？

每天进步一点，每次一点点的放大，最终会带来一场"翻天覆地"的变化。

成功就是：每天进步一点点。

125 磨刀不误砍柴工

相信大家都听过这么一个故事，说兄弟两人一起拿着钝刀上山砍柴，哥哥到了山上二话不说便埋头砍柴，而弟弟则找地方磨了柴刀才开始砍柴。故事的结果大家也都知道，并且从这个故事我们还总结出了一条格言：磨刀不误砍柴工。

但时代已然不同了，在这个瞬息万变的时代，这条格言是否依旧适用？磨刀真的就不误砍柴工吗？

首先我们要知道，今天机会往往一纵即逝。我们应采取的态度是看到机会来临，迅速判断它是否在自己的能力范围之内，如果是，立刻抓住。而不是花费大量时间精力去作一些繁琐的准备。因为当一切真正就绪时，你很可能已经没有对象去发挥了。

简单点说，有一群鱼会游过一条河道，两个人都想打到鱼，一个人抄起脸盆大的网兜俯下身去捞，而另一个人则拔腿跑到市镇去买了一只大号的渔网，心想一定能够大大提高效率。可等他回到河边才发现，鱼群早已游到了自己的视线之外，而第一人则喜滋滋地看着身边不多的几条鱼——起码有所收获。

另外，我们想，在现在的社会状态下，竞争是多么激烈，一片林子，一群鱼并不是两个人在争，而是千军万马在争夺，哪还会给你磨刀的时间？有这个工夫，偌大的树林怕都被钝刀削为平地了。

当然，这并不是反对"工欲善其事，必先利其器"，只想说，机会总成全了有准备的人。我们是不是一定要等砍柴了才磨刀，打鱼了才买网？要时刻做好准备。因为只有完全的准备才能保证你在机会到来之际能够迅速抓住，并有足够的竞争力。

记住，提前磨刀，才能不误砍柴工。

126 有刀不磨等于没刀

一个伐树的工人每天工作10多个小时，可他发觉自己的伐树数目却日渐减少。他开始想，一定是自己的工作时间不够长，所以他除了睡觉和吃饭，其他的时间都用来伐树，但他每天伐树的数目反而有减无增。他迷惑了。

一天，他把他的苦恼说给他的主管听，主管看了看他，再看了看他手中的斧头若有所悟地说："你是否每天用这把斧头伐树呢？"工人认真地说："当然啦!这是我从开始伐树工作以来，一直不离手的工具呢!"主管关心地问他："你有没有磨利这把斧头再使用它呢？"工人回答他："我每天勤奋工作，伐树的时间都不够用，哪有时间去磨利这把斧头？"

主管接着说："你可知道，这就是你伐树数目每天递减的原因？你没有先磨利自己的工具，又如何能提高工作的效率呢？"

人的一生中，总有某些时候曾经像这个伐木工人一样，由于过于沉溺于一个活动之中，而忘了应该采取必要的措施使工作更简单、更有效率。工欲善其事，必先利其器。在信息时代的今天也是这样，只有把自己的"刀"磨好了，才能更快更好地进行工作。

在大多数人的一生中，总有某些时候因为过于沉溺于一个活动之中，而忘了应该采取必要的措施使工作更简单、快速。工欲善其事，必先利其器。在信息时代的今天，不磨刀就等于没有刀。

127 读懂一本书，精干一件事

如果在年轻人中问这样的问题：你心中最为向往也最为恐惧的是什么？回答得最多的是：我将来干什么？做人难，首难在安身立命。这么大的世界，这么小的个人；大世界人太多，这么多的人与人既互相联系又互相排挤。时空莫逆，来路莫测。人生在世，要吃要喝要穿要住要建功立业要养家……

千难万难，第一难确实就是如何给自己在这个拥挤的世界里找到属于自己的一席之地。难怪青少年最向往的是它，最怕的也是它——我将来干什么？有位先生以自己的切身体验回答了这个问题：

20年过去了，向往已成昨日黄花，恐惧也灰飞烟灭，人生坐标上，我的双脚迂回曲折了那么久终于立定了。我摸索得太久，付出得太多，从懂得发问"我将来干什么"到"我干了什么"，花去了将近20年的时间。20年的生命代价教给我一点诀窍，我愿将它诚告现在的青少年朋友，即：读懂一本书，精干一件事。

18岁或许早一些，你差不多已经高中毕业，在人类高容量知识库里，你算扫了盲。这个时刻，如果你上了大学，很好；没上成，也没关系，因为你已经具备了从各类书架上挑选适合你胃口的某一类专业性的书籍来阅读的能力，也具备了寻师问友的能耐。花上三四年时间，只要真正下功夫，你完全可以把某类专业修学完毕。这时候，你的脚下有了一片坚实的土地。就在你自行修学的同时，你可能已经随机而定地找到了一件谋生的事做，只是你也许不满意。

你心中的"将来"不是现在这个样子。你当然可以对你的现状不满意，完全可以，也应该，因为你还年轻。但你千万别太着急，也不要怨天尤人。你记住你已有一块坚实的土地，因此，你一边随遇而安一边在你拥有的土地上"打井"——将你已有的知识整理一下，选定其中一本最有代表性的最好的书来学。这回你不是记忆性地学了，是钻研！当你把它完全给"看透"了，你一定会豁然开朗，智慧跃升到一个崭新的高度。你甚至可以找出这本书的谬误与纰漏。这时，你在某个学问领域，还具备了讨论、探索、发挥、创造的能力。你可以干点什么了！

不必把专家学者看得太神秘，他们就是这么走过来的。有的青年会说，我不爱读书，不想做学问，不想做任何一个领域的哪个"家"，那我该怎么办？怎么办？去学做一件事。真学。修汽车、煎大饼、画画、养花……可做的事太多了。你选一样你喜爱又有相应条件的事一心一意做了去，哪怕诸如刻印章之类的"雕虫小技"，你学会了，做精了，世界的某个位置就是属于你的了。

128 打造三十而立的资本

老话说，"三十而立"。三十岁建功立业可谓早，至于通常的安身立命，三十才立就嫌晚了一点。年轻人，在二十五六岁时如果还没拥有相对稳定的职业，会急的。所以，务必在你刚刚成为公民的那个年龄就得着眼于未来。不要荒废时光，毋贪眼前之乐，年少尽量多学点文化，打开眼界，拓宽思路，培训智慧，年稍长后才有在生活的夹缝里游刃有余的资本。

一个人要想成就一番事业，就需要有一笔资本。作为年轻人，你是否想过，你的资本在哪里？实际上，资本就在你自己身上，是努力、进取与高度的社会责任感。

搞建筑首先应当打图样，筑路不能把材料随地乱铺，雕刻也不能随意拿起石头来乱刻一阵就能成功；同样，做任何事，都要先有一番计划与准备不可，草率成就不了事业，历史上也从未有过这种例子。社会上很少有在年轻时没有打好基础，到后来竟能成就一番事业的人。一般的成功者，在晚年所获得美满的果实都是因为他们在年轻时就播下了好的种子。

这个时代越来越需要受过训练的人。在过去，任何人只要品行不太坏，做事有头绪，就可以获得工作。但是，现在已经不行了。许多人都受过好的教育，处理事情也有经验，似乎都可以做出一番事业来，但是他们却仍过着平凡的生活，甚至一败涂地。为什么会这样呢？原因就是他们从不肯努力求学，无力克服面临的各种困难，到年岁大时后悔已晚。

许多人后悔自己年轻时耽误了求学的机会，以致现在失去一个良好的工作机会；也有人说，现在虽然积累了许多钱，但因缺乏经验，以致今日没有什么成就。一个人，岁数大了、钱也有了、天资也不笨，可是因缺少某方面的学识与训练，因此对他所想的工作不能胜任，这多么可悲。更可悲的是那些不学无术的人，到了中年后萎靡不振，失去了自信心，这样的人生，又有什么意义？

129 真才实学是最硬的王牌

要知道，平时在学识与经验上的努力，是你在危急关头最有力的支持。一个建筑师，平时他只要拿出一半的经验，就足以应付一般工作，可是到了重要关头时，就必须搬出他所有的技术、学识与经验来应付，他的"资本"到那时才会一显真相。又比如，一个商人，平时他可以随意经营，但不会就此下去，他必须学会更大的本领，好在遇到逆境时搬出来应付。

同样，一个人初入社会时，也要有尽可能多的准备，在初创事业时，或许只要一部分学识就足以应付，但到了他的事业渐渐发展大了的时候，就必须把所有的学识都搬出来应用了。

累积起来的学识与经验，是成功的资本，年轻人必须储存这些资本，应当集中精力、毫不懈怠、积年累月地去进行。这样累积起来的资本才是无价之宝，你必须趁年轻时，把握机会，努力学习，那么你将来的"收成"一定会很可观。

若你做事没有进步的话，这是最可怕的。当你初离学校时，可能抱着很大的希望，想尽一切力量，完成一桩伟大的事业；或者打算努力自修，以求做事进步，准备开始去过愉快的社会生活，或建立一个理想的家庭。

但等你刚一开始工作时，一切外界的诱惑就纷纷来到，它们使你不能安心自学、工作，甚至把你拖入堕落的深渊里。若你对工作不再感兴趣时，那就糟了，一切人生的愉快、幸福、安乐全都将离开你。除非你幡然醒悟，痛下决心，重新踏上一个追求进步的轨道里；不然的话，随着你的年纪渐增，才能开始渐退，就只好过着失败的生活了。

请你现在就下定决心！不论你的情况怎样，不要忘记"求上进"，不随意消耗任何时间在没有意义的事情上。你的学识、经验、思想没有一样可以不求进步，若你能这么去做，即使在你的工作受阻时，也会有力量求得恢复。

只要具有真才实学，就不怕各种阻挠。你若没有大笔财富，世人也会看重你，你的本领是他人无法抢走的。总之，你要尽量培养本领，将它积存起来，这才是你安身立命的根本。

130 做一个"值钱"的专业人士

不管学什么，你一定要学会一二种专长，让你的上司认为："这点我的确比不上他"。只要能做到这点，上司就有不得不用你的理由。专业特长可以提高你的"身价"。如果你所具有的特技对老板有所帮助，他一定会对你另眼相看。

香港有一位"打工皇帝"，年薪千万港币的高级白领上班族，他总结自己的成功秘诀在于："想办法让自己成为专业人士，而且要不断地加强它，让自己变得无法取代，你就会变得很值钱。"

他说："现代的社会是知识经济的时代，已经不只360行，而是360万行，社会经济分工越细，作一个全才就越不可能，而且被取代的机会就越大，只有成为一个专业人士，才是增强自己优势与卖点的不二法则。"

比如，要制作出一套办公家具，从原料式样的剪裁，到组装设计，需要一套非常繁复的流程。有一位在深圳专门制作办公椅滑轮的台商，只专心做整个流程的一个环节，而且做到了品质最好、成本最低的专业水准，结果成了全世界的座椅滑轮大王，全球市场占有率达到七成以上。

这个例子告诉我们，每个人经营自己时，应该同样定位自己为一个专业的角色，并且在选定专业领域的一个环节中，努力做到最好、最杰出，这样就离成功不远了。因为专业人才是企业永远需要和依赖的。

131 在工作中学习，在学习中工作

职场人的学习渠道至少有三种，一种是"学习与工作分离"，一种是"在工作当中学习"，另外一种是"把学习放在工作中"。在微软，据统计，员工工作中的技能和知识，70%是在工作中学习获得的，20%是从经理、同事处学到的，剩下的10%是从专业的培训中获取而来的。

"在工作当中学习"和"把学习放在工作中"是两种最有效的学习方式，它们能使承担某项业务的"门外汉"最迅速地转化成"合格者"，并最终成为一个很"专业的"人才。那些能在工作中发现自己的欠缺，并努力在工作中弥补自己所欠缺知识的人，可以从打工的经历中学到最多。

1923年福特公司有一台大型电机发生了故障，全公司所有工程师会诊两三个月没有结果，特邀请德国一位专家斯泰因梅茨来"诊断"。他在这台大型电机边搭帐篷，整整检查了两昼夜，仔细听电机发出的声音，反复进行着各种计算，踩着梯子上上下下测量了一番，最后就用粉笔在这台电

机的某处画了一条线作记号。然后他对福特公司的经理说："打开电机，把作记号地方的线圈减少16圈，故障就可排除。"

工程师们半信半疑地照办了，结果电机正常运转了。众人都很吃惊。

事后，斯泰因梅茨向福特公司要一万美金作为酬劳。有人嫉妒说："画一根线要一万美金，这不是勒索吗？"斯泰因梅茨听一笑，提笔在付款单上写道："用粉笔画一条线，一美元；知道在哪里画线，9999美元。"

这就是专家的水平。看上去，他个人的所得实在是太丰厚了，但如果仔细琢磨起来，这条线能够画得如此准确，凝聚了他多少心血。而且如果不是他画准了这条线，福特公司为排除这一故障不知还要花出比这多多少的价钱呢。

总之，你要尽量培养本领，将它积存起来。你不需要表面上的财富，可是你的内涵却非得十分富足不可。

132 花时间和精力充电

美国前任总统克林顿说："在19世纪获得一小块土地，就是起家的本钱；而21世纪，人们最指望得到的赠品，再也不是土地，而是联邦政府的奖学金。因为他们知道，掌握知识就是掌握了一把开启未来大门的钥匙。"

汽车大王福特年少时，曾在一家机械商店当店员，周薪只有2.05美元，但他却每周都要花2.03美元来买机械方面的书。当他结婚时，除了一大堆五花八门的机械杂志和书籍，其他值钱的东西一无所有。就是这些书籍，使福特向他向往已久的机械世界迈进，开创出一番大事业。功成名就之后，福特曾说道："对年轻人而言，学得将来赚钱所必需的知识与技能，远比蓄财来得重要。"

每一个成功者都是有着良好阅读习惯的人。世界500家大企业的CEO至少每个星期要翻阅大概30份杂志或图书资讯，一个月可以翻阅100多本杂志，一年要翻阅1000本以上。

你呢？你不会比他们更忙的，多抽出些时间学习吧。

小张毕业后在一家跨国公司做商业分析员，面对的客户来自不同行业。虽然收入颇丰，但压力很大，因为面对的不同行业的客户使她必须不断补充新知识。好在公司经常会安排内部培训，比如请培训师教如何面对客户、如何搜集所需材料、如何进行商业分析等，还会让公司内部资深人士交流心得。除了参加这些培训外，小张还经常与同事或行业资深人士交流，这也让她学到了不少东西。

业余时间，小张报了瑜伽班，放松心情是为了更好地工作。最近，她正在考Gmat，准备出国读MBA，因为将来她希望走上管理岗位，在她看来，有必要通过一次长期进修获得更强的推动力。

风平浪静的时候你看不到知识的重要性，但是真实的生活不同于学校的考试，平常不充实学问，临时抱佛脚是不太可能有进步的。总是有人抱怨自己没有机会，然而当升迁机会来临时，再感叹自己平时没有积蓄足够的学识与能力，以致不能胜任，也只能是后悔莫及，怪谁呢？

现代社会中，知识更新速度之快，让人感到知识储备总是不足，充电就是必不可少的生存和竞争手段。充电的方式多种多样，充电之前，一定要有明确的目标和职业规划。

一个不及时为自己"充电"的人，他的知识很快就会落伍。充电是防止"人才贬值"的一种好方法，要想让自己"不贬值"，那就不断地"充电"吧！

133 在变化的世界掌握第一手信息

行业人士认为，为了给人们提供最佳的学习和发展机会，使其成为出色的终身学习者与未来劳动者，就必须使其成为一个有信息素养的人，即能熟练运用计算机获取、传递和处理信息。今天，随着信息化时代的迅猛发展，这种能力越来越显示其重要性和紧迫性。

三百年前，土地是一种财富，因此，谁拥有土地，谁就拥有财富。

后来，美国领先的工厂和工业产品使之上升为世界头号强国，工业家占有了财富。今天，信息便是财富。问题是，信息以光的速度在全世界迅速传播，新的财富形式不再像土地和工厂那样具有明确的范围和界限。变化会越来越快，越来越显著，百万富翁的数目会极大地增加，同样，也会有许多人被远远地抛在后面。

聪明的富人会给予称职的专业人士如律师、会计师、房地产经纪人以及股票经纪人以优厚报酬，因为他们是他在市场上的"眼睛"和"耳朵"，会给他提供重要的信息，使他赚到大钱。

成功有一个关键，就是你能够比别人先知道一些别人还不知道的信息，然后，做出一些别人还做不到的事情，这样，你就能够成功。或者说你比别人快了一步。在今天这个快速变化的世界中，并不要求你去学太多的东西，因为当你学到时往往已经过时了，问题在于你学得有多快，也就是要具备快速学习的能力，这种技能是无价之宝。

或者说掌握第一手的信息才是学习最重要的关键。假如你现在开始学习的东西，都是别人早就知道的，或者别人都已经10年前使用的方法，你现在才开始学习，那未免太晚了，未免已经太慢了。因为21世纪的竞争很激烈，竞争最重要的一个条件就是时间速度，你需要比别人更快做出一些绩效来。

不论有多远、有多贵，只要是最新最好的信息，你如果能第一个知道，就会超越所有的竞争对手。无论你是做什么行业，你的同行们在做什么，你都必须要知道，并且要比他们知道得更多。当他们不了解一些信息，但是你了解，你才有信心有能力在市场上立于不败之地。

一定要吸收你这个行业中所有最新、最棒、最快的第一手信息和资料。假如你要成为世界级成功者的话，那么全世界任何一个信息你都必须第一个知道。就像世界首富比尔·盖茨，他每年一定会花时间闭关自守，待在书房里面，任何会议也不开，任何电话也不接，任何的人也不见。他就在屋里面研究全世界所有的信息与资料，阅读书籍和杂志，不管任何方面的全部阅读，然后出来与公司高级主管开会，决定这一年的行销策略和公司的发展方向。

年轻人也许需要相当的积累才能获得成功，但应该尽早养成重视信息的习惯，这样你才能踏上通往成功的道路。

134 在社会大学中获得真知

年轻人光懂得书本知识还不够，还要把从书本获得的知识活用于实际生活，并变成智慧。

步入社会的年轻人应该把到目前为止所学到的知识，以及本身的见闻归纳起来，再加上自己的判断，建立起自己的人格、行为模式、礼仪礼节。接下来的工作，只剩下了解人情世故，且多加磨炼了。你不妨多看看有关社会学方面的书，把书上所写的和现实生活加以比较。如果不实际踏入社会亲身体验，仔细观察，则无法活用那些辛苦学来的知识，甚至还会误入歧途。

如果你有很多的知识但却不知如何应用，那么你拥有的知识就只是死的知识。鲁迅说："用自己的眼睛去读世间这一部活书""倘只看书，便变成书橱，即使自己觉得有趣，而那趣味其实是已在逐渐硬化，逐渐死去了"。死的知识不但对人无益，不能解决实际问题，还可能出现害处，就像古时候纸上谈兵的赵括无法避免失败一样。因此，你在学习知识时，不但要让自己成为知识的仓库，还要让自己成为知识的熔炉，把所学知识在熔炉中消化、吸收。

你应结合所学的知识，参与学以致用活动，提高自己运用知识和活化知识的能力，使你的学习过程转变为提高能力、增长见识、创造价值的过程。你还应加强知识的学习和能力的培养，并把两者的关系调整到黄金位置，使知识与能力能够相得益彰，相互促进，发挥出前所未有的潜力和作用。

135 读懂生活这部"无字书"

　　生活是一部大课本。有志向的年轻人要善于读生活这本"无字书"，体悟成败之理。古人曰："读万卷书，行万里路"，是说人要有较多的知识和丰富的阅历，也是要求人们能理论联系实际，善于利用知识处理各种事情。丰富的阅历也是成大事者不可缺少的资本，特别是年轻人，他们的阅历一般较少，这就要求他们不但要注意书本知识，也要注重生活、社会中的知识积累。有诗云："纸上得来终觉浅，绝知此事要躬行。"读书学习获取知识诚然重要，但实践获真知也是必不可少的。

　　通过阅读"有字之书"，你可以学习前人积累的知识、前人的学以致用经验，并从中借鉴，避免走叉道、走弯路；通过读"无字之书"，你可以了解现实，认识世界，并从"创造历史"的人那里学到书本中没有的知识。

　　你要想读好"无字之书"，就必须脚踏实地，有深入调查及求实的精神，这种精神，不但可以帮你纠正"有字之书"之中的错误，掌握真正的知识，而且学到新的知识。譬如苏轼曾写过一篇游记《石钟山记》，文章通过他亲临绝壁深潭，实地考察而纠正了唐代李勃因石钟山有两块石头"扣而聆之，南声函胡，北音清越，桴止响腾，余韵徐歇"而得名的说法；对于北魏郦道元的"下临深潭，微风鼓浪，水石相搏，声如洪钟"而得名的说法进行了肯定。

　　又如，书中所写的亚里士多德关于物体降落的速度是依物体本身的轻重决定的理论，学者们都没有加以证明就全盘地接受了。因为在当时学者的心目中，除了上帝，只有亚里士多德永远是对的。但是，年仅25岁的伽利略却因善于读"无字之书"，通过进行试验把亚里士多德的错误理论推翻了。

　　要想读好"无字之书"，必须步步留心，时时在意。在《红楼梦》的第二回描写了黛玉初到贾府的情形，"唯恐被人耻笑了他去"，于是便"步步留心，时时在意"，也因此观察到了贾府很多"与别家不同"的地方。

读"有字之书"必须上正规大学，而读"无字之书"则要进"社会大学"。如果说正规大学是一片湖泊，那么"社会大学"就是汪洋大海，永远没有毕业之时。善读书，而不唯书，把"有字之书"与"无字之书"结合，这是获取更多精神财富，成就大事的一条准则。

136 要舍得自我投资

年轻人初入社会，要明白一个道理：成功者一般都"懂得投资自己"，就是把自己收入的一部分，花在资讯搜集或能力开发上面。

我们只要有经济条件，首先应投资于教育。实际上，当你还是一个穷人时，你所拥有的唯一真正的资产就是你的头脑，这是我们所控制的最强有力的工具。当我们逐渐长大时，每个人都要选择向自己的大脑里注入些什么样的知识。你可整天看电视，也可以阅读高尔夫球杂志、上陶艺辅导班或者上财务计划培训班，你可以进行选择。

日本现在的白领阶级中，在工作之余学习各种才艺，上空中大学（广播电视大学）或专科学校取得资格的人，竟多达二十六万人。他们这样进行自我投资，目的是为了提升自己的职位。因为他们知道，一旦你放松了求知的脚步，马上会被人追赶过去。

例如：你具有某方面的执照，周围的人们会视你为专家。需要这方面的知识时，第一个就会想到你，因为你在这方面的表现优异，对你的升迁十分有帮助。所以大家才会积极地为提高自己的能力而努力。

在当今知识经济的社会里，知识越发凸显出它超常的价值，在知识和信息方面落后于人，很快就会被社会淘汰。社会的发展越来越快，可谓日新月异，知识的更新也越来越快，年轻人若想成为社会的弄潮儿，而不是落伍者，就一定要紧跟时代的步伐，随时把握时代发展的脉搏，及时调整自己，了解自己需要哪些知识来武装自己，并以最快的速度为自己充电。这是当今时代一个年轻人在社会立住脚跟，并取得成功的必不可少的素质。

因为自我投资非常重要，所以在必要的投资上不能舍不得花钱，因为你要想到它给你带来的效益可能远远超过你为它所投入的。现在的年轻人学电脑、学英语、学开车成为时尚，即使一时用不上，但他们明白"知识用时方恨少"的道理，往往在你需要的时候，比如在应聘一个重要职位的时候，才发现现学是来不及的。所以平时就要了解社会发展的动态和趋势，了解什么是当前社会中最有用的知识，就要尽快地去掌握它。这样机会到来时，你才会发现你比别人有更大的筹码和胜算。

137 给自己的脑袋"投资"

在任何一项投资中，没有比给你的脑袋"投资"使你更受益的了。

当你月收入上千元的时候，你就可以想办法把自己所赚的10%的钱都拿去学习。你收入不够，就表示你懂得不够，表示你学得不够，表示你行动的次数还不够。当你收入增加的时候，你就应该继续把这些收入的一部分做再次的投资，以致你下一次可以赚更多的钱。

很多人愿意花几千元买一套衣服，愿意花好几百元去唱KTV，愿意去吃大餐。然而，做这些事情会增加你的收入吗？不会。有时候也许你要休闲，也许你需要满足自己的欲望，或是让自己感觉到很帅或很漂亮，这些都不错，但如果你要给自己"投资"，那世界上最佳的"投资"之处，就是你自己的脑袋。

那些让我们羡慕的成功人士不是因为比我们聪明，而是因为他们通常会不断给自己的头脑进行一些"投资"，来帮助自己继续成功，这种做法效果非常好，速度非常快。

138 一年经验不要用于十年

学习是一辈子的事情。在这个竞争激烈的时代，你会常常发现自己原有的知识很快变得过时和陈旧，接着发现这直接影响到就业和生存。所以你必须时时重新调整和革新自己，以适应社会的需要。

事物的发展是经过否定实现的。事物的运动变化和发展是"外在否定"和"内在否定"协同促成的结果，是事物自我完善、自我发展的运动过程。客观事物的复杂性，人们认识能力的有限性，决定了人类实践只能是接近真理的过程。昨天正确的东西，今天不见得正确；上一次成功的路径和方法，可能会成为这一次失败的原因。

人类认识自己就已经很困难，而不断地否定自己则难上加难。否定自我需要胸襟、需要坦诚、需要胆魄，需要不断地学习提高。

据美国国家研究委员会调查，半数的劳工技能在1至5年内就会变得一无所用，而以前，这段技能的淘汰期是7至14年。特别是在工程界，毕业10年后所学还能派上用场的不足1/4。因此，学习已变成随时随地的必要选择。

西点军校会让它的学子们都懂得：年轻时，究竟懂得多少并不重要。只要懂得不断学习，总有一天，就会获得足够的知识。

有一则寓言说，驴子驮盐过河时，在河边滑了一跤，跌进水里，那盐溶化了。驴子站起来时，感到身体轻松了许多。驴子获得了经验，非常高兴。后来有一回，它驮了棉花，以为再跌倒可以和上次一样。于是，它走到河边的时候，便故意跌倒在水中。可是棉花吸了水，重了很多。驴子非但不能站起来，而且一直向下沉，直到淹死。

所谓的经验主义，就是说不能从发展的角度看问题，往往用过去的经验套实践。上面故事中驴子所犯的错误就是经验主义的错误。工作实践中经常会有一些成功经验，但是这些经验不是放之四海而皆准的。这个世界上，唯一不变的就是变化。人不可能两次踏进同一条河流，成功人士从来不会把以前的成功经验不假思索地套用到今后的工作中。

很多时候，那些让我们自豪的优势，那些被我们视为理所当然的思想、习惯、行为、方式，或许早已成为阻碍我们前进步伐的陈规陋习。想想看，有多少你每天在做的事情是已经在今日的商业社会中失去意义的？哪些报表？什么会议？什么礼仪？哪些做事的方法、手段？

时代在变，你工作的环境在变，资源在变，你的知识结构、思维方式当然也要跟着改变。在E-mail漫天飞的时代，你跟客户联系还用纸制的信吗？你能不能熟练地用电脑办公，享受它给你带来的便利呢？

139 以空杯心态去汲取智慧

什么叫空杯心态呢？意即如果想学到更多学问，先要把自己想象成"一个空着的杯子"，而不是自满自足。

有没有这样的时刻，你觉得自己在这个领域掌握的知识和经验已经足够了？林语堂曾经说过："人生在世——幼时认为什么都不懂，大学时以为什么都懂，毕业后才知道什么都不懂，中年又以为什么都懂，到晚年才觉悟一切都不懂。"你现在处于哪个阶段？认为自己什么都懂，还是什么都不懂？努力汲取智慧吧，不要等到年老的时候才追悔莫及。

著名科学家法拉第晚年，国家准备授予他爵位，以表彰他在物理、化学方面的杰出贡献，但被他拒绝了。法拉第退休之后，仍然常去实验室做一些杂事。一天，一位年轻人来实验室做实验。他对正在扫地的法拉第说道："干这活，他们给你的钱一定不少吧？"老人笑笑，说道："再多一点，我也用得着呀。""那你叫什么名字？老头？""迈克尔·法拉第。"老人淡淡地回答道。年轻人惊呼起来："哦，天哪！您就是伟大的法拉第先生！""不，"法拉第纠正说，"我是平凡的法拉第。"

法拉第尚且如此，我们哪一个人敢说自己的知识已经够用了？永远都不要认为自己已经懂得够多了。在浩如烟海的人类知识宝库面前，我们每一个人都是无知的。为了不断进步，你必须坚持空杯心态，谦虚勤奋地学习。

做事的前提是先要有好心态。如果想学到更多学问，提升自己的职业能力，那就把自己想象成一个空着的杯子吧，这样你才不会固步自封，停止不前。

只有你具备了永不满足的挑战自我的精神，才会真的拥有空杯心态。才会永远不自满，永远在学习，永远在进步，永远保持身心的活力。在攀登者的心目中，下一座山峰，才是最有魅力的。攀越的过程，最让人沉醉，因为这个过程，充满了新奇和挑战，空杯心态将使你的人生渐入佳境。它可以让你随时对自己拥有的知识和能力进行重整，清空过时的，为新知识、新能力的进入留出空间，保证自己的知识与能力总是最新，总是最优质的。

养成"空杯心态"后，你的学习效果会大不一样。你不会再有偏见，不会总是拿新学得的知识印证自己过去的经历，一样的就接受，不一样的就固执己见。你会接受一切知识，然后再根据自己的需求去选择。

用空杯的心态去汲取智慧，你才能获得更充足的养分。

140 心态归零，坚持改善

什么是归零心态呢？就是无论你现在是新员工，还是老员工，永远把自己放在一个很低的位置上，一切从零开始，永不满足自己的现状。

为什么惠普女总裁卡莉·菲奥莉娜说"惠普离破产还有12个月"？为什么三星总裁李健熙说"除了妻儿，什么都要变"？这些企业家给我们的启示是，如果你的心态不归零，始终觉得自己足够好了，那你就很容易被竞争对手击败，很容易被时代淘汰。

有一些年轻人，有着一定的行业经验、出众的个人能力、卓越的业绩，被企业挖去做经理人。但是，过去只能意味着结束，如果过于看中过去，过去也就成了包袱。也许正是这样，太多不适应新环境、临场发挥失常的职业经理人，最后抱憾离去。

他们都没有很好地做到心态归零，所以他们只能取得暂时的成功，却无法将小的成功变成大的成就，不能让自己从优秀走向卓越。他们成功了一次之后，再成功第二次却很难。让他们回到起跑线上，心态上便承受不了了，总是还停留在过去的成功之中。这些人缺少一种"归零"的心态。

心态归零，是为了更好地前进，为了取得更大的成功。心态的每次归零都将是一个自我完善的过程，一个自我提高的机会。让我们时刻保持清醒的头脑，为下次进攻做更好地准备。我们时刻会面临新的工作环境，会遇到新的问题，这意味着我们过去的辉煌已经结束，必须时刻为新的开始做好准备。

如何做到归零心态呢？就是把每一天都当作崭新的开始，把自己的姿态放到最低，坚持不懈地改善。永远不要去想你已经有多好，而是眼光紧盯你下一阶段的更大目标。永远不要去想别人有哪些缺点，而是想自己还有哪些不足。

商业环境日新月异，当别人都在拼命进步的时候，你还在"原地踏步"的话，等于把机遇拱手让给了别人。

归零心态，就是让我们从成绩的巅峰上走下来，用更加开阔的心态去开拓更大的辉煌，争取明天的胜利。

141 深造提升不能放弃

在竞争激烈的职场上，一纸文凭的有效期是多久？当你必须向别人出示你尘封已久的证书时，是否会怯场，感到没有底气？在学历飞速"贬值"的今天，找到工作就一劳永逸的体制已成为历史，如果你想单靠原有的文凭在职场立足，几乎不可能。

一项调查显示，在三四十岁的职业女性中，近三成出现身心疲惫、烦躁失眠等亚健康状态。主要表现为：对前途以及"钱"途开始担心，担心会被社会淘汰；对自己所从事的工作开始产生一种依恋，不再像二十来岁那样无所谓，同时又有一种危机感，甚至开始对老板察言观色；身体经常感到疲劳，休息也于事无补。在调查中，想转换职业或行业，寻求一个压力较小、相对安稳的工作是大多数被访者的心态，46%的被访者选择此项；再苦干几年，然后回家做全职太太，也是选择人数较多的一项，有31%的被访者选择；只有23%的被访者表示会去充电。

聪明的你如果想在职场站稳脚跟，一定不能错过充电提升课。

在今天这个竞争激烈的职场生存环境中，很难"爱一行，干一行"，我们所能做的就是"干一行，爱一行"，尽量使谋生和理想达到和谐统一；否则，眼高手低，会耽误了一生。

小田并不太喜欢自己的金融专业，但毕业时没有改行的机会，还是进了一家外资银行。"我觉得自己现在的工作没什么意思，幻想着有一天可以做记者、主持人或者律师，而不是整天面对着不属于自己的金钱。"小田说。

小田所在外资银行的环境很好，是很多人眼中高收入的理想职业。面对着很多硕士、博士都在竞争一个外资银行的职位，小田才感到自己有必要充电了。如果想在金融这个行业中继续做下去，充电是唯一可行的方法，否则的话就意味着会"贬值"。通过充电，小田对本行业也有了更深的了解，渐渐爱上了这一行，不再整天幻想而是踏踏实实工作，作出了出色的业绩。

并不是所有的职业危机都出现在厌职上，就算是自己喜欢的职业，干久了也会出现危险信号。

人在其职业的某个阶段会出现所谓的"停滞"期，这种情况是一个信号，一旦出现就说明你需要充电了。这时最重要的是摆正自己的心态，树立"没有职业的稳定，只有技能的稳定和更新"的观念，把职业过程变成一个无止境的学习和提高的过程。

142 不要盲目地去深造

现在，职场竞争趋于白热化。即将就业的大学生为了增加毕业后就业的保险系数，已经在职的员工为了把饭碗端得更牢靠，竞相忙着深造。深造当然是一件好事，但是一定要理性权衡，盲目地深造只会使自己的处境雪上加霜。

目前深造的方式主要有几种：考研，拿双学位，拿形形色色的资格证书。一些人什么律师证、会计证、计算机等级证、英语等级证、驾驶证、秘书证、导游证……有证必考，有证必拿。人们相互攀比，你拿五个，我就要拿八个心里才踏实。他们给自己无限制地加码，通过拿很多证书来把自己塑造成一个"万金油"似的人才，减轻自己对就业的恐惧心理。他们行动盲目，毫无针对性，也不考虑自己是否真的有兴趣，什么热门就考什么，完全是为了考证而考证，不但浪费了大量的金钱，还耽误了自己的工作。我们知道人的谋生方式大致可以分为两种：职业型和创业型。对于职业型人群来讲，高学历的人处于金字塔的上端，就业机会和发展前景会比低学历的要好。特别是那些研究型企业或者高校，绝对需要硕士生、博士生这样的高学历人才。但在对学历要求不高的用人单位，有时候高学历并不能帮上什么忙。

对于创业型人群来讲，成功的因素有很多，包括机会、把握机会的能力、资源、背景、知识等。多数高学历的人在创业的黄金时间还在埋头读书，以致错过了很多机会。而且随着其年龄的增长，他们的冲劲渐渐消失，反而更倾向于找一份稳定的工作。这就是创业型成功人士里高学历者并不多的原因。不过高学历的人如果拥有较强的创业欲望，以其知识背景、社会资源和思维方式，一开始就能置身于一个行业的较高层，通常会比低学历的人更容易成功。

因此，到底是追求高学历重要，还是尽快找份工作重要，这得看个人想走怎样的发展道路。前者代表的是一种学习能力，后者反映的是一种社会生存能力。对于大多数人来说，还是应该做到两者并重，这样成功的概率比较高。

那些对获得高学历存在过高期望的人，则需要重新调整心态。目前大多数企业都已经跨越了"学历越高越好"这个误区。如果纯粹是为了找工作而去考研，实在是没这个必要。而有些人是为了逃避就业压力，甚至以考研为借口当起了"啃老族"，这就更不可取了。

Part 6

练好说话功夫，让你少奋斗10年

143 一言定江山

有句话说，是人才者未必有口才，而有口才者必定是人才，而且是不可多得的通才。世界上没有任何一个正常人不需要说话，不需要和别人交流，也没有任何一种工作不需要和别人打交道。信息社会就是要提高信息的价值，人际交往日益频繁和现代生活竞争激烈要求我们发展口才与交际能力。所以，说话和交际能力是我们提高素质、开发潜能的主要途径，是我们驾驭生活、改善人生、追求成功的无价之宝。

一言定成败，成功人士大多是成功的说话者，毫不夸张地说，在成功人士身上，至少有一半是用舌头去创造的。如拿破仑的一席话，能迅速调动军队的士气，一鼓作气取得胜利；林肯的一席话，能让反对他的政敌哑口无言，肃然起敬；美联储主席伯南克的一席话，能令纳斯达克的股价飙升或狂跌；马云的一席话，能让广大创业者看到成功的希望。

一言定江山，一个人的谈吐便有可能改变他的一生。20世纪60年代，美国有一位民权运动者，在街头巷尾宣传"种族平权运动"。他的声音冷静，但用字遣词充满张力，一波接着一波的言语像一首交响乐，以一种锐利的形势层层迭上、推进人心。

当他终于以最深沉的嗓音嘶吼出"我有一个梦！我有一个梦"时，台下的群众全被震慑住了，他们疯狂地响应着："阿门！阿门！"

这个名叫马丁·路德·金的民权运动者，便以这篇著名的《我有一个梦》的演讲席卷全国，改写了美国的历史。

征服一个人，以至于征服一群人，有很多时候用的往往不是刀剑，而是舌尖。

我们也许没有马丁·路德·金的魅力，但是"有话好说"，乃是我们必须用一生来学习的艺术。

144 不善表达遭冷落

在生活中，不少人才华出众、见识不凡，但是却让人尊敬却不受欢迎，得不到重视。他们本来可以生活得更好，本来可以为社会作出更多的贡献，本来可以减少更多的麻烦，本来可以使自己的事业更加顺利通达，本来可以……可是，为什么在这种人身上，却总是出现"梦想难成真""有力无处使"这些怪现象呢？答案有多种，但关键原因还是要从自己身上找。

可以说，不善于得体地表现自我，是这种人受埋没、遭冷落、遇挫折、被误解的根本原因之所在。学会用适当的方式表现自己，是吃不开的人融入社会并取得一席之地的一个重要前提和必备条件。

人生在世，要想在社会上吃得开，首先要练就会说话的本领。常言道，一句话把人说笑了，一句话把人说跳了。一样的事，一样的环境与情景，也会产生两种截然不同的效果，为什么？关键就是一个——会不会说话。所以，俗话说，好人出在嘴上，好马出在腿上，说的就是这个道理。

在现代社会里，一个人首先要学会的就是表达你自己。一个不善言谈的人很难引起众人的注意，很难得到领导提拔的机会，从而埋没自己的才华，一生默默无闻。

不会说话会使人遭遇很多麻烦。首先，没人理不会说话的人，别人在一起很热闹，不会说话的人一个人茕茕孑立、顾影自怜，很难受；其次，不会说话的人因为不会表达自己，所以往往在现代社会里找不到自己的位置；还有，不会说话容易得罪人。

人是具有思想感情的动物，有思想感情就需要表达，表达思想感情就要提高自己的语言能力，提高自己的心理素质，克服交流心理障碍。对于迈入社会的年轻人来说，要想得到人们的认可，要想实现自己的梦想，那么就学会表达你自己吧！

145 藏着掖着，是金子也难发光

有这么一个问题："一万个人一字排开，你希望被人认识，怎么办？"答案有很多，"穿上色彩鲜艳的衣服。""大声地介绍自己。""作出令人注意的动作。"……其实，有更简单的方法："向前走一步，勇敢地跨出队列。"

是的，表现自己就是这么简单。我们社会中存在着默默无闻的那一群人。虽然他们中间，许多人也取得了一定的成就，具备了相当的名望和地位，但是其实际所发挥出来的影响力与所应该、所能够发挥出来的影响力往往相去甚远。

为什么呢？答案有多种，但关键原因还是要从自己身上找。可以说，不善于得体地表现自我，是这些人受埋没、遭冷落、遇挫折、被误解的根本原因之所在。

这些人为什么总是以一种消极和被动的态度来处理自我被社会认知的问题？毫无疑问，这些人是传统观念的最忠实的维护者。中国传统文化是主张泯灭个人而张扬集体的，展现自我往往要被视为是出风头，而且可能会被别人怀疑为别有用心。这些人总把自己看作是本分人，不愿突破常规，不愿被人视为异类，在这种传统文化的压力和心理惯性的作用下，从众、谦逊、收敛自我，就成了一种自然而然的行为方式。显然，他们只是从道德伦理这个角度而不是从利害得失这个角度来考虑表现自我这一问题的。

有些年轻人不善于表现自己的优势和成绩，这带来了一系列的不良后果。虽然他们可能很有才干，但是由于他们不善于主动展现这种才干，因此便很难引起他人特别是组织和领导的重视，从而丧失了许多发展的机遇。而且，即使他们默默地做了许多工作，因为不为人知，也得不到相应的社会承认，甚至是给他人做"嫁衣裳"。

在激烈的社会竞争中，竞争者往往不会输给别人，而是败在自己手下——他们的实力无可非议，却不敢勇于表达自己，便与成功失之交臂了。是金子，藏着掖着也难以发光，因此，你要学会表达，将自己的才

能和长处展示出来，这样你才不会沦入平庸者的行列，实现自己的人生
愿望。

146 说得漂亮，做得精彩

古代有一位国王，一天晚上做了一个梦，梦见自己的牙都掉了。于
是，他就找到了两个解梦的人。国王问他们："为什么我会梦见自己的牙
全掉了呢？"第一个解梦的人说："皇上，梦的意思是，在你所有的亲属
一个都不剩地死去的时候，你才能死。"皇上一听，龙颜大怒，杖打了他
一百大棍。第二个解梦人说："至高无上的皇上，梦的意思是，您将是您
所有亲属当中最长寿的一位呀！"皇上听了很高兴，便拿出一百枚金币，
赏给了他。

解说同样的事情，同样的问题，为什么一个会挨打，另一个却受到嘉
奖呢？只因挨打的人不会说话，受奖的人会说话而已。可见，会说话是多
么的重要。

说话的能力，千百年来一直为人们所重视。刘勰在《文心雕龙》一书
中就高度评价过口才的作用："一人之辩，重于九鼎之宝；三寸之舌，强
于百万之师。"战国时期，毛遂自荐出使楚国，口若悬河，迫使楚王歃血
为盟；战国时的苏秦凭借三寸不烂之舌，游说东方六国，身佩六国帅印，
促成合纵抗秦联盟；三国时诸葛亮出使东吴，舌战群儒，终于说服吴主孙
权和都督周瑜联刘抗曹，而获赤壁大捷；我们敬爱的周总理多次在谈判桌
上，以他那闻名世界的"铁嘴"挫败敌手，捍卫了祖国的尊严……无数的
事实表明，好的口才能够发挥巨大的作用。

从某种程度上说，事业的成功与失败往往取决于某一次谈话，这话
绝不是危言耸听。富兰克林的自传中有这样一段话："我在约束我自己的
时候，曾有一张美德检查表，当初表上只列着12种美德。后来，有一个朋
友告诉我，说我有些骄傲。这种骄傲，常在谈话中表现出来，使人觉得我
盛气凌人。于是，我立刻注意这位友人给我的忠告，我相信这样足以影响

我的前途。然后，我在表上特别列上'虚心'一项，以引起自己的注意。我决定竭力避免说直接触犯别人感情的话，甚至禁止自己使用一切确定的词句，像'当然''一定''不消说'……而以'也许''我想''仿佛'……来代替。"富兰克林又说："说话和事业的进行有很大的关系，你出言不慎，跟别人争辩，那么，你将不可能获得别人的同情、别人的合作、别人的帮助。"这是千真万确的，一件事情的成败常会在一次谈话中获得效果。所以你想获得事业上的成功，必须具有能够应付一切的说话能力。

年轻人拥有好口才，可以让你获得令人羡慕的职业，如果其他能力相当，谁口才好谁就是胜者。纵观我们的身边，频频在电视中亮相的名嘴、主持人们，靠的就是伶牙俐齿，随机应变的口才。同时，也唯有如此，他们才能引起观众的关注，赢得观众的拥护与喜爱。

年轻人拥有好口才，能使你善于和人沟通，有良好的人际关系。优秀的口才在获得美满的爱情中也起着不可忽视的作用。口才优秀的人，也就比别人多一些吸引力，也就为自己多添了一份机遇。机遇多了，爱情还会远吗？即使你已经有了爱人，那么好口才又可以为你的爱情保鲜，让你和她之间充满欢声笑语，在爱的海洋中自由自在地畅游。

做得精彩从说得漂亮开始，年轻人拥有了好口才，仿佛如虎添翼。在漫漫人生路上将会走得更顺利、更轻松，好的口才可以助他们成就一个更好的人生。

147 表达自己，亮出自己

在这个商品经济的社会里，一个不会推销自己的人，他能有所作为吗？没有机会，我们可以争取。可我们面对机会，却拱手让人，这是多么遗憾吗？

一家著名公司在一次例行的培训课上，安排了一位专家做讲演。做讲演的人总希望有人配合自己，于是他问："在座的有多少人喜欢经济学？"没有一个人响应。专家知道，他们当中很多人，都是从事经济工作的，到这儿来的目的就是"充电"。由于怕被提问，大家都选择了沉默。

专家苦笑一下，说："我先暂停一下，讲个故事给你们听。

"我刚到美国读书的时候，大学里经常有讲座，每次都是请华尔街或跨国公司的高级管理人员来讲演。每次开讲前，我都发现一个有趣的现象——我周围的同学总是拿一张硬纸，中间对折一下，让它可以立着，然后用颜色很鲜艳的笔大大地用粗体写上自己的名字，再放在桌前。于是，讲演者需要听讲者回答问题时，他就可以直接看着名字叫人。

"我对此不解，便问旁边的同学。他笑着告诉我，讲演的人都是一流的人物，和他们交流就意味着机会。当你的回答令他满意或吃惊时，很有可能就暗示着他会给你提供比别人多的机会。这是一个很简单的道理。"

"事实也正如此，我的确看到我周围的几个同学，因为出色的见解，最终得以到一流的公司任职……"

专家讲完故事之后，看到了不少人都举起了自己的手。

这故事让我们突然明白了许多。确实，在人才辈出、竞争日趋激烈的情况下，机会一般来说不会自动找到你。只有你自己敢于表达自己，让别人认识你，吸引对方的注意，才有可能寻找到机会。

我们绝大多数人都有自己的理想和目标，但人生的第一步是必须学会醒目地亮出自己，为自己创造机会。说到底，这是一种观念：是主动出击还是被动选择？其实，这在很大程度上决定着你的成功与否。

台湾地区作家黄明坚有一个形象的比喻："做完蛋糕要记得裱花。有很多做好的蛋糕，因为看起来不够漂亮，所以卖不出去。但是在上面涂满奶油，裱上美丽的花朵，人们自然就会喜欢来买。"

敢于亮出自己，对竞争者而言，不仅是实力的挑战，更是毅力的挑战。在现代市场竞争中，是否具备过硬的心理素质，已成为用人单位录用员工的必考环节之一：在经过一系列笔试、解答后，面试便接踵而至。许多竞争者在面试中由于过分紧张而窘态百出，痛失快到手的机遇。

社会正在发展，越来越需要人才，敢于表现自己的精神特别重要。让我们亮出自己，施展自己的才华吧！

148 把话说到别人的心坎里

西汉初年，汉高祖刘邦打败项羽，平定天下之后，开始论功行赏。这可是攸关后代子孙的万年基业，群臣们自然当仁不让，彼此争功，吵了一年多还吵不完。

汉高祖刘邦认为萧何功劳最大，就封萧何为侯，封地也最多。但群臣心中却不服，私底下议论纷纷。

封爵受禄的事情好不容易尘埃落定，众臣对席位的高低先后又群起争议，许多人都说："平阳侯曹参身受七十处伤，而且率兵攻城略地，屡战屡胜，功劳最多，应当排他第一。"

刘邦在封赏时已经偏袒萧何，委屈了一些功臣，所以在席位上难以再坚持己见，但在他心中，还是想将萧何排在首位。这时候，关内侯鄂君已揣测出刘邦的心意，于是就顺水推舟，自告奋勇地上前说道：

"大家的评议都错了！曹参虽然有战功，但都只是一时之功。皇上与楚霸王对抗五年，时常丢掉部队，四处逃避，萧何却常常从关中派员填补战线上的漏洞。楚、汉在荥阳对抗好几年，军中缺粮，也都是萧何辗转运送粮食到关中，粮饷才不至于匮乏。再说，皇上有好几次避走山东，都是靠萧何保全关中，才能顺利接济皇上的，这些才是万世之功。如今即使少了一百个曹参，对汉朝有什么影响？我们汉朝也不必靠他来保全啊！你们又凭什么认为一时之功高过万世之功呢？所以，我主张萧何第一，曹参居次。"

这番话正中刘邦的下怀，刘邦听了，自然高兴无比，连连称好，于是下令萧何排在首位，可以带剑上殿，上朝时也不必急行。而鄂君因此也被加封为"安平侯"，得到的封地多了将近一倍。他凭着自己察言观色的本领，能言善道，舌灿莲花，享尽了一生荣华富贵。

人与人之间沟通，懂得如何说话，说些什么话，怎样把话说到别人的心坎里，这些都非常重要。

149 说话不能口无遮拦

下面我们就简要介绍一些在谈话中禁忌的话题，接触这些话题会导致谈话"失度"，产生不良后果。

1．随意询问健康状况

向初次见面或者还不相熟的人询问健康问题，会让人觉得你很唐突，当然如果是和十分亲密的人交谈，这种情况不在此列。

2．谈论有争议性的话题

除非很清楚对方立场，否则应避免谈到具有争论性的敏感话题，如宗教、政治、党派等易引起双方抬杠或对立僵持的话题。

3．谈话涉及他人的隐私

涉及别人隐私的话题不要轻易接触，这里包括年龄、东西的价钱、薪酬等，容易引起他人反感。

4．个人的不幸

不要和同事提起他所遭受的伤害，例如他离婚了或是家人去世等。当然，若是对方主动提起，则要表现出同情并听他诉说，但不要为了满足自己的好奇心而追问不休。

5．讲一些没有品位的故事

一些有色的笑话，在房间内说可能很有趣，但在大庭广众之下说，效果就不好了，容易引起他人的尴尬和反感。

150 肺腑之言，暖人心怀

大港油田某工厂有一批工人因厂里多年来一直效益不佳，纷纷要求调动，对此，新厂长并没有埋怨指责，面对几百名"请调大军"，他发出肺腑之言："咱们厂是有很多困难，我也很头痛。但领导让我来，我想试一试，希望大家能相信我，给我半年时间，如果半年后咱厂还是那个样，我辞职，咱们一块走！"

这些话语没有高调，朴实无华，既是人格的表现，又是模糊语言的恰当运用。厂长虽然坚决地表示决心，但语气中肯，他没有正面阻止调动，而恰恰相反，像是在和大家推心置腹地商量，给大家一颗定心丸，然而，谁也不会相信，这是一个来"试一试就走"的厂长。相反，人们正是从他那人情入理、心底坦荡的语言中感受到了力量，看到了希望。这个工厂像是一个得了狂躁症的病人吃了镇静剂那样恢复了平静，一心要干下去的人增强了信心，失去信心的人振作了精神。模糊语言在这里发挥了神奇的作用。后来这个厂果然在这位厂长的带领下旧貌换了新颜。

有人曾针对这种"绝对分明的和固定不变的界限"指出："除了'非此即彼'，又在适当的地方承认'亦此亦彼'！"

那么，与其如此，我们不如趁早上路，在社交的广阔领域中，给话语、给自己创造一个真正广阔的天地。

151 说有分寸的话，做有分量的人

在人际交往中，谈话要有分寸，认清自己的身份，适当考虑措辞。哪些话该说，哪些话不该说，应该怎样说才能获得更好的交谈效果，是谈话应注意的。

分寸拿捏得好，很普通的一句话，也会平添几许分量，话少又精到，给人感觉定经过深思熟虑的。而说话的分寸取决于与你谈话的对象、话题和语境等诸多因素的需要。换句话说，要言之有度。

有度的反面则是"失度"，什么叫做"失度"呢？一般说来，对人出言不逊，或当着众人之面揭人短处，或该说的没说，不该说的却都说了。这些都是"失度"的表现。在人际交往中，谈话要有分寸，要认清自己的身份，适当考虑措辞。哪些话该说，哪些话不该说，应该怎样说才能获得更好的交谈效果，是谈话应注意的。

同时还要注意讲话尽量客观，实事求是，不夸大其词，不断章取义。

讲话尽量真诚，要有善意，尽量不说刻薄、挖苦别人的话，不说刺激伤害别人的话。

这些都是每一个年轻人应当要注意和掌握的说话规则。

152 忌逞一时的口舌之快

不少年轻人由于与人沟通时，好逞一时的口舌之快，常常在不经意间以言语冒犯了人。言语冒犯有轻有重。轻者，惹人不高兴；重者，则可能伤及人的面子、自尊，让人产生报复的心理。

因言语冒犯引发的不愉快是常有的。有的人说话随意，不考虑对方的反应，不考虑说出的话会导致什么后果，常常会给自己惹麻烦。而言语谨慎，不冒犯对方的人，哪怕面对的是一个十足的无赖，也能够化险为夷。

小梁是个口无遮拦、直来直去的人。有一次他在保龄球馆和同事打球，对方是初学，技术自然不行。出于好心，他便教起对方来。打球过程中，他一会儿说人家"真臭"，一会儿说："你这人看起来挺精明的，怎么学打球这么笨。脑子是不是进水了。"气得同事不客气地说："你说话可不可以委婉点？""什么委婉，你笨就笨嘛，还不让人说了。真是的。"同事气得无语，转身走了，两个人闹得十分不愉快。

说者无意，听者有心。一句不经意的话可能随口而出，但在听者看来却另含他意，似有所指，结果导致了不该发生的误会。

你是不是也常常遇到这样的麻烦？你的一句话被别人联想引申成了多重含义，表扬赞赏的话还无妨，要是批评或指责的"不良"信息，很可能被人误解，认为你是有意含沙射影，指桑骂槐。尽管你费尽口舌百般解释，也"越抹越黑"，有理说不清。

因此，社交场上，说话不得体是与人交谈的大忌。许多争吵，甚至发生在平常关系非常密切的同学、朋友、同事之间的纠纷，很大一部分原因就是说话不讲艺术，使对方误解，以致造成彼此的隔阂。

所以，和人交谈，忌逞一时的口舌之快，更不可恶语冒犯，使人不快甚至痛苦。

153 美言一句三冬暖，恶语伤人六月寒

俗话说："美言一句三冬暖，恶语伤人六月寒。"尊重对方是进行成功谈话的前提条件。而交谈过程中一些不良习惯可能是导致谈话失败的致命硬伤。在与人交谈中，我们要努力培养一些良好的行为举止习惯，这样才能在人际交往中得到别人认可，受到别人的欢迎。

下面交谈中的坏习惯，你有几个：

（1）与人交谈时不注意自己说话的语气，经常以不悦或对立的语气说话。

（2）应该保持沉默的时候偏偏爱说话。

（3）打断别人的话。

（4）滥用人称代词，以至在每个句子中都用"我"这个字。

（5）以傲慢的态度向下属提出问题，给人一种只有他最重要的印象。

（6）在谈话中插入一些和自己有亲密关系，但却会使别人感到不好意思的话题。

（7）自吹自擂。

（8）在电话中谈一些别人不想听的无聊话题。

（9）不管自己了不了解，而任意对任何事情发表意见。

（10）公然质问他人意见的可靠性。

（11）以傲慢的态度拒绝他人的要求。

（12）对与自己意见不同的人横加指责。

（13）评论别人的是非。

（14）请求别人帮忙被拒绝后心生抱怨。

（15）与人交谈措词不敬或具有攻击性。

这些缺点意味着你缺乏感受和细心体谅的能力，并且很容易给别人留

下不好的印象。因此在与人交往中，要想受到别人的尊重和喜欢，请你先
远离这些不良习惯。

154 养成与人谈话的好习惯

年轻人往往年轻气盛，与人交谈时，往往侃侃而谈，只顾自己说话，
让别人很难有发表意见的机会，最终导致谈话冷场。

在交际场合，自己讲话的同时，一定要给别人发表意见的机会。要
善于聆听对方谈话，不轻易打断别人的发言。一般不提与谈话内容无关的
问题。如对方谈到一些不便谈论的问题，不要对此轻易表态，可转移话
题。在相互交谈时，应目光注视对方，以示专心。对方发言时，不要左顾
右盼，也不要心不在焉，或注视别处，显出不耐烦的样子，也不要老看手
表，或作出伸懒腰、玩东西等漫不经心的动作。

谈话的内容一般不要涉及疾病、死亡等不愉快的事情，不谈一些荒
诞离奇、耸人听闻、黄色淫秽的事情。对方不愿回答的问题不要追问，不
究根问底。例如不小心说到对方反感的话题时应表示歉意，或立即转移话
题。一般谈话不批评长辈、身份高的人员，不讥笑、讽刺他人。一般不询
问女士的年龄、婚否，不径直询问对方的履历、工资收入、家庭财产、衣
饰价格等私人生活方面的问题。与女士谈话不说女士胖瘦、身体壮弱、保
养好坏等语。不要参与女士圈内的议论，也不要与女士无休止地攀谈而引
起旁人的反感侧目。与女士谈话更要谦让、谨慎，不与之开玩笑，与之争
论问题要有节制。

谈话中要使用礼貌语言，如，"你好""请""谢谢""对不
起""打搅了""再见""好吗"等等。在中国，人们相见习惯说"你吃
饭了吗""你到哪里去"等，但有些国家不用这些话，甚至习惯上认为这
样说不礼貌。在西方，一般见面时先说："早安""晚安""你好""身
体好吗""最近如何""一切都顺利吗""好久不见了，你好吗""夫
人（丈夫）好吗""孩子们都好吗""最近休假去了吗"。对新结识的

人常问："你这是第一次来我国吗""到我国来多久了""这是你在国外第一次任职吗""你喜欢这里的气候吗""你喜欢我们的城市吗",分别时常说："很高兴与你相识,希望再有见面的机会""再见,祝你周末愉快""请代问全家好"等。

在社交场合,还可谈论涉及天气、新闻、工作、业务等事情。

在社交场合中谈话,一般不过多纠缠,不高声辩论,更不能恶语伤人、出言不逊,即便争吵起来,也不要斥责,不讥讽辱骂,最后还要握手而别。

155 交谈要使用文明用语

当你认识到语言表达的重要性时,怎样才能正确地使用语言,建立起融洽的人际关系呢? 持有这种疑问的人有很多。下面介绍一些建立融洽人际关系的语言表达秘诀。

首先,要恰到好处地使用文明用语。

文明用语有"谢谢""不用谢""对不起""没关系"等。这些文明用语可以向别人表达感激的心情或歉意,沟通人的心灵,建立融洽的人际关系。在得到别人的帮助时,应真诚地说一声"谢谢";若只是把感激之情埋在心底,对方会有一种不快的感觉,认为你不懂礼貌,今后也不会再帮助你。同样,在打扰别人、给别人添麻烦时,能真诚地说一声"对不起",对方的气就会消去大半。恰当地使用文明用语是建立融洽人际关系的第一秘诀。

其次,多用"添加语言"也是非常重要的一个秘诀。

"添加语言"有"实在对不起""真是不好意思""打搅您一下""麻烦您一下"等。

"主任,对不起,您多给我点儿时间""经理,我想麻烦您一下,请看一看这个计划",把这些语言添加进去,会使后面语句的语气变得委婉些。

"添加语言"还可以在某种程度上说明一件事情的状况。比如"吴经理在吗?"如果你回答"实在对不起……",则对方也可以立即推知吴经理不在这一事实了。

"添加语言"又称"缓冲语言"，如果多用这类"缓冲语言"，你的人际关系自然会变得融洽、和谐。

156 豆腐多了都是水，话多了都是唾沫

1903年12月17日，是人类第一次驾驶飞机离开地面飞行的日子。美国发明家莱特兄弟完成了这一历史创举后，到欧洲旅行。

在法国的一次欢迎宴会上，各界名流庆祝莱特兄弟的成功，并希望他俩给大家讲讲话，再三推托之后，大莱特走向了讲台，而他的演讲只有一句话：

"据我所知，鸟类中会说话的只有鹦鹉，而鹦鹉是飞不高的。"

这句精彩的话，博得全场热烈的掌声。

莱特可以详尽地介绍自己科学发明的经过，也可以谈论科学家的实干精神。但他的一句话，已高度地概括了创造的艰难和埋头苦干的精神，就是这样一句话，已足以留给观众十分深刻的印象。

说一个人口才好，并不是指他怎么在人面前侃侃而谈，或者同样一件事经他嘴一说就天花乱坠。而是说他每一次说话都能起到应有的作用。古语讲："山不在高，有仙则灵"。说话也一样，不着重点的废话连篇，往往抵不上一句有根有实的话所能发挥出的作用。俗语"豆腐多了都是水，话多了都是唾沫"说的就是这个道理。因此，说话时要注意避免语言啰嗦，开口后收不回话头，要以精练生动，干脆利落。

157 取绰号会伤害人

小彭的单位有一位朋友名叫王喆，和歌手陶名同姓不同。相处久了，大家都给他起了个绰号，叫他"吉吉"，说这样既亲切，又"吉祥如意"。王喆虽然对这个绰号不怎么有好感，但毕竟是大家善意的玩笑，所

以就听之任之，由他们随便叫。这天一早，轮到小彭点名，和往常一样，大家都规规矩矩地报一声"到"。一个名字接一个名字地被点过去了，这时"王"两个字进入了小彭的视线。由于大家平时叫惯了"吉吉"，小彭想也没想，脱口而出："王吉吉！"一时，所有人都愣住了，随即又哈哈大笑起来。这下可惹恼了王喆。只见他从队伍里冲出来，一把揪住小彭的衣领，愤怒地大吼道："我叫王喆，陶喆的喆，不叫什么王吉吉！以后不许再这么叫我！"这突如其来的"袭击"把小彭吓了一跳，没想到平时对玩笑并不在意的王喆这次竟动了"真格"，于是赶紧说："是玩笑，别当真，以后不叫了。""玩笑也不行！"满脸通红的王喆仍不罢休，最后在众人的劝说下才平息。

上面的小故事就是因名而闹起的小矛盾，起绰号的行为如果发生在小学生身上也许无伤大雅，但成年人之间若随意给人起绰号，就不是礼貌之举了。

在现代生活和交际中，姓名最主要的功能就是用于称呼，以便和其他人区分开来。但就是这么一个小小的名字，却有时让人引发许多联想，以致生出不少误会，搞出不少闹剧，原因就是人们对它的不重视。

158 不要忘记或叫错他人名字

在日常交往和交谈中，要是对姓名乱开玩笑，轻者会令人不快，重则伤人自尊，引起不该有的纷争。对姓名的不尊重，还表现在叫错他人的名字。如果忘记对方的名字，对方可能会为你的健忘习惯而宽宏大量，但如果叫错了对方的名字，心宽的人也许会原谅你的一次口误，心细的人却会认为你是故意叫错或不尊重他。所以，叫错名字比忘记名字更令人反感。

如果你与曾打过交道的人再次见面，能一下叫出对方的名字，对方一定会感到非常亲切，对你的好感也油然而生；而如果只是觉得"眼熟"，再次向对方请教"贵姓"，双方一定觉得非常尴尬。在与人谈到另一人时，如果只是说"就是那个，大高个，单眼皮，一头卷发"等等，即使再多的描绘形容，也不如直接说出对方的名字更让人明白。更尴尬的是，你对某人的印象极其深刻，所有的特征都历历在目，当别人问起那个人姓名时，你来一句"我就是想不起他叫什么名字了"更显尴尬。

所以说，记住一个人的名字，是尊重一个人的开始，也是塑造个人魅力的重要一步。两个多年未见的朋友在街头邂逅，一方能够脱口而出叫出对方的名字，必能使对方兴奋不已；即使只有一面之交的人，再次偶然相遇，清楚地记得对方名字，必能使其对你刮目相看。

有时候要记住一个人的名字真是难，尤其当名字的"字"不太好读时。一般人都不愿意去记它，心想"算了！就叫他的小名好了，而且容易记"。效果一定不如张口叫出他人的全名更好。

经常翻翻他人的名片，也是记忆名字的好办法。不管老朋友还是新朋友，在打过交道之后都应把姓名记在小本上，或者保存好对方的名片。有时间就要翻一翻，加深印象，这样就可以获得名字与友谊长久记忆的效果。

一旦忘了名字，要想办法补救。如果在路上遇到朋友，突然忘了人家的名字。那就应想办法搞清楚，记在心里。

对人表示尊重最首要的是对对方姓名的尊重。正确地称呼对方的名字、牢记对方的名字、不取笑对方的名字，是人际交流必备的人格素质。

159 玩笑开过头就是恶作剧

有一天，几个同事在办公室聊天，其中有一位李小姐提起她昨天配了一副眼镜，于是拿出来让大家看看她戴眼镜好看不好看。大家不愿扫她的兴都说很不错。这时，同事小王想起一个笑话，便立刻说出来："有一个老小姐走进皮鞋店，试穿了好几双鞋子，当鞋店老板蹲下来替她量脚的尺寸时，这位老小姐由于是个近视眼，看到店老板光秃的头，以为是她自己的膝盖露出来了，连忙用裙子盖住，立刻，她听到了声闷叫。'混蛋！'店老板叫道，'保险丝又断了！'"

接着是一片哄笑声，谁知事后大家竟从未见到李小姐戴过眼镜，而且李小姐碰到小王也不和他打一声招呼。

其中的原因不说自明。说者无心，听者有意，在老王来想，他只联想起一则近视眼的笑话。然而，李小姐则可能这样想：别人笑我戴眼镜不要紧，还影射我是个老小姐。

所以，说笑话要先看看对哪些人说，先想想会不会引起别人的误会。像上例小王严重地伤害了一个人的自尊，却是他始料不及的。

几个好朋友聚在一起时，大家开开玩笑，相互取乐，说话不受拘束，原是一件让人高兴的事。不过凡事有利也有弊，因开玩笑而使朋友不快的事情也常常遇到。所以，生活中我们真正要注意的开玩笑的方法，即不开过头的玩笑。

年轻人性格活泼，说话做事喜欢无拘无束。有时在一起交谈时，免不了相互间开些玩笑，玩笑开得好可以增进彼此间的友情和感情。但是一定要记住，开玩笑也讲究一个度，一定要谨慎。

1. 注意格调

玩笑应该有利于身心健康，增进团结，摈弃低级庸俗。

2. 留心场合

按照中国人的习惯，正规场合一般不宜开玩笑。彼此并不十分熟悉或生人熟人同时在场，不宜开过头的玩笑。

3. 因人而异

对性格开朗、喜欢说笑的人，开些"国际玩笑"也无妨，而对性格内向、少言寡语的人，一般不要过分地开玩笑。

4. 掌握分寸

俗话说，凡事有度，适度则益，过度则损。

5. 避人忌讳

忌讳是因风俗习惯或个人生理缺陷等，对某些言语或举动有所顾忌。几乎每个人都或多或少地有自己的忌讳。所以，开玩笑时一定要小心避之。

160 嘲笑别人就是嘲笑自己

在现实生活中嘲笑别人随时随地都可能发生，因为嘲笑会带给人暂时的乐趣和满足。但我们有没有想过，建立在别人痛苦之上的乐趣和满足真的能给我们带来快乐吗？这无疑是对一个人的人格的侮辱和践踏。对待别人的缺陷和不足，我们不要去取笑，因为，世世无常，说不定哪一天，你也会沦落那种境地，那时取笑别人就是嘲笑自己。

小猫和小猪是一对很要好的朋友，整天形影不离。可有一天，它们俩因为一点儿小事吵起架来，还越吵越凶。小猫大声地说："瞧你那胖乎乎的身子，就像个大皮球！"小猪也不示弱，气呼呼地说："就你好，那几根胡子翘得跟针似的！"最后，它们一赌气，各回各的家了。

第二天早晨，小猫起床后正要洗脸，它抬头往镜子一看，不禁愣住了，自己什么时候变得圆溜溜的了？小猫伤心地哭了起来，它想起跟小猪吵架的事，非常后悔："我真不该嘲笑小猪啊！"于是，它赶紧往外跑。刚出门，它就看见小猪正朝这边走来。咦？小猪的脸上怎么长出了硬硬的胡子？

它们走到一起，手拉着手。小猫说："对不起，我不该那样说你。"小猪说："我也一样要向你道歉，以后我们再也不要取笑对方了。"刚说完，一阵风吹过，它们都恢复了原样。两个小伙伴高兴地跳了起来。

有些人总是喜欢去评品别人，这样做的结果是你的人缘越来越差，朋友、同事会离你越来越远，一旦你出了糗事，别人会变本加厉地嘲笑你，以求心理平衡。

161 说"不"要讲究策略

有一个乐师，被熟人邀请到某夜总会乐队工作。乐师嫌薪水低，打算立即拒绝。但想起以往受过对方照顾，不便断然拒绝，便心生一计，先说些笑话，然后一本正经地说："如果能使夜总会生意兴隆，即使奉献生命，在下也在所不辞。"

此时夜总会老板自然还是一副笑脸，乐师抓住机会立刻板起面孔说：

"你觉得什么地方好笑？我知道你笑我。你看扁我，不尊重我，这次协议不用再提，再见！"这样，乐师假装生气，转身便走，老板却不知该如何待他，虽生悔意，但为时已晚。

在生活中，面对不喜欢的对象，要出其不意地敲打一下，以便打退对方。若缺乏机会，不妨参照上例，制造机会，先使对方兴高采烈，然后趁对方缺乏心理准备、脸上仍是笑嘻嘻时，找到借口及时退出，达到拒绝的目的。

日本成功学大师多湖辉曾讲过这样一件事，在日本20世纪60年代末的学运中，某大学的教室里正在上课时，一群学运积极分子闯了进来，使上课的教授手足无措。当着班上学生的面，教授想显示一点宽容和善解人意的风度，就决定先听一下学生讲些什么之后再去说服他们。结果与他的善良想法完全相反，学生们乘势向他提出许许多多的问题，把课堂搅得一团糟，再也上不成课了。并且这之后只要他上课就有激进派的学生出现在课堂上，就这样日毋宁日地持续了一年。

从这一教训中，教授悟到一条法则，即若无意接受对方，最好别想去说服他，对方一开口就应该阻止他："你们这是妨碍教学，赶快从教室里出去，与课堂无关的事，让我们课后再说！"假如再发生一次同样的事，教授能否应付呢？就算他显示出了拒绝的态度，学生也会毫不理会地攻击他，如果一点也不去听学生的质问，一开始就踩住话头，至少不会给对方以可乘之机，也不致弄得一年时间都上不好课！

与人交往交谈，碰到一些无理要求或者自己根本无法办到的事情，要学会说"不"，要懂得拒绝别人。但是拒绝别人并不是简单的一个"不"字，而是讲究方式方法，否则不仅达不到拒绝的效果，还会伤害彼此的感情。

162 拒绝但使人难堪

与人交往中，在面对他人的请求时，人们往往顾及相互的情面而不便拒绝，从而使自己左右为难。其实，这样不仅不会对双方有利，而且会使大家更不和睦。如果想使自己不为难，而又不伤害双方感情，以下两点可供参考。

第一，据实言明。

拒绝别人时，但又要想保持良好的人际关系，必须采用同情的语调，以了解对方心情的姿态来处理。

有些人在拒绝对方时，因为感到不好意思，而不敢据实言明，致使对方摸不清自己的真正意思，而产生许多不必要的误会。其实，在人际交往中，不得不拒绝，乃是常有的事，也并不会搞坏交情；倒是有些人说话语意暧昧、模棱两可，反而容易引起对方误会，甚至导致彼此关系破裂。

在你拒绝别人的时候，一定要附带考虑到对方可能产生的想法，尽量明快而率直地说明实情，这才是恰当的拒绝法。

第二，留给对方一个退路。

有些人喜欢自以为是，坚持自己的意见，总以为只有自己的想法是最高明的。当你遇到这种人，想要拒绝时，一定要先好好考虑一番。

你必须自始至终，很有耐心地把对方的话仔细地听过一遍。一个人在说话的时候，心里一定也留有一个空间来容纳对方所讲的话，当你完全听完对方的话后，心里应该就有了打算，知道怎样说服对方、拒绝对方，同时给对方留下一个空间来容纳对方所讲的话，才最巧妙而又不使对方难堪。

163 说话要带两张耳朵

在美国，曾有科学家对同一批受过训练的保险推销员进行过研究。因为这批推销员受同样培训，业绩却差异很大。科学家取其中业绩最好的

10%和最差的10%作对照，研究他们每次推销时自己开口讲话的时间。

研究结果很有意思：业绩最差的那一部分，每次推销时说的话累计为30分钟；业绩最好的10%的人，每次累计只有12分钟。

为什么只说12分钟的推销员业绩反而高呢？

很显然，他说得少，自然听得多。听得多，对顾客的各种情况、疑惑、内心想法自然了解很多，自然他会采取相应措施去解决问题，结果业绩自然优秀。

善于倾听对家庭、企业还有这样的好处：

大家知道，日本松下电器驰名全球，它的创始人松下幸之助就特别善于倾听。他说，如果你手下的人提的意见、建议你都不听，那长此以往，他们就不愿再提了，脑子也不愿开动了。因为提了也没有用，听你的不就定了嘛！这样做，手下的人还有积极性吗？脑子还会开动吗？智慧还能激发出来吗？显然不行，这样公司会死气沉沉。在企业是这样，在家里也是这样。

善于倾听，还能使你有好人缘。

因为一般人喜欢讲，不善于听。因此，他喜欢讲，你正好喜欢听，那自然是一种特别和谐、特别美妙的组合。

善于倾听，意味着要去强迫自己对别人感兴趣。你不能认为生活像剧院，自己就站在舞台上，而别人只是观众，自己正在将表演的角色发挥得淋漓尽致，而别人也都注视着自己。如果你有这种想法，那你会变得自高自大，以自我为中心，也永远学不会聆听，永远无法了解别人！

从现在开始，对别人多听多看，将他们当作世上独一无二的人对待，你将发现你比以往任何时候更善于与人沟通。

164 做一个会听话的人

在一项关于友情的调查中，调查的结果让调查者感到十分意外。调查结果显示，拥有最多朋友的是那些善于倾听的人，而不是能言善辩、引人注目的演说者。其实，这也没有什么不可思议的。生活中我们每个人其实都渴望表达自己。聪明的聆听者能够让说话者有充分的表达的机会，自然就更容易获得别人的好感。

一方面，每一个人都喜欢叙述有关自己的事，都想美化自己，也都想让对方相信自己的叙述；另一方面，每一个人又想探知别人的秘密，并且都想及早转告别人。这种现象，也许是人的本性。

所以，从某种意义上讲，会听话比会说话更为重要。聆听越多，你就会变得越聪明，就会被更多的人喜爱，就会拥有更好的谈话伙伴。一个好听众总能比一个擅讲者赢得更多的好感。当然，成为一名好的听众，并非一件容易的事，需要掌握一些倾听技巧。

首先，要注视说话人。对方如果值得你聆听，便应值得你注视。其次，靠近说话者，专心致志地听，让人感觉到你不愿漏掉任何一个字。

再次，要学会提问，使说话者知道你在认真地听。可以说，提问题是一种较高形式的奉承。

我们都经历过这样的场面吧：上学的时候，如果老师在上面做完演讲，听众没有一个问题，场面是多么的尴尬。另外，记住不可打断说话者的话题。无论你多么渴望一个新的话题，也不要打断说话者的话题，直到他自己结束为止。

最后，还要做到"忘我"。你始终要明白，你是个"倾听者"，不要使用诸如"我""我的"等字眼。你这么说了，就意味着你不得不放弃聆听的机会，注意力已经从谈话者那里转移到了你这里，至少你要开始"交谈"了。

165 赞美他人，照亮自己

"赞美"这种东西，不是出自我们的口，而是出自我们的内心世界。一个对生活充满绝望、没有抱以理想的人，对周围人和事物的态度不可能持乐观和赞美的态度，有的只是冷酷和愤世嫉俗。

在我们生活的世界里，有很多人和事值得我们去赞美，去讴歌，去为之心动神怡。即使在平日里，我们也要在"那么一刻"发出惊人的感叹：嫩芽爬上枝头，春天来啦！或者白雪茫茫，不觉吟诵"只识弯弓射大雕"，豪迈的情调也会油然而生。除了这些美丽的事物外，即使是最平凡的事物都有值得我们赞美的地方。

环顾你的周围，你就会发现我们每个人都拥有一些别人所没有或不能拥有的优点：小王是把钱看重了一点，但他富有正义感；小李文化不高，但言谈比一些大学生还要得体；小张不会跳舞，但歌唱得非常好……也许在我们的办公室中，我们的同事就有一些我们想学学不到的优点：他成天快活，我则是一脸苦相；她口齿伶俐，而我却笨嘴拙舌。每个人都有值得赞美的地方，而当他听到赞美的时候也都会更加发扬他的优点，甚至改正他的缺点，同时也学会赞美别人，在某大学中曾经进行过一项实验，所有学生被分为三组，第一组学生经常受到鼓励和赞美，第二组学生任其自由发展，第三组学生除了受批评之外无其他评价。结果任由发展的一组进步最小，受批评的一组有一点进步，但是受赞美的一组表现最为突出！

在实际生活中，赞美帮助我们赢得了朋友。我们所拥有的众多朋友，都是因为我们在内心深处赞美他们、接受他们而获得的，因为这些朋友都在这方面或那方面拥有我们不能有的优点。我们赞美他们，他们也赞美我们，彼此之间的距离也就缩短了。我们并不要求他们与我们有相同的文化、相同的成长背景、相同的专业爱好。我们只求他们其中的一点，或诚实可靠、或处事稳健、或富于幽默感，就足以"使我惭愧、促我自新"了。

166 "谢谢"二字常挂嘴上

在生活中，不少年轻人奉行的原则是，"你满足我的需要，然后我才满足你的需要"。这种方式很少能发挥效果。一个人这么渴望别人付出感激之情，相对的他也会努力希望获取别人的接受和赞同。但是这个过程中，这个人难免会痛苦、悔恨、甚至变得没有自信。也许你几句感激的话或一点感激的行动，就能使一个人活得快乐、自在，你何乐而不为呢？

人们不善于表达感激之情，或许是人与人之间的摩擦，摧毁了他们感谢的心，或相互的伤害抹杀了彼此的和气，也可能是他们习惯了没有感激的日子，自己也不懂得。

仔细想想别人曾经为你所做的——爱的表示、友善的动作、信心的鼓励、友好的示意。我们每个人都应该明白，生命的个体是相互依存的，每一样东西都依赖其他的东西。无论是父母的养育，师长的教诲，配偶的关爱，他人的服务，大自然的慷慨赐予……人自从有了自己的生命开始，便沉浸在恩惠的海洋里。一个人真正明白了这个道理，就会感激大自然的福佑，感激父母的养育，感激社会的安定，感激食之香甜，感激衣之温暖，感激花草鱼虫，感激苦难逆境。

你怎样对待别人，别人就会怎样对待你。你对别人给予帮助，别人也一定用同样的方式给予回报。表达对他人的感激，向对方说一声"谢谢"，看上去很微不足道，但能引起人际关系的良性互动，成为交际成功的润滑剂。

向别人表达感激之情是一个积极有意义的行为，从你那里得到过感谢的人，会将来再次接受你的谢意和肯定，因为他对你的帮助能够被你认可和赞赏，对于他来说就是最大的快乐和欣慰。你的感谢换来了回报，以后对方还会乐意帮助你，正所谓助人就是助己。

滴水之恩，当以涌泉相报。懂得感激别人为自己所做的一切，说明你是个知恩图报的人。当别人为你做了某件小事，你应该表示感激；当别人给你解决了某个困难，你应该表示感激；当别人给予你关心和帮助，你应该表示感激。

感激的话要发自内心地说出来，最好是当面表达你的谢意。不要把感激的话藏在心里，以为对方明白你的心思就可以了，说出你的谢意和感激更能体现你的真诚，也会使你和对方的关系更进了一步。

167 不要把赞美变成献媚

世间没有绝对的对错好坏，凡事能够把分寸拿捏得好，就是一种智慧。在夸赞别人这个问题上同样存在分寸拿捏不同，后果也不同的现象。如果赞美得当，那就是一种美德，但是，不得当的赞美会成为阿谀，遭人轻视。把握赞美的分寸十分重要。

赞美能赢得友谊。赞美如花香，芬芳而怡人，能以赞美之言予人者，必得人缘，所以和人相处，最重要的就是赞美。尤其当一个人灰心的时候，一句鼓励的话，能令他绝处逢生；当别人失望的时候，一句赞美的话，能使他重见光明。要想获得友谊，诚心地赞美别人，必定能如愿。

做人要"日行一善"，其实日行一善并不难，赞美别人也是一善。但赞美不同于阿谀，阿谀是一种虚伪的奉承，所谓"好阿谀则是非之心起"，所以做人宁容谏诤之友，勿交阿谀之人。被人批评不可怕，受人阿谀才可畏。当然，有的人赞美不当，成了逢迎拍马、阿谀奉承，也会受人轻视，因此，做人不要阿谀谄媚，也要避免不当的赞美。

赞美和阿谀最大的区别在于出发点的不同。赞美一般是符合客观实际情况的，而阿谀往往是夸大其词。在日常交际中，要多一些真心诚意的赞美，少一些阿谀，这样最终会给你带来好名声。

168 即使奉承也要坦诚得体

人总是喜欢被别人奉承的。有时，即使明知对方讲的是奉承话，心中还是免不了会沾沾自喜，这是人性的弱点。一个人受到别人夸赞，绝不会觉得厌恶，除非对方说得太过离谱了。

在这个社会上，当一个人听到别人的奉承话时，心中总是非常高兴，虽然脸上堆满笑容，口里连说："哪里，我没那么好。""你真是很会讲话！"即使事后冷静地回想，明知对方所讲的是奉承话，却还是抹不去心中的那份喜悦。因此，奉承话说得得体，会更讨人喜欢。奉承别人首要的条件，是要有一份诚挚认真的态度。言词会反映一个人的心理，因而有口无心，或是轻率的说话态度，很容易被对方识破，让听话人产生不快的感觉。奉承别人时也不可讲出与事实相差十万八千里的话。例如，你看到一位表情呆滞的孩子，却对他的母亲说："你的小孩看起来很聪明！"对方的感受会如何呢？本来是奉承话，却变成很大的讽刺，收到了相反的效果。若你说："哦！你的小孩子好像很健康。"效果就会好些。

所以，奉承别人要坦诚，这样，你所说的奉承话，会成为真正夸赞别人的话，对方听在耳中，感受自然和听一般奉承话不同。

169 说话不能"一竿子捅到底"

年轻人性情直率，说话往往不看场合、不分对象、不择时机，心里想什么，就直接道出来。然而常常是，说者无意，听者有心，不知不觉中就得罪了人，给自己无形中制造了不必要的麻烦，甚至造成不可挽回的后果。

人人都讨厌说谎的行为，不喜欢说谎话的人，但面对善意的谎言，应把重心放在"善意"上，而不必追究它原来只是个"谎"。

迟枳是一家报纸的编辑，在报社辛苦工作了4年之后竟然被免职了。这是什么原因呢？一次，一位领导说："你们报纸可以在头版登故宫的照片，宣传中国文化。"迟枳不假思索地说："登故宫的照片是知识，不是新闻。如果故宫游客突破多少人数或正在修缮，这是新闻，可以刊登。如果只是把一张故宫的照片登在报纸上，不符合新闻的规律。"这位领导一听就急了，当时还有许多其他编辑在场。可想而知，迟枳的结果是什么。后来，领导找了个借口将迟枳给免职了。

迟枳被免职就是因为说话太直得罪了领导。无论是在官场上还是职场上，由于说话过于直率，容易得罪领导、同事，无意中为自己的晋升设置障碍。

人是感情动物，所以会有情绪的波动。如何对待情绪，人们的表现各不相同。有人善于控制情绪，总是面带微笑，内心却深不可测。有的人不管遇上什么事，都是一张"扑克脸"，喜怒不形于色。而有的人往往不懂得掩饰自己的情绪，直来直去，不管时间、场合、对象是否适当，更不理会讲话的后果，心里有啥就说啥，想啥就说啥。而且，说话不讲究方式方法，往往采取最直接的表达方式，甚至不乏尖锐刻薄。殊不知这种直来直去的做法最容易得罪人，往往使对方下不了台，结果自己也最易招人嫉恨，使自己陷入孤立状态。

其实，直来直去的人往往给人以一种心胸坦荡、胸无城府的感觉，他们比那些深藏不露、遮遮掩掩的人更令人放心，更容易博得对方的信任和好感。但过分的直率却会起到适得其反的作用，会在这一问题上不知不觉吃了大亏，得罪了人。

每个人都是有自尊的，一个人的容忍度有其限度，当这一限度被突破，直接触及对方心中最敏感的自尊时，直言快语就变成了挑衅和侮辱，而有的人往往不顾及这一点，也不掂量话的轻重，结果无意中就伤了人，一句话断送友谊的事。

所以，直言快语不论是对人或对事，都会让人受不了，于是人际关系就出现了阻碍，别人宁可离你远远的，免得一不小心就要承受你的直言快语；不能离你远远的，那就想办法把你赶得远远的，眼不见为净，耳不听为静。

因此，与人说话，切忌直言直语，口气要婉转和气，这样，即使是你向别人提意见或是说出别人的什么不是，别人也愿意听你的并接受。

170 到什么山上唱什么歌

有一次美国前国务卿基辛格对周恩来总理说："我发现你们中国人走路都喜欢弓着背，而我们美国人走路大都是挺着胸！这是为什么。"对基辛格这句话首先要作出准确的判断，是恶意，还是玩笑。不能说这话是十分友善之谈，但也没有明显的恶意，气氛和情绪并不是对立的，说的情况基本属实，话语本身带着调侃的色彩。所以，回答也要用调侃的口吻，恰如其分。周总理回答说："这个好理解，我们中国人走上坡路，当然是弓着背的；你们美国人在走下坡路，当然是挺着胸的。"说完，哈哈大笑。周总理的应变确实敏锐，分寸掌握得十分恰当，既有反唇相讥的意味，又带着半开玩笑的情趣；既不影响谈话的友好气氛，又符合当时说话的场景和说话者的身份，不卑不亢、恰如其分。

古人云："言为心声。"说话的好坏，主要取决于说话者的思想水平、文化修养、道德情操，但讲究语言的艺术也同样十分重要。同样一种思想，从不同的人嘴里说出，往往会收到不同的效果。

良好的谈吐可以助人成功，蹩脚的谈吐则令人障阻重重。在日常生活中，我们身边的人总是多种多样，有口若悬河的，有期期艾艾、不知所云的，有谈吐隽永的，有语言干瘪、意兴阑珊的，有唇枪舌剑的……人们的口才能力有大小之分，说话的效果也是天差地别的。因此，要想在说话上成为高手，就要达到"到什么山上唱什么歌"的境界。

171 避免与人话不投机

如果两人相见，话不投机怎么办？不妨把"话不投机"的对方当作会话训练的对手。有一种人，当他和某人在一起时，总是有说不完的话，可是和另一个人在一起时，却沉闷得不讲一句话。

俗语说："酒逢知己千杯少，话不投机半句多。"有些朋友一旦感到与对方讲话不投机，自己虽有话题，也不愿提出，而且从心底里拒绝接受对方的意见，这不是一个有教养的人所应有的态度。培养自己的会话能力，除了会话的场合与次数要多以外，更要把握与各式各样的人交谈的机会。你或许会发现自己对某个人有很深的成见，一见到他，就产生一股厌恶感。这时，你不要逃避，应该更积极地去跟他交谈，这是训练会话技巧的最佳方法。你可以选择一些比较轻松的话题跟他谈，例如电影啦、音乐啦，通过这些交谈，可以促进两人之间的感情，增加彼此的了解。经过几次交谈后，或许你会发觉："哦！原来他不是一个那么令人讨厌的人！"

也可能你们会从此变成一对很谈得来的朋友。

日本影评家淀川长治曾说："我从来没有碰到过令我讨厌的人。"这是一句了不起的名言，你如果能够去除不跟讨厌的人讲话的观念，一定会变得很有人缘，会话技巧也必提高，这种一举两得的事，何乐而不为呢？而如果一次话不投机就放弃了深入了解的机会，或许失去的要比得到的更多。记住，给彼此一个机会，或许你就能收获一个知心的朋友。

172 沉默是金

哲学家说：沉默是一种成熟；思想家说：沉默是一种美德；教育家说：沉默一种智慧；艺术家说：沉默是一种魅力；科学家说：沉默是一种发明。我们知道，在人际交往当中，沉默是一种难得的心理素质和可贵的处世之道，当然任何事情又都不是绝对的。

具备优势的时候需要沉默。"天地有大美而不言"，太阳不语自是一种光辉；高山不语，自是一种巍峨；蓝天不语，自是一种高远……人也一样，桃李不言，下自成蹊。取得成绩的时候需要沉默。面对成绩和掌声，成功者报以深深的一鞠躬。这是无声的语言，是恰到好处的沉默。遭受挫折的时候需要沉默。在失败和厄运面前，拭去眼泪，咬紧牙关，默默地总结教训，然后再投入新的战斗，不失为上策。等待时机需要沉默。造化总是把机会赠送给有充分准备的人。怨天尤人无济于事，不断充实和完善自己才是可靠的。承担痛苦的时候需要沉默。如果亲友沉浸在不能自拔的悲伤之中，此刻，无论你说什么，他都听不进去，那就默默地陪他度过一段时光，默默地为他做一些事情。沟通心灵的时候需要沉默。不是随便打断他的话，而是善于倾听。在倾听中汲取智慧，弥补纰漏，建立信任，产生满足。

"少说话、少评论、少批评"，牢记"沉默是金"，才能更好地应付复杂的人际关系。切记管住自己的一张嘴。有一位朋友说："我曾经遇到过这种情况：张女士和杨女士都是我的同事，我发现杨女士经常在我面前说张女士的坏话，而张女士很少说过对方的不好。不管她们说什么，我从没有向任何人提到过这些琐碎的闲话，因此，我们三人至今相处很好。"
我们可以想象，如果不恪守沉默是金的原则，情况会变成怎么样。

173 负面话是人际沟通中的阴云

爱讲负面话的人，有时是过于理想化，用自己理想化的模式，去套生活中的现实，结果常常是事与愿违。还有的人是看问题过于狭隘偏颇，只考虑自己，不顾及其他，凡是不对自己脾气的，都一概予以否定。另一种便是用放大镜甚至是显微镜看人，将别人微不足道的缺点放大。正如鲁迅先生曾经比喻的，一位老夫子用一枚放大镜去看美人那嫩白的胳膊，结果却看到了皮肤间的皱纹和皱纹间的污泥。试想，如果再用显微镜去观察，岂不就是骇人的细菌布满全身了吗！

老爱讲负面话的人，很难与人友好交往，即使他并没有直接说对方不好，但他那万事皆不如意的心态，让人很难同他找到舒心满意的共同语言。久而久之，人们还会觉得此人太爱刁难，难以相处，常常避而远之，偶有接触，也只好打个哈哈敷衍了事。总讲负面话，最终会成为难以与人相融的孤家寡人。

少说负面话的关键，是要有一个积极乐观的心态。生活中并不缺乏美，而是缺少发现。正如一个故事讲到的：一位老太太有两个女儿，大女儿卖雨伞，小女儿卖冰棍。晴天雨伞卖不出去，老太太就埋怨老天为什么不下雨；雨天冰棍卖不动，老太太就抱怨为什么不赶快出太阳。后来有人开导她说，晴天你小女儿冰棍卖得火，雨天你大女儿雨伞卖得快，你天天都有高兴事，还有什么可埋怨的呢？老太太一想，果然，于是脸上便由阴转晴，心情也一下子就好起来了。同样，与人相处，也要热情大度，注意发现对方身上的闪光点。有时还需要用你身上的闪光点去照亮别人，让大家的心境都明亮开朗起来。这样，就会有更多的人愿意同你友好相处。

Part 7

懂点人情世故，闯社会少走弯路

174 锋芒太露伤人更伤己

春秋时期，经过长期的争霸战争，很多小的诸侯国被大国吞并。然而大的诸侯国内部也在发生着变化，国家大权很快就落到大夫们手中。其中最为典型的是晋国。晋国是当时的中原霸主，到了春秋末期，国君的权力开始衰落，最后国家大权掌握在四家大夫手中，这四家分别是智家、赵家、韩家、魏家。在这四家中以智家的势力最大。

当时智家的大夫智伯瑶想抢占其他三家的土地，韩康子和魏桓子答应了他的要求，但是却遭到赵襄子的一口回绝，智伯瑶听到后感到十分生气，于是让韩、魏两家和自己一起发兵去攻打赵家。

不久，智伯瑶就以自家军队为中军，同时率领韩家的军队和魏家的军队共同讨伐赵家。

赵襄子知道自己寡不敌众，便带领赵家兵马退守晋阳。智家军队势如破竹，很快就将晋阳城团团围住。但是两年时间过去了，也没有把晋阳城攻下。智伯瑶很是焦急，后来他决定在晋水旁边挖河，一直通到晋阳，同时还下令让人在上游筑坝，以蓄高水位，采用水攻。当时正好赶上雨季，水坝上的水很快就蓄满了。这个时候智伯瑶十分得意，于是命令兵士立即在水坝上开了个豁口。很快，大水就直扑晋阳而去，把城里灌了个饱。

智伯瑶对自己的杰作十分的得意，于是约韩康子、魏桓子一起去察看水势。他得意洋洋地指着晋阳城向他们炫耀自己的杰作。虽然韩康子和魏桓子表面上表示认同，但是智伯瑶说的话已经警示了他们，既然他能下这样的毒手来用晋水淹晋阳，那么也许有一天，安邑和平阳也会遭到同样的命运。于是赵襄子采用门客张孟谈的建议联合韩、魏两家共同对付智家。结果智伯瑶兵败被杀。

智伯瑶之所以功亏一篑，原因在于太猖狂，过于贪婪，使人感到了威胁。

俗话说："树高于林，风必摧之。人高于群，人必妒之。"这是人性丛林中的法则，也是给那些血气方刚、锐气正盛、锋芒毕露的年轻人的忠告。

锋芒太露不仅伤别人，更会伤自己，这是因为你的锋芒太露伤害了别人，就会引起对方的报复心理，给你的生活或事业造成一定的危害。与其锋芒毕露，不如深藏若虚。通常看来，深藏若虚的处世之道，会给人造成一种深不可测之感，其中隐含着忽明忽暗的道理，可以让人随时变被动为主动，从而起到"翻盘"的作用。

175 出头椽子先遭烂

越是锋利的宝刀，越不可轻易出鞘，如果自恃削铁如泥而不善加保护，不但锋芒会被磨损，更容易惹出祸患。而有的人往往不懂得这个道理，忘记了"出头椽子先遭烂"的古训，总爱抛头露面炫耀自己的才能，结果常常招致他人的妒忌、诋毁、攻击、陷害。

就一般人而言，总是愿意维持与大家彼此差不多水平，你好我也好，否则就会是"枪打出头鸟"。而这句话也是说那些在日常工作中因为有特殊才能，或有特别贡献而冒了尖的人，往往容易成为受打击的对象。

有些人是自私的，你呼风唤雨，一定惹来这些人的妒忌。表面上，他们或许阿谀奉承，甚至扮作你的知己和倾慕者，必然有人会锦上添花地说一些类似于："看来，老板就只信任你一个！""唔，经理这个位置，非你莫属了！""嘿，他日一旦一人之下万人之上，千万别忘记我啊！""你的聪明才智，公司里没人可及啊！"你可切莫被美丽的谎言冲昏了头脑，聪明的人必须是理智的。应该明白，这些奉承的人只是表面热情，私底下却还说不定恨你入骨。

为了避免遭人放暗箭，请收敛你的得意之态，谦虚一点。你可以告诉他们："不要乱开玩笑，公司有太多人才呢。""我的意见只是一时灵感，没啥特别的！""我还有更多的东西要学。"

俗话说：枪打出头鸟。意思是，凡事都争强好胜的人，容易成为别人攻击的对象。生活中，人们多少都会有嫉妒心，看到比自己强的人，心里难免会产生不平衡，进而无端生恶。所以，作为年轻人，光有才干还不行，还要有明哲保身的智慧，方能成就自己的事业。

176 逞强好胜是做人的大忌

年轻人大都有逞能好强，不甘示弱的性格。他们往往把自己表现得比别人更聪明能干，特别是在领导和异性面前，一些人就会不由自主地逞能于人，沾沾自喜地显示自己的本事，以便引起别人的重视，并从中捞取些许的赞美和好处，以满足打压别人、抬高自己的虚荣心。

其实，逞能好强是肤浅的表现，逞能好强的结果是树敌于人，引起更多人的戒备和防范，甚至于成为别人攻击的对象，实在是得不偿失。一个真正有本事的人是不屑于这种把戏的，并把这种把戏斥为"无聊"。所谓真人不露相，露相不是真人。越是有真本事的人，往往越是性格内敛，不事张扬，不声不响，默默无闻，把真本事用于追求人生的成功上。这样创造出来的成功才更让人口服心服。

朱思明毕业于2003届北京大学国际关系学院，2006年获得硕士学位，现任新华社下属的新华出版社编辑。朱思明是一个非常干练、麻利的女生，从学校走到社会比较快地适应了工作，并摸索出了门路。朱思明认识到，刚刚走上工作岗位的人一定要谦虚，同事们都比自己入行早，经验非常丰富，在他们面前决不能逞能好强。处处表现自己的聪明，这是新参加工作的大忌。正是通过谦虚地请教和学习，朱思明一点一点地做下来，逐渐可以独立开展工作了。她自己负责《我的体育生涯》一书的出版时，发现书稿中存在一定的疏漏之处。她觉得自己是刚出校门的无名小卒，而作者是德高望重的体育界泰斗，也许自己的见解高于作者，但内心却比较胆怯。于是她抱着学习与探讨的目的，与作者见了面。她谦虚的态度得到了作者的称赞，顺利打开了工作局面。

朱思明无疑是聪明的。假如朱思明采取直接修改书稿的办法，把书稿补充完整，虽然原作者可能会觉得很不舒服，但最终也会接受她的修改意见。但那样做会给人留下逞能好强、好大喜功的嫌疑。在作者那里，也会留下糟糕的印象，给今后的职业生涯埋下阴影。

没有人喜欢别人比自己显得更智慧、更有工作能力，也没有人喜欢好为人师的人。而人们喜欢的是处处觉得更矮三分、处处尊人为师的人。这样的人被称为会办事、会说话、会处世。而那种抢表现机会、抢别人镜头、抢别人话题、抢别人风头的人，只能被当做缺少教养、缺少做人的品味的鲁莽汉，表面看起来的聪明却是最拙劣的丑行。

功高盖主，主必压之；才高过人，人必倾之。没有人喜欢一个处处表现比他人优越的人。所以，工作中，如果不注意收敛自己的聪明而处处逞能好强，不仅在同事中无法立足，而且也会成为领导的"眼中钉"，到头来只能断送了自己的前程。

年轻人喜欢争强好胜，然而也难免处处碰壁。逞强好胜是做人的大忌，为人处世应当保持谦逊、低调，低调的做人哲学，对于拓展未来的成功之路起着难以估量的重要作用。

177 有十分才华只须露七分

清代著名诗人郑板桥曾经写过这样的话，"但愿生儿愚且鲁，无灾无难到公卿"。意思是希望自己的儿子不要显得过于聪明，即便是很优秀，也希望他能够收敛光芒，这样可以尽量避免遭遇灾祸，坐到很高的位置。

秦国攻打楚国的时候，王翦为大将，统帅全国所有的兵力。但是王翦大军出发没有多远，他就命令人回去找秦王嬴政讨封赏。部将们疑惑不解。王翦解释说，现在他率领的是秦国所有的兵力，秦王很难放心，如果秦王不放心，这场仗就很难打赢。

向秦王讨封赏，秦王就会以为他是个有得失心的人，自然不会拿全国军队反戈一击，这样才能平定楚国。

像王翦这样的大将遇到秦王嬴政这样雄才伟略的国君时，都不免要装作糊涂，可见要取得国君的信任有多难。当时朝廷中一定有人妒忌王翦，怕他得胜归来位置远远高于自己，必然会向秦王进谗言。这种情况下，如果王翦只是一味地以军事为重，不懂得周旋之道，可能就真的会出师未捷身先死了。

过于优秀的人容易遭到别人的嫉妒。而有嫉妒心的人是很容易发现别人的缺点的。更何况这个世界上没有完人，优点越突出，缺点也往往越突出。因此人不要过于优秀。

过于优秀的人往往不能合群，因为大家不愿意和过于优秀聪明的人在一起，他们没有一种欣赏的眼光，而且有一种自卑的心理。过于优秀的人往往会很孤单。试想，如果别人与你相比处处不如你，他自然不愿意和你站在一起。这还没有算那些有嫉妒心的人，他们的破坏力是惊人的。

嫉妒心理在我们日常生活中无时不在。过于优秀、锋芒毕露的人，在嫉妒者面前仿佛就是一个活靶，势必会成为众人攻击的目标。所以，做人要懂得低调，不要有十分才华表现十分才华，表露七分，掩藏三分。

178 适时收敛自己的光芒

各人都有自己的时运，应该对自己的时运心中有数，并不宜滥用阴谋，以免弄巧成拙。冷静、清醒的头脑是"黑白大师"所推崇的修养。耐心等待自己时来运转，不可轻举妄动。

为人处世非有城府不足以立世，含蓄来自于自我控制的黑白转化之功。能够像冰山一样只露出一角，让人摸不透你的心思，但你会自保无虞，而且具有强大的威慑力。要做之事莫讲出，说出的话莫照做，让人无法掌握透视你的深浅，此为黑白不倒翁之法宝。

巴顿是"黑白不倒经"的反面教材，他爱放大炮毫无城府，不但使上司颇为难堪，而且自己也失去了不少人缘，被同事们称为"和平时期的战争贩子"。

1925年巴顿到夏威夷的斯科菲尔德军营担任师部的一级参谋。一年后，他被升为三级参谋。巴顿的工作主要是负责对战术问题和部队的训练提出建议并进行检查，但他经常越权行事。1926年11月中旬，他观看了第二十二旅的演习之后，对这次演习非常不满。他直接向旅指挥官递交了一份措词激烈的意见书。他的这种做法是纪律所不允许的，因为他只是一名少校，无权指责一名准将指挥官。这样一来，他便招致了上司的非议和怨恨。

但巴顿并未汲取教训。1927年3月，在观看了一场营级战术演习之后，他又一次大发其火。他指责营指挥官和其他人员训练无素，准备不足，没有达到预定的目标。虽然这次他很明智地请师司令部副官代替师长签了名，但其他军官心里很清楚，这又是巴顿搞的鬼，所以联合起来一致声讨巴顿。众怒难犯，师长没有办法，只好把这位爱放大炮的参谋从三级参谋的位置上撤下来，降到二级。

一个人即使是天才，如丝毫不懂收敛，也是很难立足的，而且会招致难料的厄运。崭露锋芒是正常的，但应认清形势，把自己的位置摆正，才能做到自我保护。心直口快有时往往陷己于不利之地。

有些道理是再明显不过的，但是不少年轻人总是视而不见。可能人们自己没有意识到，但是确实存在这样的现象：人们往往对强者的毁灭有一种幸灾乐祸的态度，而对弱者总是无节制地同情。正是这种心态的作怪，要求你必须学会收敛自己的光芒。

179 任性是伤人的刺

嘉嘉是个任性的女孩子，她喜欢无拘无束的生活方式，"蔑视"一切规矩和条条框框的约束。

在与人交往上，她更是推崇自由主义，凡事由着自己的性子来，也不管别人愿不愿意，总之一切都得满足她的要求。被别人管教，听别人的指使，是让嘉嘉最受不了的。一天，嘉嘉又在朋友面前"发威"，"派"他去很远的一个地方买她最喜欢吃的冰淇淋。然而已经很晚了，朋友没有给她买来冰淇淋，她一气之下与朋友"绝了交"。

少了一个朋友，嘉嘉似乎并不在乎，依然我行我素，颐指气使。终于，朋友们都忍受不了她的任性脾气，一个个地疏远了她。走上工作岗位后，由于太有"个性"的脾气，使同事们觉得她难以相处，让上司感到头疼。最后，嘉嘉发现，她的古怪脾气没有地方可发，她的话也没有人听，更没有人肯为她做什么事情。因为，她的"个性"大家并不喜欢。

看看上面的这位"大小姐"的脾气，谁能受得了？怪不得朋友、同事、上司一个个地疏远了她，这样任性，当然不受欢迎了。

任性并不代表有个性。任性是一种情绪化的表现，但是与人交往，若常常表现出情绪化，就不能很好地与人沟通和适应人际关系。任性的人，往往给人一种不成熟或还没长大的印象，因为只有小孩才会说干什么就干什么，说生气就生气。成年人再这样率性而为，就会引起别人的反感，甚至让人难以产生信任感。青年人如果不懂得收敛自己的不良"个性"，就会失去很多机会。

与人交往，你不能任何时候都由着自己的性子来。在家里当小公主或小皇帝的年龄已经过去了，在学校里"称王称霸"的时代也已经一去不复返，如今面向的是社会，面向职场，面向更多的需要你交往的各类人，所以，你的"小姐脾气""公子哥"式的年少轻狂该适当地收敛一下了。

随着交际面的扩展，认识的人越来越多，这些人当中，有的成为了你的朋友，有的成为了你的同事，有的成为了你的上司，有的成为了你一生相伴的人。在朋友面前，你不能任性地随意指使对方为你做什么事，因为朋友之间的交往是平等的；在同事面前，你不能任性地把工作推给对方或"抢功"，因为同事没有义务完成你未完成的工作；在上司面前，你不能任性地挑三拣四，任性地迟到早退，高兴了随兴即发，不高兴了"拍案而起"，撅嘴甩头又摔门，因为上司有权管束你的"放肆"行为。你可能会说，在外面当然不能耍脾气，在家里偶尔使点小性、发点小威不妨事，因为父母、亲戚、爱人不会介意。这种想法也是错误的！

年轻人在社会上与人交往，过分地强调自由和特立独行是危险的，你不能我行我素地"独闯江湖"，蔑视一切"清规戒律"。你的"叛逆"行为很可能被大家认为是哗众取宠，是为了突出自己"与众不同"。只有你的个性被社会承认才算是良好的、成功的个性，你才会得到大家的认可，不会受到太多的抵触和反对。

180 你的"个性"不一定被承认

时下的种种媒体，包括报纸、杂志、电视等都在宣扬个性的重要性，这在很大程度上给年轻人带来了负面影响。个性有时也会成为独特、怪异的代名词，过度张扬的个性会在不知不觉间伤害别人，并阻碍自己的发展。

佳宜是一个个性张扬的前卫女孩。大学毕业后，她获得了一家合资企业的面试机会。当天，她的打扮令所有面试官目瞪口呆，露脐装、超短裙、冲天辫，手腕上戴着银手链……出门时母亲一再让她穿得"正常"点，她却置若罔闻，依然我行我素。

佳宜的专业能力和外语口语能力确实不俗，面试官最后和颜悦色地说："你的条件很优秀，可以胜任这项工作。不过，我想提醒你，我们公司是一家正规企业，着装方面有一定要求，不能太随便，更不允许暴露……"佳宜立刻打断了他："我的能力与我的衣着没有任何关系，这么穿我觉得最舒服。如果非要穿正装上班，我会连气都喘不上来！"面试官被这么抢白还是头一遭，他表情严肃起来，冷冷地说："那好吧，请你去能让你随心所欲的地方发展吧，我们公司不欢迎像你这么有个性的人才。"

不懂收敛的个性就这样让佳宜失去了一个难得的工作机会。

张扬个性肯定要比压抑个性舒服，但是如果张扬个性仅仅是一种任性，仅仅是一种意气用事，甚至是对自己的缺陷和陋习的一种放纵，那么，这样的张扬个性对你的前途肯定是没有好处的。

很多人热衷于张扬的个性，相当一部分是一种习气，是一种希望自己能任性地为所欲为的愿望。他们不希望把自己的行为束缚在复杂的条条框框中，他们希望畅快地发泄自己的情绪。

但作为一个社会中的人，真的能这么洒脱吗？比如你走在公路上，如果仅仅走自己的路而不注意交通规则的话，就会引发交通事故。

社会是一个由无数个体组成的群体，每个人的生存空间并不很大，所以当你想伸展四肢舒服一下的时候，必须注意不要碰到别人。当你张扬个性的时候，必须考虑到你张扬的个性是什么，必须注意到别人的接受程度。如果你的这种个性是一种非常明显的缺点，你最好的选择还是把它改掉，而不是去张扬它。

不要使张扬个性成为你纵容自己缺点的一种漂亮的借口。社会需要你创造价值，社会首先关注的是你的工作品质是否有利于创造价值。个性也不例外，只有当你的个性有利于创造价值，是一种生产型的个性，你的个性才能被社会接受。

我们可以看到许多名人都有非常突出的个性，爱因斯坦在日常生活中不拘小节，巴顿将军性格极其粗野，画家梵高是一个缺少理性、充满了艺术幻想的人，但这并不代表个性就是正确的必需的。

名人因为有突出的成就，所以他们许多怪异的行为往往被社会广为宣传，有些人甚至产生这样的错觉：怪异的行为正是名人和天才人物的标志，是其成功的秘诀。

我们只要分析一下，就会发现这种想法是十分荒谬的。

名人确实有突出的个性，但他们的这种个性往往表现在创作的才华和能力之中。正是他们的成就和才华，使他们的特殊个性得到了社会的肯定。如果是一般的人，一个没有多少本领的人，他们的那些特殊的行为可能只会得到别人的嘲笑。

社会需要的是生产型的个性，你的个性只有能融合到创造性的才华和能力之中，才能够被社会接受。如果你的个性没有表现为一种才能，仅仅表现为一种脾气，它往往只能给你带来不好的结果。

如果你想成就一番事业，就应该把个性表现在创造性的才能中，尽可能与周围的人协调一些，这是一种成熟、明智的选择。

181 不要表现得比别人聪明

人类存有嫉妒心理是相当普遍的。因此，我们对于自己的成就要轻描淡写，永远不要得意忘形。我们要谦虚，只有这样，才会受到欢迎。做人要做到：比别人聪明，但不要告诉人家你比他更聪明，这样才是明智的。比别人聪明，却显得愚钝，这才是大智慧，正所谓：大智若愚。

一位哲学家说过："如果你要得到仇人，就表现得比你的朋友优越吧；如果你要得到朋友，就要让你的朋友表现得比你优越。"这句话可以说是至真哲理。

之所以这样，是因为人都有一种心理，当别人表现得比自己优越时，自己会不自觉地产生嫉妒和自卑的心理，从而感到不快。而如果你表现得不如他时，他和你在一起时容易感到舒服。

学识丰富的人，由于对知识过于自信，多半不容易接受别人的意见。不仅如此，他们往往擅自作决定强迫别人接受自己的判断。被压制的人，会觉得受到侮辱、伤害，并不会心甘情愿地听从。他们可能会愤怒、反抗。更严重的，也许会诉诸法律。

年轻人应懂得，知识要丰富，态度要谦虚。很多步入社会的年轻人，最容易忽视这个问题，由于年轻，所以气盛，互不相让，从而使自己或他人陷入尴尬的境地。

当你指出别人的错误时，无论你采取什么方式，即使一个蔑视的眼神，一种不满的腔调，一个不耐烦的手势，都会使对方产生极大的不满。你以为他会同意你所说的吗——即使你说的是对的。一般不会。因为你否定了他的智慧和判断力，打击了他的荣耀和自尊心，同时还伤害了他的感情。他不但不会改变自己的看法，可能还会进行反击，这时，你就是搬出所有柏拉图或康德的逻辑也无法说服他。

永远不要对别人说："看着吧!你总有一天会知道我是对的!"这等于说：我会让你改变看法，我比你更聪明。这难道不是一种挑战么？在你还没有开始证明对方的错误之前，他已经准备迎战了。这样只会增加说服的难度。

182 学会低头，才能抬头

记得曾有人问大哲学家苏格拉底："据说你是天底下最有学问的人，那我想请教一个问题：请你告诉我，天与地之间的高度到底是多少？"苏格拉底微笑着答道："三尺！""胡说，我们每个人都有四五尺高，天与地的高度只有三尺，那人还不把天给戳出许多窟窿。"苏格拉底微笑着说："所以，凡是高度超过三尺的人，要能够长久地立足于天地之间，就要懂得低头呀！"

苏格拉底可谓是深得人生的真谛：学会低头。

美国著名的政治家和科学家，《独立宣言》起草人之一的富兰克林，有一次到一位前辈导师家拜访，当他准备从小门进入时，因为小门的门框过于低矮，他的头被狠狠地撞了一下。出来迎接的前辈微笑着对富兰克林说："很痛是吧？可是，这应该是你今天拜访我的最大收获。你要记住：要想平安无事地活在这人世间，你就必须时时记得低头。"从此，富兰克林牢牢铭记着导师的教诲，并把"记得低头"作为毕生为人处世的座右铭。

虽然我们都是凡人，与苏格拉底，与富兰克林根本不能相提并论，但也应该时时处处学会低头，懂得低头，敢于低头。生命的重荷负载过多，就低一低头，卸去那份多余的沉重。面对自己的错误和不足，也要学会"低头"。只有学会低头，才能正视自己的错误。我们每个人不管是什么身份，什么地位，在一生之中，都不可能不说错话，不办错事，因为谁也不是完人，不是"足赤的金子"，不是"无瑕的白璧"。既然谁也无法避免犯错，那错误就不是什么大不了的事情。犯错并不可怕，只要学会低头而后知道自省，就能避免铸成大错以至最终抱憾终身。

年轻人如果眼睛朝上，目空一切而从不懂得"低头"看路，终有一天要摔跟头，要跌个五劳七伤，甚至要落入陷阱或误入歧途。头颅高昂，逞强好胜而不懂得弯腰，总会撞上挫折的"门框"而弄得头破血流。只有学会低头，懂得低头并且敢于低头，才会平安无事，一路走好。民间有句非常贴切的谚语："低头是稻穗，昂头是稗子。"越成熟，越饱满的稻穗，头垂得越低。只有那些穗子里空空如也的稗子，才会显摆招摇，始终把头抬得老高。

183 放下身段路更宽

拿破仑滑铁卢战败后，被流放到地中海的圣赫勒拿岛。有一天，他与夫人约瑟芬一起到海港散步，正好遇到一群水手在卸货，水手们抬着沉重的东西嚷着："没看见我们正在卸货吗？让开！让开！"拿破仑躲避不及被重重地撞了一下。夫人几乎没有考虑，就脱口斥骂道："没长眼的东西，你们撞到的是法国皇帝！该当何罪？"

拿破仑马上拦住夫人，在她耳边说道："这些水手很辛苦，不要这样对待他们，再说我也并没有被撞得很痛。"

接着，拿破仑又吩咐随去的仆从，去帮助水手卸货。拿破仑放下皇帝的身段，不计较水手的过失并热情帮助他们。

这种举动获得了水手的好感和爱戴，在水手的大力支持帮助下，几年后拿破仑偷偷潜回法国又重新执掌了政权。

社会是分等级的，不同的人必然在不同的社会等级中生存！但是，等级不能当饭吃。古今中外那些取得成就的人，无不把放下身段当作为人处世的第一要诀。

但是有些年轻人认识不到这一点，他们往往在取得了一点成绩或者当上了芝麻大小的领导后，便不知天高地厚，不管在哪里都爱摆臭架子。这种现象在社会生活中随处可见，比如千金小姐不愿意和保姆同桌吃饭，博士不愿意当基层业务员，高级主管不愿意主动找下级职员交换意见，知识分子不愿意去做体力工作……他们认为，"君子动口不动手"，如果那样做，就有损他们的身份。

其实过分看重"身段"，故意摆谱，只会让路越走越窄；如果在非常时刻也放不下身段，那就会变得无路可走。比如说博士找不到合适满意的白领工作，又不愿意降格以求当业务员，那就只有挨饿了。

不少年轻人喜欢摆谱摆架子，喜欢搞点花样摆门面，借此表示自己比别人更"特殊"更"高明"。殊不知他们越是摆谱越容易招致反感。所以你还是没有必要摆架子装门面，还是放下身段低调做人才踏实一点，安全一点。

184 忍辱负重才能挑大梁

市场竞争，靠的是实力，实力强，形势就对你有利，实力弱，形势就对你不利。在形势不利的时候如果还要去计较面子、身份、地位，放不下架子，还想摆一下"谱"，那么你很可能处处碰壁。

吃得开的人往往在形势对自己不利的时候，比如在生意失败，人事斗争中落马，在公司受到当权者或上司羞辱排挤时，他们常常能够沉得住气，抛得开面子和身份，忍辱负重，最终东山再起！而吃不开的人碰到这种情形时，往往不懂得忍辱负重的奥妙，常常会顺着自己的情绪来对待处理。

被人羞辱了，干脆就和别人干架；被老板骂了，干脆就和他拍桌子，然后自己走人！

但不能忍辱负重，绝对会对你的事业造成某种程度的中断，不能忍辱负重而"因祸得福"的人在现实生活中并不多，大部分年轻人都不甚如意，总是要到中年了，才会感叹地说："那时候年轻气盛啊！"其中的关键倒不是在于这种人的命运不好，而是这种不能忍辱负重的人不管走到那里，都不能忍气、忍苦、忍怒，一遇到很难施展身手的不利情形时，他总是要像困兽犹斗一般要发作、要逃避、要抗拒，所以常常是形势还没有好转之前，他就整个地垮了。

一个真正有所成就的人，往往对任何不如意的事都能坦然面对，能屈能伸，阴暗的日子能过，有风雨的日子也能过，他们越不计较面子、身份、地位，最终越是有面子、有身份、有地位。

185 低调做人让你走得更远

一个人即使一时得志，也必须低调做人，才能避免失败的命运。15世纪末，在日本有位名叫德川家康的人，就是保持低调做人最后出人头地的一个典型。

德川家康为了实现掌握天下大权的愿望，在自己实力不强时，对当时在日本掌权的丰臣秀吉处处表现谦虚服从，像绵羊一般的温驯，像狗一般的忠诚，让大家认为他是个没有野心的人。

丰臣秀吉误认为德川家康很听话很好利用，因此，无论什么事都放手让德川家康去做。德川家康表面那种谦恭、有礼、驯服忠厚的态度，迷惑了日本朝野上下的人，很多人都纷纷向他靠拢，但德川家康不为一时得失所动，自然对丰臣秀吉一如既往地恭敬谦卑，处处时时保持低调，纵使有如何厌恶与愉悦的心情，他也绝不会轻易地流露出来。他从不随意向下属发怒和惩罚他们。即使他极端厌恶的人，他也能把嫌恶之情深深地隐藏起来，见面时仍然装出十分亲善的表情，礼貌而诚挚地问候对方。

他的这种伪装功夫，竟能维持50年之久，实在令人不可思议。可是等到丰臣秀吉一死，德川家康就摇身一变，牢牢掌握了日本的大权。从公元1603年到1867年，这个家族控制日本朝政长达265年，被历史学家称为"德川幕府"。

羽毛不丰，不可以高飞；基础不牢，不可以张扬。当你吃不开时不妨学学德川家康，保持低调去争取最后的胜利，如果一时得势就得意洋洋起来，多半会被人拉下马，到头来自食苦果。

186 喜怒于色成炮筒

胸无城府、喜怒于色、性情急躁、心直口快、好发议论的人，常常被称为"炮筒子"。具有"炮筒子"性格的人，往往不受欢迎，在现实生活中很难受欢迎。

这种人常常自诩为"我心里想什么，脸上就会表现什么""想到什么就说什么""我是个直筒子脾气"，说话生硬，不分黑白，不看场合。比如别人建议他："你的发言材料中有些错别字，是不是仔细修改一下？"他就会马上变脸发作："我自己知道改，用不着你指教！"简单地用自己的观念和习惯去衡量别人的态度和行为，一遇到不对自己胃口的事立刻指责别人，喜怒于色，坦率露骨得令人发窘，不仅会刺伤别人，而且会损伤自己。这种人在社会上还能吃得开吗？

中国有句古话："不看你说的什么，只看你怎么说的。"同样一个意思，不同的人有不同的说法，不同的说法有不同的效果。与人交流时，不要以为内心真诚便可以不拘言语，我们还要学会委婉艺术地表达自己的想法。一句话到底应该怎么说，其实很简单，你只要设身处地从他人的角度想想就可以了。

所以，"喜怒不形于色"，亦即尽量压抑个人的感情，而以冷静客观的态度来应付事情，这种性格的人在社会上往往做事顺利，能够成为人生的成功者。

187 肚里要能藏住事

为人处世犹如打麻将，取胜的秘诀在于把握藏与露秘诀，使对方不能猜出自己手上的牌。所以愈是高手，城府愈深，不会轻易泄露自己的底牌。

有些年轻人由于社会阅历差，不懂得藏一手、露一手的微妙关系，脑子里搁不住喜怒哀乐，满腹牢骚，总想找地方发泄，这种人最容易被人当作大炮使，招致众人的怨恨。

有的人一般花花肠子少，城府不深，缺少心计，认识不到乱说心事的危险性，他们当中即使有些人明白心事不可乱说，但肚子里终究还是藏不住心事，忍不住要把有些心事对朋友说出来。殊不知目前的"好"朋友，未必是未来的"好"朋友，不加筛选地透露自己的心事，也可能会对自己产生某种不利影响。还有些吃不开的人，爱随便对家人说一些不该说的心事，如果你的配偶对你有充分的了解与信赖的话，这样做倒也无大碍，但有时也可能带来不利影响，因为两个不同的个体，智慧与经验总有缺乏交流的地方，你的配偶对你的心事的感受与反应有时并不是你能预期的，譬如说，他（她）有可能对你产生误解，甚至把你的心事也说给别人听……

观察那些社交能力比较强的人，大多都是比较成熟、沉着的，不会被一些表面现象所蒙蔽，也不会对人表现出过多的思想感情。因为社会阅历丰富，与各种各样的人打交道，因而使得他们很少在人际关系上上当或栽跟头。相反，那些不谙世事、幼稚单纯的年轻人，在与人交往方面由于缺乏经验，从而陷入被利用、被伤害的境地。

与人交往，要做到"肚里藏住心中事"，绝对不能轻易泄露自己的底牌。要做到，睁大眼睛能够看透别人的里里外外，竖直耳朵能听清别人的真真假假，使出手段能摆平方方面面的麻烦事情。

当然，一味地紧闭心扉，心事"涓滴不漏"也不是好事，因为这样你就成为一个城府深，心计多，不可捉摸与不可亲近的人了。如果你本就是这样的人，那无太大关系，如果不是，给了别人这种印象是划不来的。所以建议你：偶尔也要说说无关紧要的"心事"给你周遭的人听，以降低他们对你的揣测与戒心。

188 胸无城府难立世

没有城府不足以立世。能够像冰山一样只露出一角，让人摸不透你的心思，但你会自保无虞，而且具有强大的威慑力。因此，聪明人如果想得到别人的尊敬的话，就不应该让别人看出自己有多大的智慧和勇气。让别人知道你，但不要让他们了解你：没有人看得出你天才的极限，也就没有人感到失望。让别人猜测你甚至怀疑你的才能，要比显示自己的才能更能获得崇拜。你要不断地培养他人对你的期望，不要一开始就展示你的全部所有。隐瞒你的力量和知识的诀窍是要胸有城府。当别人侮辱自己的时候，能够克制情绪，而不要马上觉得自己丢了脸、失了面子，因此火冒三丈、恼羞成怒，抱着一种"人不犯我，我不犯人；人若犯我，我必犯人"的心理，大打出手，破口大骂，非要争回面子不可。首先应该是心平气和地接受这一事实。至于以后如何，等等再说。

也许有的年轻人会有疑问：太"胸有城府"是不是给人虚伪、圆滑的感觉？天真的孩童受到人们的喜爱，但是立足社会的成年人，要是总抱着过于天真的想法，未免太不切实际了，人们会认为你是个不成熟的人。

"深沉"不是一种伪装，不是世故。伪装的人只是穿了一件成熟的外衣，尽管能骗得一时的成功，但在真正的成熟面前，终会现出幼稚与可笑。世故是一种既想成熟又不愿付出的坏习惯。世故的人在充满是非的世界中把自己包裹起来，逃避现实，也正因此，他不可能享受到人生真诚之美。"深沉"教你认清世事，洞察人情，适应社会，它绝不意味着要放弃真实，失去自我。

要想做一个"深沉"的人，首先要改变心态，增强对事件的理解力和领悟力。面对同一个问题，成熟的人的看法是理智的，而不是仅仅停留在事物的表面。

真正的"深沉"是一种能够感觉到的力量，这种力量使人坚强，使人在困难面前不退缩，在成功面前不自满，在失败面前不自卑。这种力量影响着你，也影响着你周围的人。

189 有点"城府"未尝不可

年轻人社会经验不足，对人性了解不深，接触的人物也少，种种原因使得他们很难让自己立刻变得深沉，变得游刃有余。这些人常常自叹：不是不想成熟，而是不会深沉，不会在人前表现出深沉。即使学着其他人那样"故作深沉"，也很快就被人识破，最后落得装腔作势、尴尬狼狈的境地。

一早，牛总便发现自己办公桌上竟多了一只蓝色的鱼缸，里面还有几尾漂亮的金鱼。"这是谁的鱼缸啊？"牛总挨个问遍了办公室里的同事，可他们都说不是自己的。"呵呵，那就是送给我的了，我就不客气地收下了。"牛总喜滋滋地说。

牛总刚走，李姐就很不屑地骂了一句："哼，也不知是哪个马屁精，送了礼还不敢留名。""就是！这种人最不要脸了！"老刘也愤愤不平。为了表明"清白"，小张也随声附和了几句。"小张，你说这金鱼会是谁送的啊？办公室里就咱们这几个人，应该不会是外人啊！"李姐那异样的眼神很明显就是在怀疑小张。"我看这得问那几条鱼了，它们可是不会说谎的！"小张自然也没好气地顶了她一句。"算了算了，可别为几条鱼伤了大家的和气。"老刘赶紧地来打圆场。

第二天，办公室里竟发生了不小的变化：以前李姐每天都要迟到十几分钟的，现在居然提前半小时早早到了；老刘往日上班时爱在电脑上玩玩牌，这回却当着大家的面将电脑里的游戏删了个一干二净。大家嘴上不说，心里却都跟明镜似的：如今可不比当初了，既然有人给牛总送鱼，自然也会向他打小报告……过了几天，牛总突然找小张："小张啊，我这金鱼昨天死了一条。我忙得很，你帮我去街角超市对面的那家鱼店再买条一样的回来。"小张一听这话，就愣住了。牛总嘿嘿一笑，轻轻拍了拍小张的肩膀："小张，估计你也猜到了，这鱼其实是我自己买的。其用意嘛，呵呵……你可要替我保密啊。"小张似懂非懂地点了点头。

"胸无城府"这个词，原本用来形容人的纯真，做人单纯一点也无可厚非，大多数人也乐于和单纯的人交往，因为心里会觉得比较踏实。然而，社会是复杂的，人性是多变的，初涉交际圈的年轻人，如果性格过于单纯，缺少心计，会对自己不利。这时，年轻人应让自己有点"城府"，适当地表现一下"深沉"。

190 硬碰硬会碰得头破血流

年轻人，做起事来往往由着自己性子，初生牛犊不怕虎，敢于硬碰硬。要知道，敢于碰硬，不失为一种壮举。可是，现实生活是残酷的，胳膊拧不过大腿。硬要拿着鸡蛋去与石头斗狠，只能算作是无谓的牺牲。这样的时候，你就需要用另一种方法来迎接生活。

中国人历来提倡"以忍为上""吃亏是福"。在自己实力弱小的情况下，吃不开的人就不能逞血气之勇与别人争凶斗狠，而应该吃点眼前亏，趋利避害，留得青山在，不怕没柴烧！

老虎、狼和狐狸一起出去打猎，捕获了一头羚羊、一只狍子和一只兔子。

老虎问狼："这些猎物应该怎么分配啊？"狼想都没想就回答说："公正的方法就是：羚羊归你，狍子归我，兔子给狐狸。"

老虎听了，举起爪子，就把狼抓死了。

于是它又问狐狸："猎物应该怎么分配啊？"狐狸想都没有想，马上回答道："公正的方法是：羚羊可以作为您的美食，狍子可以成为您的佳肴，而兔子可以成为您的点心。"

老虎非常满意狐狸的回答，说："你怎么这么聪明，是怎么知道这个答案的？"

狐狸回答说："你抓死狼的时候，我就知道答案了！"

常言道"好汉不吃眼前亏"，但很多时候却正是"好汉要吃眼前亏"。以这个故事为例，狐狸分不到任何猎物，看来是吃了眼前亏，但若不这样说，换来的就很可能是老虎的利爪。你认为哪个更划算？

所以应懂得"好汉要吃眼前亏"。因为你的实力弱小，眼前亏不吃，可能要吃更大的亏！

可是有不少人碰到眼前亏，会为了所谓的"面子"和"尊严"，甚至为了所谓的"正义"与"公理"，而与对方搏斗。有些人因此而一败涂地不能再起，即使获得"惨胜"，但是元气大伤！

当自己在人性的丛林中碰到对自己不利的环境时，千万别逞血气之勇，也千万别认为"士可杀不可辱"，宁可吃吃眼前亏。

"吃得眼前亏，可保百年身"呀！

191 软手莫碰硬钉子

有一个法则值得人们在人性丛林里进出行走时参考，那就是——遇强则示弱，遇弱则示强！

有的人虽然不容易去改变自身的软与硬、强或弱，但却可以利用示强或示弱的方式为自己争取有利的位置。

"遇强则示弱"的意思是：如果碰到的是个有实力的强者，而且他的实力明显高于你，那么你不必为了面子或意气而与他争强；因为一旦硬碰硬，固然也有可能摧折对方，但毁了自己的可能性却也很高，因此不妨示弱，好化解对方的戒心。

恃强凌弱，胜之不武，大部分的强者是不做的，但也有一些富侵略性格的"强者"有欺负"弱者"的习惯。因此吃不开的人示弱也有让对方摸不清你虚实、降低对方攻击有效性的作用。一旦他攻击失效，他便有可能收手，而你则获得了生存的空间，并逆转两者态势，他再也不敢随便动你了！至于要不要反击，你要慎重考虑，因为反击时你也会有所损伤，这个利害是要加以评估的，何况还不一定可击败对方。须谨记，"存在"才是主要目的呀！

"遇弱则示强"的意思是：如果碰到的是实力较你弱的对手，那么就要显露你比他"强"的一面。这并不是为了让他来顺从你，或满足自己的虚荣心或优越感，而是弱者普遍有一种心态：不甘愿一直做弱者，因此他会在周遭寻找对手，好证明他也是一个"强者"。你若在弱者面前也示弱，正好引来对方的杀机，徒增不必要的麻烦与损失。示强则可使弱者望而生畏，知难而退。所以，这里的示强是防卫性的，而不是侵略性的，而侵略也必然会为你带来损失，若判断错误，碰上一个"遇强示弱"的对手，那你不是会很惨吗？

人性丛林里没有绝对的软与硬、强与弱，只有相对的软与硬、强与弱；也没有永远的软与硬、强与弱，只有一时的软与硬、强与弱。因此强者与弱者，最好维持一种平衡、均势，国与国之间不易做到此点，但人与人之间却不难做到，只要愿意，也不论你是弱者或强者，"遇强示弱，遇弱示强"都可以使你避免"软手碰硬钉子"的尴尬！

192 吃不吃得开，方圆定成败

方是做人的正气，圆是处世老练的技巧。做人如果没有"圆"便会处处树敌，时间久了就会变成孤家寡人，无人理睬，四处碰壁。处世忘了"方"，则会软弱可欺，日子长了就会变得委琐不堪，索然无味，毫无能耐。能方能圆，你才能胸有成竹，气定若闲，谈笑间办成你梦寐以求的好事。会使方圆之术，方有硬手段、高招数，轻松战胜你身边的小人。

真正的顶尖赢家，无不深谙方外有圆，圆中有方，外圆内方之道的奥妙真谛，所以他们能在竞争激烈复杂多变的社会中左右逢源，通吃通赢。

方是做人的脊梁，圆是处世的锦囊。有的人要做到方外有圆，圆中有方，以不变应万变，以万变应不变，才能无往而不利。

生活告诫我们，处处摩擦、事事计较者，哪怕壮志凌云，哪怕聪明绝顶，也往往落得壮志未酬泪满襟的后果。为了人生目标的实现，为了顺顺坦坦地生活，有很多时候我们需要妥协、灵活面对。

然而，只圆不方，是一个八面玲珑、滚来滚去的"○"，那就失之圆滑了。方，是人格的自立，自我价值的体现，是对人类文明的孜孜以求，是对美好理想的坚定追求。

可方可圆，就是要把圆和方的智慧结合起来，做到该方就方，该圆就圆，不急不躁，不偏不倚，不左不右，不上不下，可进可退。在现实生活中，该方到什么程度，圆到什么程度，都必须遵守一定的规则，比如做生意，在赚取金钱的同时，必须遵守政府的法令法规；签订合同，无论难易，当履行的一定要履行。如果一味地投机取巧，"方圆"就变成了"圆滑"，别人可能就不大愿意和你打交道、做生意了。所以，为人处世时常常会把方圆之术和"循规蹈矩"很好地结合到一起，既要遵守规矩，又不失之圆滑，既要处理好方方面面的关系，又要获取自己最大的利益。如果也能做到这一点，那么不论在何时、何地，都将左右逢源，无往而不利。

193 "你活我也活"，单赢变双赢

年轻人为人处世要谨记这样一条法则：竞争不是"不是你死就是我活"，而是"你活我也活"，给人退路，即是给自己退路。

"你活我也活"即是"双赢"，是良性竞争。

曾看过这么一则寓言故事：

一只狮子和一只狼同时发现一只小鹿，于是商量好共同去追捕那只小鹿。它们合作良好，当野狼把小鹿扑倒时，狮子便上前一口把小鹿咬死。但这时狮子起了贪念，不想和狼平分这只小鹿，于是想把狼也咬死，可是狼拼命抵抗，后来狼虽然被狮子咬死，但狮子也受了很重的伤，无法享受美味。

如果狮子不起贪念，和狼共享那只小鹿，那不就皆大欢喜了吗?

这个故事就是最近人们常说的"零和游戏"，也就是"你死我活"或"你活我死"的"单赢"。

大自然的弱肉强食是讲力量，而不讲日后的长久利益，这是为了生存上的需要，但人类社会和动物世界不同，人类社会远比动物世界复杂。个人和个人之间，团体和团体之间的依存关系相当紧密，除了竞赛之外，任何"你死我活"或"你活我死"的"零和游戏"对自己都是不利的。像战争，哪个战争不是伤人又伤己（有时甚至是自取灭亡），像派系斗争，哪一派不是元气大伤? 因此"零和"和"单赢"并不是人类社会的生存之道，所以吃得开的顶尖赢家往往提倡"你活我也活"的"双赢"。

194 吃亏是一种福气

很多人拾金不昧，是因为不愿意被一时的贪欲搞坏了长久的心情。一

言以蔽之：人没有无缘无故的得到，也没有无缘无故的失去。有时，你是用物质上的不合算换取精神上的超额快乐。也有时，看似占了金钱便宜，却同时在不知不觉中透支了精神的快乐。所以先哲强调，吃亏是福，就是这样一个道理。

吃亏是一种福气，生命中吃点亏算什么？吃了亏能换来难得的平和与安全，能换来身心的健康与快乐，吃亏又有什么不值得的呢？况且，在吃亏后平和与安全的时期之内，我们可以重新调整我们的生命，并使它再度放射出绚丽的光芒。

在中国传统思想中，有"吃亏是福"一说。这是中国哲人所总结出来的一种人生观。它包括了愚笨者的智慧、柔弱者的力量，领略了生命含义的旷达和由吃亏退隐而带来的安稳宁静。

如果我们知道福祸常常是并行不悖的，而且福尽则祸亦至，而祸退则福亦来的道理，那么，我们就真的应该采取"愚""让""怯""谦"这样的态度来避祸趋福。所以"吃亏是福"不失为人生一种特殊的处世哲学。"吃亏是福"也是一种生活的艺术。

"吃亏"大多是指物质上的损失，倘使一个人能用外在的吃亏换来心灵的平和与宁静，那无疑获得了人生的幸福。

吃亏是福。一直以来就有这样的说法：破财免灾，吃亏是福。事实也是如此，在人生的路上，如果我们能够以博大的胸怀，忍受一些"吃亏"，或许意外的好运就在眼前。退一步海阔天空，吃一点亏或许带来好运。凡成就大事业者，无一不具备洒脱的情怀，或许正是由于他们的这种英雄般的人生态度，才会让他们的"好运"连连。

195 "小失"换"大得"

在表面上看，吃亏确实是一种损失，不过有失必有得，有时候你的"小失"却为你换来了"大得"。

一个年轻人刚大学毕业就进入某一产品的销售部，负责产品推广。他拥有一流的口才，但更可贵的是他的工作态度和吃苦精神。那时公司正在着手新产品的销售渠道，新老产品都同时赶着销售，每一位员工都很忙，但领导并没有增加人手的打算，于是负责旧产品销售的人员总是被指挥去新产品销售团队去帮忙。不过整个销售部只有那个年轻人欣然接受老板的指派，其他的都是去一两次就抗议了，认为跨越了自己的负责的范围。那些有社会经验的老将们有意无意地嘲笑那个年轻人傻，那个年轻人听了以后则不以为然："吃亏就是占便宜嘛！"

老员工们很奇怪，他有什么便宜可占呢？总是看到他跟个苦力一样四处奔波，为新产品贴广告，发传单，暗自想这真是一个傻人。后来他又常去下层生产部，参与现场的生产，只要哪缺人手，他都乐意去帮忙。

两年过后，正是这位被嘲笑的傻人，积累了很多经验，自己成立了一家设备销售公司，虽然规模不大，但是前景很乐观。原来他是在以前公司任劳任怨的时候，把销售公司的基本流程都看懂了，这样说来，他真是占了大便宜啊！现在，他仍然抱着这样的态度做事，对下属、对客户、对合作方，他都以吃亏来换取合作者和客户的信任，换来下属员工的一致拥护。这样的高尚的修养使他在年轻一辈中，脱颖而出。

坦然地面对吃亏，并接受它是一把成功的钥匙。有时候一点点额外的付出，既赢得了他人的感激，也赢来他人的信任，何乐而不为呢？

可见，吃亏不是普通意义上的利益损失，更多地表现为一种气度，一种给予。这种面对利益得失的淡泊，能够审时度势的气魄才是大将的风范。管鲍之交的故事我们早有所耳闻：旁人都说管仲在占鲍叔牙的便宜，但是鲍叔牙却处处为管仲说话，并且推荐管仲做宰相。鲍叔牙不计得失，才交到一位人生挚友，也为国家寻觅到一位将相之才。史书上写道：当年大禹治水，三过家门而不入，牺牲了个人的家庭利益，而为民谋福，终得大众之心，将其拥护为帝。所以懂得付出，不在乎吃亏的人反而能够得到更多的补偿，而那些处处要小聪明，锱铢必较，只想得到不愿付出的人，必定是平庸之辈。

今天吃点亏，或许就能在明天换来一些拥护和帮助。人生在世，要把眼光放长远。如果总是计较眼前的利益得失，恐怕好运也不会来光顾你。

196 朋友相处不要怕吃亏

长期以来，人们最忌讳将朋友间的交往和交换联系起来，认为一谈交换，就很庸俗，或者亵渎了人与人之间真挚的感情。但实际上，朋友间你来我往，无论从情感上讲，还是从物质上讲，彼此交流都不乏交换的味道。既然是交换就涉及利益的多寡，因此生意人在与朋友的交往中必须注意：交朋友不同于做生意，不要太计较利益得失，要让别人觉得与我们值得交往。

与朋友交往，情愿自己吃点亏是一个很好的交际方法。不管是吃大亏，还是吃小亏，只要能对搞好朋友关系有帮助即可，不能皱眉。尤其是大亏，有时更是一本万利的事。

心理学家提醒我们，不要害怕吃亏。郑板桥的"吃亏是福"的拓片为很多人所珍爱，然而真正领悟其中真谛的，恐怕为数不多。实际上，许多人在交往中都是唯恐自己吃亏，甚至总期待占到一点便宜。然而，"吃亏是福"确实有它的心理学依据。"吃亏"是一种明智的、积极的交往方式，在这种交往方式中，由"吃亏"所带来的"福"，其价值远远超过了所吃的亏。这有两个原因：

一方面，与别人交往中的吃亏会使自己觉得自己很大度、豪爽、有自我牺牲的精神、重感情、乐于助人等等，从而提高了自己的精神境界。同时，这种强化也有利于增加自信和自我接受。这些心理上的收获，不付出是得不到的。

另一方面，天下没有白吃的亏。在朋友交往中也遵循着相类似的原则。我们所给予对方的，会形成一种社会存储，而不会消失，一切终将以某种我们常常意想不到的方式回报给我们。而且，这种吃亏还会赢得朋友的尊重，反过来将增加我们的自尊与自信。

197 伤什么都别伤别人面子

人都有自尊心，自尊心强就好面子，特别是中国人，对自己的面子都是十分在意的。因此与人相交，必须时刻顾及对方的面子，这样才能让别人喜欢你。

美国成人教育专家戴尔·卡耐基是处理人际关系的"老手"，然而早年时，他也曾犯过小错误。

有一天晚上卡耐基参加一个宴会，宴席中，坐在他右边的一位朋友讲了一段幽默故事，并引用了一句话，意思是"谋事在人，成事在天"。那位健谈的朋友提到，他所引用的那句话出自《圣经》。但卡耐基知道这位朋友错了，他很肯定地知道出处，一点疑问也没有。

为了表现优越感，卡耐基忍不住纠正他。对方立刻反唇相讥："什么？出自莎士比亚？不可能！绝对不可能！"那位朋友一时下不了台，不禁有些恼怒。

当时卡耐基的老朋友法兰克·葛孟坐在他左边。他研究莎士比亚的著作多年，于是卡耐基就向他求证。葛孟在桌下踢了他一脚，然后说："戴尔，你错了，他是对的，这句话的确出自《圣经》。"

那晚回家的路上，卡耐基对葛孟说："法兰克，你明明知道那句话出自莎士比亚。"

"是的，当然。"他回答，"《哈姆莱特》第五幕第二场。可是亲爱的戴尔，我们是宴会上的客人，为什么要证明他错了？那样会使他喜欢你吗？他并没征求你的意见，为什么不保留他的脸面？"

198 给人面子，就是给自己面子

处世时，首先就是要懂得时刻顾及别人的面子。倘若你自恃自己的面子大，不把别人放在眼里，碰上死要面子的人，就可能不吃你那一套，甚至可能撕下脸皮和你对着干，这样常常会把彼此的关系弄僵。

懂面子，你还得去要面子，假若你请朋友吃饭，而朋友不太领情，这时，你便不能割袍断交，你要学会去要面子，你要说看在多年交情的分上，给我一个面子。只要他给了你面子，他吃了饭，那么，他的人情算欠下了，即使饭是朋友给你面子才吃的。送礼也一样，让朋友给个面子收下，这个面子你得去要。

老李帮老朋友办了件事，老朋友和妻子拿了些礼品登门道谢，老李觉得自己只是举手之劳，就死活不收礼，没想到老朋友一去就再没跟他联系过。老李打电话一问，朋友在电话里说，"提礼物去愣被你推出来了，知道我那天怎么从你家走出来的吗？"老李这才知道怎么回事，道歉之后两人又和好如初。

另外的一点，给面子要给得恰当，不恰当就是不给面子。如果被请之人面子很大，而又未受到应有的待遇，则成了极伤面子的事情。

永远不要说这样的话："看着吧！你会知道谁是谁非的。"这等于说："我会使你改变看法，我比你更聪明。"——这实际上是一种挑战，在你还没有开始证明别人的错误之前，他已经准备迎战了。为什么要给自己增加困难呢？

为什么要把自己放在别人的对立面呢？为什么要让彼此都下不了台呢？时刻顾及别人的面子，你们才能更好地相处。

199 尊重是送给别人的好礼

一个人要想赢得别人的尊重，首先要学会尊重别人，包括朋友、学生、陌生人……也许这是一个简单浅显的道理，但是，一个看似简单的道理，也需要用心去好好感受。正是因为我们经常会觉得有些道理非常简单，而往往会忽视它，不去用心感受它，所以经常会伤害到别人，甚至会伤害到自己。

在一本杂志上，有这样一个故事：

作者曾经到乡下的母校去听课。在中午吃饭的时候，他发现其中有一位老教师在喝完稀饭后，伸长了舌头，低下头，捧着碗"滋滋"有声地把碗底的残留稀饭舔得干干净净。如今的生活已经不是饿肚子的时代了，竟然还会有这样的老师。看到他这个样子，大家都禁不住笑了起来。那位老教师听到笑声，现出惊异的目光，且不由得脸红了，极为羞愧地走出了吃饭的地方。一个下午，作者没有看见老教师的身影。

临走的时候，作者终于看到了这位老教师的身影。他连忙走过去对老教师说了一些比较委婉的道歉的话。老教师抬起头说："这是我保持了几十年的坏习惯了。过去家里穷，吃不饱，经常要求家里的三个孩子这样做，我自己久而久之形成了习惯，到现在还是改不掉，丢脸了。"

听了老教师的话，作者深深地为中午的笑感到惭愧。

面对别人的习惯，如果我们没有真正的领会，只是浅薄的嘲笑，这本身说明我们对生活的理解是多么的浅薄和无知。在我们笑出声的时候，谁又会知道他的这个习惯是多么的令人尊敬呀！

在人际交往中，最珍贵的礼物是尊重和理解。当一个人收到这个礼物时，就会感到幸福，他的自豪感就会得到增进；而馈赠这个礼物的人，也会感到同样的幸福和充实，因为他在尊重和理解他人的同时，自己的精神境界会变得更为崇高，他的人格会变得更为健全。

对别人的生活习惯强加指责之词的人，就像肩负沉重的包袱，这只能使他变得苍老，步态蹒跚。我们用广阔的心灵去包容别人的举止，用善良的心灵去感悟别人的行为，用宽容的胸襟去善待别人的言行，这样在尊重他人的时候，我们是不是也获得了一些生命之中最美好的东西呢？

200 少拿一分赢一生

年轻人为人处世，要懂得与人分享，只有与人分享你的成功、经验、快乐等，你才能得到别人更多的支持和回报。

在生活中，有许多东西值得你和大家一起分享，比如食物、快乐、幸福、荣耀等等。

懂得分享是人际交往中的一条积极纽带。没有这条纽带，人与人之间将会是一种冷漠的关系，当然也就谈不上真诚的合作与帮助了。懂得分享的人，也便能悟到快乐的真谛，品味出人生的美丽；自私自利的人，不仅仅是对别人的吝啬，其实是对生活的一种吝啬。

会做人的人，不会独享，因为独享会让人产生一种不安全感，而你的感谢、分享、谦卑，却能让别人吃下一颗定心丸。如果你能主动分享，就能让别人有被尊重的感觉。人心换人心，你能尊重别人，别人反过来也会尊重你。

美国成功学家安东尼·罗宾在谈到李嘉诚时说：

"他有很多哲理性的语言，我都非常喜欢。有一次，有人问李泽楷，他父亲教了他一些怎样成功赚钱的秘诀。李泽楷说父亲没有教他赚钱的方法，只教了他做人处世的道理。李嘉诚这样跟李泽楷说，假如他和别人合作，假如他拿7分合理，8分也可以，那他拿6分就可以了。"

也就是说：他让别人多赚2分。所以每个人都知道，和李嘉诚合作会赚到便宜，因此更多的人愿意和他合作。你想想看，虽然他只拿6分，但现在多了100个人，他现在多拿多少分？假如拿8分的话，100个会变成5个，结果可想而知。

让一分利反而得十分利，这一道理看似简单，但许多人一旦利益当前，却无法克服争利之心，从而丧失了长远利益。这正是大人物与小人物的本质差别所在，也是人生成败的秘诀所在。

201 容天下难容之事

古希腊神话中有一位大英雄叫海格里斯。一天他走在坎坷不平的山路上，发现脚边有个袋子似的东西很碍脚，海格里斯踩了那东西一脚，谁知那东西不但没有被踩破，反而膨胀起来，加倍地扩大着。海格里斯恼羞成怒，操起一条碗口粗的木棒砸它，那东西竟然长大到把路堵死了。

正在这时，山中走出一位圣人，对海格里斯说："朋友，快别动它，忘了它，离它远去吧！它叫仇恨袋，你不犯它，它便小如当初，你侵犯它，它就会膨胀起来，挡住你的路，与你敌对到底！"

法国19世纪的文学大师雨果曾说过这样的一句话："世界上最宽阔的

是海洋，比海洋宽阔的是天空，比天空更宽阔的是人的胸怀。"此句虽然很浪漫，但具有现实意义。

拿破仑在长期的军旅生涯中养成宽容他人的美德。作为全军统帅，批评士兵的事经常发生，但他每次都不是盛气凌人的，而是能很好地照顾士兵的情绪。士兵往往对他的批评欣然接受，而且充满了对他的热爱与感激之情，这大大增强了军队的战斗力和凝聚力，成为欧洲大陆一支劲旅。

在征服意大利的一次战斗中，士兵们都很辛苦。拿破仑夜间巡岗查哨。在巡岗过程中，他发现一名巡岗士兵倚着大树睡着了。他没有喊醒士兵，而是拿起枪替他站起了岗，大约过了半个小时，哨兵从沉睡中醒来，他认出了自己的最高统帅，十分惶恐。

拿破仑却不恼怒，他和蔼地对他说："朋友，这是你的枪，你们艰苦作战，又走了那么长的路，你打瞌睡是可以谅解和宽容的，但是目前，一时的疏忽就可能断送全军。我正好不困，就替你站了一会儿，下次一定小心。"

拿破仑没有破口大骂，没有大声训斥士兵，没有摆出元帅的架子，而是语重心长、和风细雨地批评士兵的错误。有这样大度的元帅，士兵怎能不英勇作战呢？如果拿破仑不宽容士兵，那后果只能是增加士兵的反抗意识，丧失了他本人在士兵中的威信，削弱了军队的战斗力。

宽容是一种艺术，宽容别人不是懦弱，更不是无奈的举措。在短暂的生命里学会宽容别人，能使生活中平添许多快乐，使人生更有意义。正因为有了宽容，我们的胸怀才能比天空还宽阔，才能尽容天下难容之事。年轻人为人处世，要有宽容的胸怀，要能够宽容别人的过错，宽容别人对自己的冒犯，这样你的人生之路才会越走越宽，事业才能越做越大。

202 宽容别人，就是爱护自己

宽容，对人对自己都可成为一种无须需投资便能获得的"精神补品"。学会宽容不仅有益于身心健康，且对赢得友谊，保持家庭和睦、婚姻美满，乃至获得事业的成功都是必要的。因此，在日常生活中，无论对子女、对配偶、对老人、对学生、对领导、对同事、对顾客、对病人……都要有一颗宽容的爱心。宽容，它往往折射出人处世的经验，待人的艺术，良好的涵养。学会宽容，需要自己吸收多方面的"营养"，需要自己时常把视线集中在完善自身的精神结构和心理素质上。否则，一个缺乏现代文明阳光照射的贫儿，会被人们嗤之以鼻，不屑一顾。

当然，宽容绝不是无原则的宽大无边，而是建立在自信、助人和有益于社会基础上的适度宽大，必须遵循法制和道德规范。对于绝大多数可以教育好的人，宜采取宽恕和约束相结合的方法；而对那些蛮横无理和屡教不改的人，则不应手软。从这一意义上说，"大事讲原则，小事讲风格"，乃是应取的态度。

处处宽容别人，绝不是软弱，绝不是面对现实的无可奈何。学会宽容，意味着你的生命将更加快乐。宽容，可谓人生中的一种哲学。

203 忘记别人的错，记住别人的好

我们生活在茫茫人世间，难免与别人产生误会、摩擦。如果不注意，在我们轻动仇恨之时，仇恨袋便会悄悄成长，最终会导致堵塞了通往成功之路。所以我们一定要记着在自己的仇恨袋里装满宽容，那样我们就会少一分烦恼，多一分机遇。宽容别人也就是宽容自己。

学会宽容，对于化解矛盾，赢得友谊，保持家庭和睦、婚姻美满，乃至事业的成功都是必要的。因此，在日常生活中，无论对子女、对配偶、对同事、对顾客等都要有一颗宽容的爱心。

阿拉伯传说中有两个朋友在沙漠中旅行，在旅途中的某点他们吵架了，一个还给了另外一个一记耳光。被打的觉得受辱，一言不发，在沙子上写下："今天我的好朋友打了我一巴掌。"

他们继续往前走。直到到了绿地上，他们决定停下。被打巴掌的那位差点淹死，幸好被朋友救起来了。被救起后，他拿了一把小剑在石头上刻了："今天我的好朋友救了我一命。"

一旁好奇的朋友问道："为什么我打了你以后你要写在沙子上，而现在要刻在石头上呢？"

另一个笑笑地回答说："当被一个朋友伤害时，要写在易忘的地方，风会负责抹去它；相反的如果被帮助，我们要把它刻在心里的深处，那里任何风都不能抹灭它。"

朋友间相处，伤害往往是无心的，帮助却是真心的，忘记那些无心的伤害；铭记那些对你真心帮助，你会发现这世上你有很多真心的朋友。

204 多个对手多堵墙

狐狸的孩子问父亲：我们最大的敌人是谁？狐狸回答说是猎狗。狐狸儿子说："如果遇到这种敌人该怎么办？"狐狸回答说："最好的办法就是不要遇到它们。"

有一个公司老总招聘司机，有三个人进入了决赛。他问第一个司机，你能把车开到离悬崖多少米，这个司机回答说20米。他问第二个司机，你能把车开到离悬崖多少米，这个司机回答说5米。他问第三个司机，你能把车开到离悬崖多少米，这个司机说他从来不会把车开到悬崖去。结果第三个司机被录用了。在职场中最好的办法就是不要树立敌人，树立一个敌人会让你很多事情都束缚手脚，而且会遇到很多阻力。因为你的敌人即使是一个人，但是他背后还站着一帮人，他影响着这帮人对你的看法。

人的一生要有很长的路要走，当我们孤独寂寞时，需要跟朋友互相交流，需要互相搀扶结伴而行。因此，我们需要与人交往，需要友情。

朋友有时候会助你一臂之力，为你带来实实在在的好处。

俗语说得好："天上下雨地下滑，自己跌倒自己爬，亲戚朋友拉一把，酒还酒来茶还茶。"人情之道尽在其中。当然，友情是无需偿还的奉献，而人情却是债，是你与我半斤我必须还八两的往来账，即使当时不能兑现，春风行下了秋雨自然也就不能少的。

友情也好，人情也罢，都是因需要而存在。有道是"多一个朋友多一条路，多个仇人多堵墙。"所以年轻人行走社会、为人处世，要多交朋友，少结怨。

205 需聪明时便聪明，该糊涂时须糊涂

吕端是北宋的一代名相，北宋开国元勋赵普曾赞扬他："吾观吕公奏事，得嘉赏，未尝喜，遇抑挫，未尝惧，真台辅之器也！"

当时，宋太宗想任命吕端为宰相，有的人却贬抑他，说："吕端为人糊涂。"宋太宗当即反驳说："吕端小事糊涂，大事不糊涂。"于是，便任命吕端为宰相之职。后人有诗赞曰："诸葛一生唯谨慎，吕端大事不糊涂。"从此，吕端便成为"小事糊涂，大事不糊涂"的典型。

吕端在事关个人利益的某些问题上确有"糊涂"之处。他为人旷达宽厚，有器量，对职务上的升迁不介意，虽多次被贬，但从不计较，并且"得嘉赏未尝喜，遇抑挫未尝惧，亦不形于言。"他对流言蜚语不记怀，经常说："吾直道而行，无所愧畏，风波之言不足虑也。"他为官40年，两袖清风，不为亲友谋私利，家无储蓄，他去世后，其子女穷得不能婚嫁，只好将房屋典当，宋真宗知其事，从国库里拨五百万钱才把其房屋赎回来。他从不因权位显赫而志满意骄，而是比较谦虚谨慎，平易近人。他和寇准同居相位。寇准是治理国家的栋梁人才，但"性刚自任"，不善交往。吕端对此毫不计较，总是处处谦让。虽然宋太宗很器重吕端，亲自手谕："自今中书事，必经吕端详酌，乃得闻奏。"但吕端遇事会与寇准一起商量，从不专断。

聪明和糊涂是人际关系的范畴里必不可少的技巧和艺术，其本身并无优劣之分。只不过太聪明的人，学点"糊涂学"中的妙处，于己大有裨益。古人云："心底无私天地宽。"天地一宽，对于一些琐碎之事，就不会太认真，苦恼也不来了，怨恨更谈不上。

聪明是天赋的智慧，糊涂有时也是聪明的一种表现，人贵在集聪明与糊涂于一身，需聪明时便聪明，该糊涂时须糊涂，随机应变，不妨试一试。

206 在小处忍让，在大处获胜

成大事者的关键一条处世原则就是"在小处忍让，在大处求胜"。这就要求我们处世时，不是一受到别人的冷眼就眼红着急，而是根本不把它当回事，控制自己的情绪，把头低下来，等待下一次时机的到来。

一个人能否在小处忍让，意味着他是否能在大处获胜。

以和为贵、以忍为高，都是成大事者的人生法则。人的一生，会面临种种的机会与选择，也会遇到许多的冲突与挑战，一个人不可能得到自己全部想要的，有时不得不放弃一些无关紧要的东西，不得不对自己的某些利益忍痛割爱。

张之洞深谙此道，他不仅善于委曲求全，还深刻理解小不忍则乱大谋的道理，所以他常常为了达到自己的目的，不逞一时之强，而是委屈自己适应现实的需要，等到为自己积累了坚实的基础之后，再充分发挥自己的才能，来实现自己的理想，从而达到建功立业的目的。张之洞虽然在一生中大多数情况下都是敢于以硬碰硬，不向异己屈服，但他毕竟是个满腹韬略的人，他善于因时顺势，目光长远，能屈能伸。

从张之洞的身上我们得到这样一个启示：一个人不能只图虚名，只有具备能在小处妥协、退让的心态，才能在大处取胜，这样才能成大谋。的确，一般人正因为不能善忍，故无法达至最高的为人处世之境，也终难成一生大事。

207 大事不迷，小事不拘

大小是相对的，大可指全局，小可指局部。年轻人要想做大事，就要纵观全局，不可纠缠在小事之中摆脱不出，否则就会一事无成。

《郁离子》中讲了这样一个故事：赵国有个人家中老鼠成患，就到中山国去讨了一只猫回来。中山国人给他的这只猫很会捕老鼠，但也爱咬鸡。过了一段时间，赵国人家中的老鼠被捕尽了，不再有鼠害，但家中的鸡也被那只猫全咬死了。赵国人的儿子于是问他的父亲："为什么不把这只猫赶走呢？"言外之意是说它有功但也有过。赵国人回答说："这你就不懂了，我们家最大的祸害在于有老鼠，不在于没有鸡。有了老鼠，它们偷吃咱家的粮食，咬坏了我们的衣服，穿通了我们房子的墙壁，毁坏了我们的家具、器皿，我们就得挨饿受冻，不除老鼠怎么行呢？没有鸡最多不吃鸡肉，赶走了猫，老鼠又为患，为什么要赶猫走呢？"

这个故事包含了这样一个简单的道理，任何事情有好的一面，自然也有存在问题的一面，但是我们应该看其主流。赵国人深知猫的作用远远超过猫所造成的损失，所以他不赶猫走。日常生活之中确实有像赵国人家的猫那样的人，他们的贡献是主要的，比起他们身上的毛病和他们所做的错事来，贡献的作用要大得多。如果只是盯住别人的缺点和问题不放，怎么去团结人，充分发挥人才的积极性呢？

同样在处理事情的时候，一味地强调细枝末节，以偏概全，就会抓不住要害问题去做工作，没有重点，头绪杂乱，不知道从哪里下手做起。因此，无论是用人还是做事，都应注重主流，不要因为一点小事而妨碍了事业的发展。须知金无足赤，人无完人，我们要用的是一个人的才能，不是他的过失，那为什么还总把眼光盯在那过失上边呢？

Part 8

搭建人脉网，成功可以走直线

208 人脉是你一生的无形资产

年轻人初入社会，周围的一切对他们来说都是陌生的、崭新的，做起事来显得势单力薄，力不从心。如果没有别人的帮助或支持，是很难做出一番事业来的。

在现代竞争的社会中，个人的力量毕竟是有限的，只靠自己的积累是不够的。我们在达到自己希望的成功的路途中始终需要别人。你也许可以忽视旁人，又或许你选择与人对立，但你想在生活中获取伟大的成就时，就必须与人和睦相处，互为资源。你个人的目标恰巧与另一个人相同时，共同合作不但会使你减轻负担，而且产生的效果远比你单打独斗所能达到的效果更佳。

今天，人与人之间的互相依赖越来越重要。不论在哪一个专业领域，单独一个人想独立地达到事业的顶峰，是不可能的事情。足球队员都知道，一个人不可能在每场比赛里都是明星。每一场胜利都需要大家一起努力去争取。不管是带球前进还是封堵对方，只有全体队员竭尽全力，才会有胜利的机会，队里的每一个人才会都是赢家。

许多成功的人都意识到人脉对自己事业成功的重要性。美国钢铁大王及成功学大师卡耐基说："专业知识在一个人的成功中只占15%，而其余的85%则取决于人际关系。"朋友所具有的资源，对你来说是一种潜在的无形资产。如果你善于整合它，无疑就抓住了事业成功的85%。

当然，使用朋友所拥有的资源并不是无偿的。你要拿你所具有的那一份来交换，让朋友分享你的资源，以从中获益。

人脉资源是一种潜在的无形资产，是一种潜在的财富。搭建丰富有效的人脉资源，是年轻人改变命运、创造机遇的要重要途径，是到达成功彼岸的不二法门。

209 有人脉才有竞争力

在现代社会，要生存要发展就必须具有较强的竞争力。人与人间的竞争不仅包括才能、素质等方面的条件，还与人际关系有重要的关联。有好的人缘，你做起事来就会得到众人的支持，在与对手的竞争中就会处于优势地位。而人缘差的话，在你困难的时候就得不到帮助，甚至还会有人乘机跳出来踩你两脚。所以说，人脉就是评估一个人竞争力大小的标准。人脉好，在事业上的竞争力就强。

它山之石，可以攻玉。真正高明的人，一定能够借助别人的力量和智慧走向成功的。一个优秀的将军，一定是一个能够合理利用资源的人，上至自己的元帅，下到统驭的士兵，包括身边的百姓，他一定会人尽其用，这样的军队才能达到最优化的配置，才能打胜仗。商场如战场，也是同样的道理。

不论你的能力有多强，你的商品有多抢手。如果你不能善于利用别人的智力、能力和才干，你没有高超的人际交往的能力，在你开拓事业的道路上，一定会遇到力所不及的困难，单凭一个人的力量应对是远远不够的。相反，良好的人脉会帮助你完善自己的不足、拓展事业的方向、清扫发展的障碍。

先交朋友、拓展人脉圈无疑是事业成功的十分有效的途径。

人脉资源越丰富，成功的门路也就更多；你的人脉档次越高，你的成功就来得越快，这已经是不争的事实！

210 圈子太小朋友少，孤芳自赏处世难

人的性格千差万别，因此不少人感到"交际难、处世难"。现实中不少年轻人往往对这种"千人千面，众口难调"的复杂局面认识不足，了解不深，不通晓为人处世的金科玉律，不懂得如何营造自己的关系网，所以

他们求人办事不顺利，遇到了困难也不容易得到别人的帮助支持。

有的年轻人往往信奉"人穷志不穷"的原则，放不下架子舍不得脸面去求人，讲究所谓的"骨气"和"清高"，认为低三下四求人不光彩，不道德。所以，他们平时总是抱着一种"万事不求人"的心态，很少注意结交朋友，不善于拉关系，更不懂得闲时"烧香磕头"降低姿态求人疏通的手段和技巧，一旦迫于生存压力无奈求人时，由于是"急时抱佛腿"，缺乏求人的技巧和经验，不但把自己整得很狼狈，求人反而不如不求人，而且常常是以失败告终，碰一鼻子的灰。

面对一连串的尴尬，困窘和无奈，有的人一般不会去探究为人处世艰难的深层次原因，只是一味地自怨自艾，感叹人情冷暖不定，世事变幻无常，命运祸福难测，前途顺逆未卜。而他们越是这样，就可能越是难于应付。

由此可见，大多数成功的人很少单单依靠个人的能力，通常都得力于社交圈子广泛、拥有良好的人际关系。所以这种社交圈子和人际关系也是一项很重要的资源和财富。

吃不开的人一般不善于社会交际，不熟悉"求神拜佛"，"开设感情账户"和客套应酬那一套手腕和技巧，所以他们无法做到左右逢源，进退自如，在社会交往中往往是失败的概率远远大于成功的概率。

社会愈发展，人际关系愈重要。现代人的价值只能在良好的人际关系中实现。"孤家寡人"很难有所作为，更谈不上有所成就了。因此，年轻人要想有一番作为，就应当注意结交朋友，扩展自己的人际关系，积累人脉资源，而不是靠自己去单打独斗，孤军奋战。

211 多个朋友多条路

被后人看作"商圣"的胡雪岩，其经商哲学是"多个朋友多条路"。

有一次，胡雪岩在街上结识了一位落魄文人王有龄。王有龄是官宦世家，但到父亲时，家道中落。为替祖上"争气"王家变卖了所有家当，为王有龄捐了个"盐大使"的虚衔。王有龄是个有知识、遇事有见地的人，言谈高雅，出口成章。胡雪岩觉得他是个人才，王有龄也佩服胡雪岩的机灵干练。不久，两人以兄弟相称。

为了让王有龄尽快得到官方的重用，胡雪岩将一笔他讨回的"死账"——500两银子交给王有龄，对他说："看你不是个平庸之辈，祝你早日入仕，不愁没有归还之日。"

王有龄凭着这笔钱，"启动"了一个个"关节"，很快就被安排在浙江省海运局当"坐办"——此官不大，但年收入较高。他听信胡雪岩的话将挣来的钱再投入到"打通关节"上，不久又被安排做"湖州知府"。

王有龄出于对胡雪岩的感激，将他在工作中涉及的所有钱粮之事，一律交给胡雪岩承办。胡雪岩也因此为钱庄老板挣了不少好处。

胡雪岩到钱庄工作的第8年，钱庄老板突然去世。老板因为没有儿子，临终时留下"遗嘱"，将钱庄所有财产赠予胡雪岩。一夜之间，胡雪岩变成了"老板"。有了钱庄，又有了官场上的支持，胡雪岩的生意越做越顺，越做越大。

如今，朋友的含义早已变得宽泛，每个人的朋友都是以圈儿划定：如同学圈儿，战友圈儿，生意圈儿等等。朋友有期：有的可终生交往，有的则是阶段性的；朋友有别：逆耳相言的畏友（诤友），贴心落意的密友，声色犬马的缅友，互用互防的贼友，都可以存在。因此，朋友不仅是书，还是衣装，是餐饭，是四季……都能在各方面给你帮助。

与其说多个朋友多条路，不如说，朋友本身就是你身边的路。不仅路边的四季风光让你耳目一新，还会脚踏实地的帮你解决问题。见多识广手眼通天的朋友是大路。帮你分析事理拿定方向，为你疏通打点，让你的生活如期登程按时到站，一个电话，一纸便签就帮了你的大忙。老实厚道、能量不大的朋友是小路。幽静安谧，不会给你旷远通达的敞亮，却会让你放松安歇，在人生之旅中帮你跑腿挑担，急时喊来看门护院。还有一种没这些实用之需，却在你心意烦乱时陪你神侃，带你逛店走街，酒吧里坐坐迪厅里蹦蹦的朋友，似山中林间的曲曲小径，让你神清气爽。

"多个朋友多条路""先赚人气，再赚信誉"，这已经是无数成功者的切身体验和宝贵心得。一个善于结交朋友、善于累计口碑的人，不仅会处处受欢迎，而且遇难有人帮、办事处处通，毫无疑问，此人在事业上一定会多几分必胜的把握。

要知道，你身边的朋友、亲戚、同事、同学、客户有时甚至是陌生人，都应该成为你的资源中的一部分，都应该是你人脉链中重要的一部分。只有学会充分利用你的资源，充分挖掘你的人脉，你才能比其他人更强大、更成功。

212 交友忌讳记心中

在现代生活中，每个人或多或少都有自己的朋友。与朋友交往时，与其由自己主观地判定他们，倒不如先明白他们对自己的观感，这样对彼此日后的交往，或许会有更良性的发展。

如果你未曾留意别人对自己的观感，往往就会忽视自己惹人讨厌的一面，或是尽作出"用热脸去贴别人的冷屁股"之类的傻事。

事先了解别人对自己的观感，可以设法改正自己的缺失。

如果虚心检讨自己之后，认为对方的看法有所偏颇，或是某件事错在对方，那么，你大可选择不和他做朋友。

虚心检讨自己的缺点并加以改正，是结交知心朋友的必备条件。以下列举的是交友的忌讳：

（1）逢人光夸耀自己，话题一直绕着自己的琐事打转。

（2）一个人口沫横飞说个不停，根本不顾别人喜不喜欢听。

（3）炫耀自己的头衔、地位、财富和自以为是的"丰功伟绩"。

（4）动不动就脱口说出攻击别人的话，还自认为率性耿直。

（5）老是板着脸孔，神情严肃地训斥、挖苦别人。

（6）喜欢当众嘲弄调侃别人，自认为是幽默大师。

（7）炫耀自己的学识，说起话来咬文嚼字，装模作样。

（8）言谈过于谦卑虚假，一味唯唯诺诺地附和别人。

（9）老是在人前装成一副大好人的模样。

（10）总是见人说人话、见鬼说鬼话，时常见风转舵。

（11）满不在乎地说谎，谎言被拆穿了还一脸无辜的模样。

（12）善于逢迎拍马，急于获得上司关爱的眼神。

（13）假借诚实作为幌子，满口仁义道德。

（14）言谈之间尽说些他人的隐私和八卦话题。

（15）偏爱悲伤的话题，老是把气氛弄得沉闷。

（16）经常对人抒发内心的牢骚，把别人当成"垃圾桶"。

（17）老是背后说别人坏话，议论别人的是是非非。

（18）说话太粗卑鄙下流，一副没受过教育的模样。

（19）不管亲疏、地点，举动总是随随便便。

（20）忌讳的事情太多，使别人讲话也得小心翼翼。

213 滥交友就没有真正的朋友

有的年轻人结交朋友时，不讲原则，不分对象，滥交朋友，不论生疏，"三教九流"都去结交。

滥交朋友的人会给人一种生活缺乏原则的感觉。如果你以认识的朋友多为荣，那你肯定会主动去拉拢各种各样的人，只要有机会，你就会热情主动地结识。其实人际交往最忌讳大献殷勤，不卑不亢才是交际的首要原则，因为自尊是交往中首要的吸引力，如果抛弃自尊去讨好别人，肯定得不到别人的尊重。

朋友大致可以分为三类：一类是工作朋友，即由于工作原因而结识的朋友，如同事、客户等等；另一类是生活朋友，即是以前在学校或生活中结识的朋友；第三类就是一般性的"点头"朋友。前两类朋友都应有个限度，如果滥了，就会全部变成第三类朋友，所以滥交朋友必导致无真正的朋友。

喜欢滥交朋友的人往往缺少真正的朋友。和朋友建立深厚的友谊需要各种努力，首先是要花一定的时间，即使你们青梅竹马，若干年不联系也可能形同陌路。因为社会在变，人也在变，不经常交流肯定会产生隔阂。

所以，交朋友宜精不宜多，要悉心结交一些志同道合的工作朋友和生活朋友，而且要有一定的感情基础，工作上能鼎力相助，而不是建立在纯利益基础之上的关系。一些生活中的朋友要多加联系，因为这些朋友都是些有着共同经历、经过时间考验的知心朋友，要留一定的时间和精力不断加深友谊。这部分朋友是最可靠的，因为你们之间没有利益冲突，是一份最纯的友谊，任何时候，他们都能给你帮助。

214 朋友间不能"亲密无间"

交友的过程往往是一个彼此气质相互吸引的过程，因为你们有共同的"东西"，所以一下子就越过鸿沟而成了好朋友，甚至"一见如故，相见恨晚"。这个现象无论是异性或同性都一样。但再怎么相互吸引，双方还是有些差异的，因为彼此来自不同的环境，受不同的教育，因此人生观、价值观再怎么接近，也不可能完全相同。当两人的"蜜月期"一过，便无可避免地要碰触彼此的差异，于是从尊重对方开始变成容忍对方，到最后试图改变对方。当要求不能如愿，便开始背后的挑剔、批评，以致结束友谊。

德国哲学家叔本华曾经对人和人的关系有过精彩的描述，他说人和人之间就像是一群寒夜里的豪猪，因为太寒冷想要靠在一起取暖，但是距离太近了又会被彼此身上的利刺扎痛，所以总是处在两难的境地，试图找到最合适的距离。人就是这样奇怪：未得到时总想得到；未靠近时总想贴在一起，真正得到和靠近了却又太过苛求。人总在无意中伤害着他们自己。很奇妙的是，好朋友的感情和夫妻的感情很类似，一件小事也有可能造成感情的破裂；所以，如果有了"好朋友"，与其因太接近而彼此伤害，不如"保持距离"，以免碰撞！

有些年轻人人自以为朋友和自己亲密无间，说什么他都不会计较，便常在朋友面前诉说对他的不满。如果这位朋友心怀宽广，知道你的良好用意还好，但如果他不像你想象的那么大度，则很有可能记恨在心，甚至找机会报复你。因此，你在坦言之前，最好是认真思考一下这样做的后果，看对方是否能够接受，是否会产生逆反心理，是否感到你的行为过于轻率，是否会影响到你们之间的友谊。

常言道："逢人只说三分话，未可全抛一片心。"在结交朋友的时候，不要轻易把自己完全暴露给对方，过于坦诚，对友谊并无多少好处，何况你把自己完全"交给"对方，对对方本身就是一种负担。什么事情都有限度，如果和朋友走得太近，太过不分彼此，只能给你带来不必要的麻烦。因此，与朋友适当保持一点距离，让彼此都有属于自己的自由空间，你们的友谊便会更进一步。

215 会"吃"才能吃得开

人生在世，经常会碰到各种各样的吃喝应酬。吃喝应酬是社会生存的需要，没有吃喝应酬人就很难生活得好，更谈不上获得社会的承认、达到个人的成功。

不过，吃喝应酬并不是一件简单的事情。吃不开的人就不懂得如何吃喝应酬，不屑于吃喝应酬，甚至很害怕跟人吃喝应酬，结果使自己成为不受欢迎的人，失去了很多成功的机会。

长久以来，中国人对吃喝是十分注意的，"民以食为天"，强调的是吃；"一招鲜，吃遍天"，说的也是吃；以吃喝为基础的文化现象也十分流行，比如烟文化、酒文化、茶文化等等。至于吃喝在社交中的作用，却是相当微妙而又是十分有效的。

有些人不屑于吃喝，一是他们认为做东请客、聚餐赴宴是花钱又费时的庸俗活动，在思想上有所排斥；二是缺乏酒宴上搞社交的技巧。而有的人仿佛天生就有这样的本事：在酒宴上能用各种各样的俏皮话插科打诨，斗嘴逗趣，出口成章，妙语连珠地发动社交攻势；对上司和贵宾，他们会不露痕迹，恰到好处地乘机恭维；对同事、下级和普通宾客，他们会逗乐取笑，活跃气氛。所以，他们不但能通过吃喝在酒桌上联络感情，增进友谊，而且往往能在酒桌上搞定很多平时无法解决的项目和难题。"酒杯一端，政策放宽""筷子一提，可以可以""感情深，一口吞；感情浅，舔一舔"等流行语言，确实耐人寻味。

在人际交往中如果你既不会请客送礼，又不积极主动地与别人寒暄拉近双方的距离，聊天找不到别人感兴趣的话题，不懂吃喝应酬之道，"不合群""不入乡随俗"，那么你就必然会引起别人心理上的拒绝，遭受冷遇，得不到别人的欢迎。

216 求人不是件丢脸的事

米歇尔是一位青年演员，刚刚在电视上崭露头角。他英俊潇洒，很有天赋，演技也很好，开始时扮演小配角，现在已成为主要演员。虽然通过自己的努力，成为了"明星"，可是有很多的观众仍然对他不是很熟悉。一提到某个电视片，观众们会立即呼喊："那个电视剧不错！那个片子很好看！"可是一提到明星米歇尔，观众们便会皱眉头，说"不认识""不知道呀"，看来这个刚登场的"大腕"并不被人们所熟知。这可真是让人苦恼的事！米歇尔像泄了气的皮球一样，没了劲儿。

后来，他通过了解得知，要想"走红"需要有人为他包装和做宣传。因此，他需要一个公关公司为他在各种报纸杂志上刊登他的照片和有关他的文章，增加他的知名度。这个问题难住了米歇尔。自己的演技没得说，可是要找公关公司来提高知名度，这就难办了，因为他除了认识一些演员、导演和制片等人以外，其他领域的人他一个也不认识！

偶然的一次机会，他遇上了莉莎。莉莎在纽约一家公关公司工作，对于米歇尔这种情况，她完全能够助一臂之力。可是，爱面子的米歇尔却不肯向她求助，他认为，自己暂时没走红不要紧，只要自己多拍点电视，演得好，自然会吸引观众的。到时说不定那些广告商、报纸杂志社纷纷来找他，抢着合作呢。

不久，莉莎听说了米歇尔的情况，主动找到他，表示愿意提供帮助。这样，米歇尔成了她的代理人，而她则为他提供出头露面所需的经费。他们的合作达到了最佳境界，米歇尔是一名英俊的演员，并正在时下的电视剧中出现，莉莎便让一些较有影响的报纸和杂志把眼睛盯在他身上。这样一来，她自己也变得出名了，并很快为一些有名望的人提供了社交娱乐服务，他们付给她很高的报酬。而米歇尔不仅不必为自己的知名度花大笔的钱，而且随着名声的增长，也使自己在业务活动中处于一种更有利的地位。

试想一下，如果米歇尔放弃了与莉莎的合作，或者不接受莉莎的帮助，那么他的影响力和知名度不可能提高得这么迅速，他的"一炮走红"的梦想很可能有待时日才能实现。由此看来，求人并不是一件难堪或丢脸的事。遇到困难和难处，寻求他人的帮助，解决自己的困境，是社交中不可缺少的一环。

217 冷庙烧香佛更灵

我们求神，自应在平时多烧香。而平时烧香，也表明自己别无他意，完全出于敬意，而绝不是买卖。一旦有事，你去求它，他念在平日你烧香的热忱上，也不会拒绝。但热庙因为烧香人太多，神仙的注意力分散，你去烧香，也不过是众香客之一，显不出你的诚意。所以一旦有事求他，他对你只以众人相待，不会特别照顾。但冷庙的菩萨就不会这样了，平时冷庙门庭冷落，无人礼敬，你却很虔诚地去烧香，神对你当然特别在意。同样的烧一炷香，冷庙的菩萨却认为这是天大的人情，日后有事去求他，他自然特别照应。如果有一天风水转变，冷庙成了热庙，菩萨对你还是会特别看待，不会把你当成趋炎附势之辈。所以，如果要烧香，就找此平常没人去的冷庙，不要只挑香火繁盛的热庙。

其实不止是庙有冷热之分，人又何尝不是？一个人是否能发达，要靠机遇。你的朋友当中，有没有怀才不遇的人，如果有，这个朋友就是冷庙。你应该与热庙一样看待，时常去烧香，每逢佳节，送些礼物。为求实惠，有时甚至可以送些钱，请他自己买实用的东西。又因为他是穷人，当然不会有礼尚往来的习惯，并非他不知道还礼，而是无力还礼，这是他欠的人情债，人情债越欠越多，他想还的心便越急切。所以日后他否极泰来，他第一要还的人情债当然是你。他有清偿的能力时，即使你不去请求，他也会自动还你。

正所谓："人情冷暖，世态炎凉。"趁自己有能力时，多结纳些落魄朋友，使之能为己用，这样自己的发展才会无穷。对朋友的投资，最忌讳的是讲功利，因为这样便成了一种买卖，说难听点便是种贿赂。如果对方是讲骨气之人，更会感到不高兴，即使勉强接受，也不以为然。日后就算回报，也是得半斤还八两，没什么好处可言。

平时不屑往冷庙上香，临到头再来抱佛脚也来不及了。一般人总以为冷庙的菩萨不灵，所以才成为冷庙。其实英雄落难，壮士潦倒，都是常见的事。只要一朝风云际会，仍是会一飞冲天、一鸣惊人的。从现在起，多注意一下你周围的朋友，若有值得上香的冷庙，不妨在无事时多烧两炷香，在你有事相求时，庙里的菩萨肯定对你有求必应的。

218 跟谁都能合得来

不少年轻人个性突出，喜欢我行我素，与个交往以自我为中心，而不懂得尊重和适应别人。有时自己不作出让步，去努力适应别人，还一味地批评别人"那个人有缺点……""这个人令人讨厌……"就不可能与别人建立良好的人际关系。

如果与性格合不来的或自己讨厌的人建立起良好的人际关系，这才可以说是一个出色成功的"外交家"。要想使自己的人际关系和谐，要想使自己轻松愉快地工作，那就一定要努力适应别人，采取与之相应的交往法则。

现在是商业社会，是利益时代，如果你还继续对利益、个性和冒险存有偏见，你将无法在现代社会立足。有的人想借远离现代生活方式的办法来保持自己的传统观念，维护道德的纯洁性。事实证明这是行不通的，世界已经改变，想做孤立的个人或团体是不可能的，所有人都被无情地抛入现代社会进步的洪流中，偏安一隅、抱残守缺的做法只会导致被社会淘汰。

当你无法获得众人的认同而陷入低谷，就会想尽办法逃离。或许有人会觉得这般做法是在掩藏、矫饰自己，刻意表现出圆滑或是美好的一面，是与人相处的最佳模式。但在实际中，却经常会在空闲时觉得烦躁与疲倦，会不想出门、不想看到朋友，甚至于不愿意面对自己。因此，与其做一个形单影只的"孤家寡人"，还不如敞开心扉与人交往，这样你不但能够在交往过程中释放内心的烦恼，还能够交到知心的朋友，更重要的是，当你有什么困难自己不能解决时，朋友会为你出谋献策，帮你排忧解难。

因此，试着让自己学会主动适应周围的人，你的交际之路就会随之广阔起来，人生也会随之开阔起来。

219 势利之交，难以久远

俗话说："势利之交，难以久远。"为什么？"势利眼"者两眼只向权势、利益看，并以权势、利益作为自己的交友准则。他们最善于也最喜欢趋炎附势。不管你发迹也好，还是你有权势也好，总之只要在你身上他们感到有利可图，有势可攀，他们就赶紧跑到你身边围着你团团转，讨好你，与你交朋友。一旦罩在你身上的权势的光环消失了，他们便不劝自退，转向别的有势利的人了。

友谊，是一个充满着温情的闪光字眼，一切利益会在真正的友谊面前黯然失色。但是在有些人看来，自身的利益高于一切，他们不过是把朋友当作自己成功的跳板。他们不懂得"友谊"的真正含义，他们也不在乎自己的朋友，他们之所以要交朋友，就是为了自己能获得更多好处。

有些人为了钱，连自己的性命都顾不上了，更别说朋友的安危。一旦朋友成为他们获得金钱的障碍，或者说朋友可以换来富贵，这种人会毫不犹豫地出卖朋友，即使是交往多年的朋友也不例外。

不义之人把友谊看得非常淡，他对朋友总是怀着功利的眼光去打量。他们只和那些有利用价值的人交往，一旦发现有利可图，就立刻把友谊、道义等字眼抛到九霄云外，想尽一切办法去获取"利"。与不义之人交朋友，也许当时会让你很得意，但最后的结果多半是吃亏上当，到最后人财两空。

春秋末年，晋国的中行文子逃亡，从一个县城经过。随从说："这个地方有个乡官，是您的老相识、老朋友，为什么不在这儿歇歇脚，等等后面的车子？"文子说："我曾经喜好音乐，这个人就送给我鸣琴，又听说我喜欢玉佩，他就赠给我玉环。他这是助长我的过错，以讨好我，现在恐怕也要把我出卖去讨好别人了。"于是很快离开了这个县城。果然这个乡官扣留了文子后面的两辆车，献给了自己的国君。知人者智，只有真正的智者才能够看清别人的本来面目，提防那些势利小人，避免不必要的麻烦。

势利的人不可能成为同舟共济的依靠，在你遇到困难的时候，别指望着他们来雪中送炭，一旦有利可图，他们甚至不惜落井下石。人们经常说朋友越多越好，但那是指真正的朋友，不是那些酒肉朋友。在广交朋友时一定要注意选择，如果想交到真正的朋友时，更应该将圈子缩小一些，古人说，"人生得一知己足矣"，可见真正的朋友是极其难得的。不要无所选择地将人人都当作知己，对于那些势利小人，最好躲得远远的。

220 随时随地开发你的人脉金矿

在你的人脉网络中，只要你善于开发，每一个人都会成为你的金矿。

在这里，我们分享一下世界一流人脉资源专家哈维·麦凯是如何利用人脉来推销自己，找到一份好工作的。

哈维·麦凯从大学毕业那天就开始找工作。当时的大学毕业生很少，他自以为可以找到最好的工作，结果却徒劳无功。好在哈维·麦凯的父亲是位记者，认识一些政商界的重要人物，其中有一位叫查理·沃德。查理·沃德是布朗比格罗公司的董事长，他的公司是全世界最大的月历卡片制造公司。四年前，沃德因税务问题而服刑。哈维·麦凯的父亲觉得沃德的逃税一案有些失实，于是赴监狱采访沃德，写了一些公正的报道。沃德非常喜欢那些文章，他几乎落泪地说，在许多不实的报道之后，哈维·麦凯终于写出公正的报道。

出狱后，他问哈维·麦凯的父亲是否有儿子。

"有一个在上大学。"哈维·麦凯的父亲说。

"何时毕业？"沃德问。

"正好需要一份工作的时候。他刚毕业。"

"噢，那正好，如果他愿意，叫他来找我。"沃德说。

第二天，哈维·麦凯打电话到沃德办公室，开始，秘书不让见。后来提到他父亲的名字三次，才得到跟沃德通话的机会。

沃德说："你明天上午10点钟直接到我办公室面谈吧！"第二天，哈维·麦凯如约而至。不想招聘会变成了聊天，沃德兴致勃勃地聊哈维·麦凯的父亲的那一段狱中采访。整个过程非常轻松愉快。

聊了一会儿之后，他说："我想派你到我们的'金矿'工作，就在对街——'品园信封公司'。"

在街上闲晃了一个月的哈维·麦凯，现在站在铺着地毯、装饰得高档豪华的办公室内，不但顷刻间有了一份工作，而且还是到"金矿"工作。所谓"金矿"，是指薪水和福利最好的单位。

那不仅是一份工作，更是一份事业。42年后，哈维·麦凯还在这一行继续寻找那个捉摸不透的"金矿"，而且成为全美著名的信封公司——麦凯信封公司的老板。

哈维·麦凯在品园信封公司工作当中，熟悉了经营信封业的流程，懂得了操作模式，学会了推销的技巧，积累了大量的人脉资源。这些人脉成了哈维·麦凯成就事业的关键。

事后，哈维·麦凯说："感谢沃德，是他给了我的工作，是他创造了我的事业。"

你所认识的每一个人都有可能成为你生命中的贵人，成为你事业中重要的顾客。沃德，一个曾经身穿囚衣的犯人，都有可能成就一个人的人生和事业。做个有心人，随时随地注意开发你的人脉金矿！

221 广建自己的关系网

喜欢别人，又能让别人喜欢的人，才是世界上最成功的人。成功的人们大多喜欢广泛交际，并结成自己的"交际网"。比如，你要某人推荐几个供你拜访的朋友，如果这个人是个失败的人，他好不容易才能为你提供一两个人，而且好不容易才找到这一两个人的地址和电话。成功的人就不同了，他们会推荐出一大堆朋友，而且是在长长的名单上寻找，因为名单上包括各式各样的朋友。由此显示出成功者与失败者在交友方面的差别。

成功的人大多是有关系网的人。这种网络由各种不同的朋友组成，有过去的知己，有近交的新朋，有男的，有女的，有前辈，有同辈或晚辈，有地位高的，有地位低的，有不同行业的，有不同特长的，也有不同地方的……这样的关系网，才是一个比较全面的网络，也就是说，在你的关系网中，应该有各式各样的朋友，他们能够从不同的角度为你提供不同的帮助；当然，你也要根据他们不同的需要为他们提供不同的帮助。这才是关系网应当具有的特征。

广泛与人交往是机遇的源泉。交往越广泛，遇到机遇的概率就越高。有许多机遇就是在与朋友的交往中出现的，有时甚至是在漫不经心的时候，朋友的一句话、朋友的朋友的帮助、朋友的关心等等都可能化作难得的机遇。在很多情况下，就是靠朋友的推荐、朋友提供的信息和其他多方面的帮助，人们才获得了难得的机遇。

每一个伟大的成功者背后都有另外的成功者。没有人是自己一个人达到事业的顶峰的，假如你决心成为出类拔萃的人，千万不能忽视人际关系，一定要建设好自己的人际关系网，因为这个关系网是能让你终身受益的一种资本。

222 维护你的人脉网

人脉并非短期间的东西，而是"不断循环"。千万不要以为这个人目前对我没有帮助，所以就不去理会他。

如某公司要派人去参加同行业的年度会议，因这类会议内容枯燥乏味，沉闷冗长，故使得众职员望而却步，退避三舍，令公司老板伤透了脑筋。这时职员阿志主动提出去参加会议，同事们都笑他傻到家了。但是阿志却认为，这类会议虽沉闷，但却是同行俊杰的大聚会，趁这个机会，多结交些同行，多联络一下感情，这对充实自己的关系网是大有裨益的。他日如自己另立门户，闯荡江湖时，这些关系网的作用不可低估。就是眼下对自己的工作也是百利无一害。阿志是真正的聪明人，他用公司的时间，公司的荷包去编织自己的关系网，这真是上班族的一大秘诀。

但真要行动起来，却也不是一件易事。这次是下来要人开会，但有的老板根本不懂这些情况，也不关心。这时就要你主动去打探哪里有这类会议，时间地点内容俱全，才能向上司提出参加会议的要求，以公司的名义委派出去。再有一类情况是老板虽然内行，但是个吝啬鬼，不肯掏腰包，这时你就要从大局考虑。如果这次会议对你的前途、你的关系网真的那么重要，那就是自己掏腰包也要去，这才叫深谋远虑，才叫有战略眼光。

工作中，人同此心，心同此理。其实很多人也渴望通过工作建立自己稳定的人脉。既然如此，我们和对方一拍即合，彼此成为对方的人脉。而这种情况下建立的人脉需要一种心灵的默契。

人际网络要勤力维护，因为如俗话说的："三年不上门，当亲也不亲""远亲不如近邻"，都说明经常来往，情感沟通，才能保持人脉。

首先，你要对人脉有个记录。记录在什么活动中结交了什么人。不仅写名字，还要写下你对他们工作最感兴趣的方面。这样就不用记住所有的细节，在有所需要时就会有所侧重地查看卡片了。

你的人际关系网是张安全的网，因此你可以慷慨些——介绍第三个人加入你们的行列。这样，你是这个关系网中的一分子而且是一个介绍人的名声就会传开，谁都需要这样的人，会使你更受欢迎。

对人脉要忠诚。不要因为她休了一年的产假，就将那个前任的好友从你的联系人名单中划去。保持和她的联系，即便是她和你目前的工作完全没有联系。只有当你在时机好的时候维护好你的人际关系，你才能在不顺利的时刻获得帮助。

小事也可以有大影响：在熟人生日时送上鲜花或是发出一个祝福电子邮件，朋友婚礼时或是生育了也要及时送上祝福，当你在行业报告中读到老同事获得成功时不要忘记祝贺他。最终你会发现自己也会收到意想不到的祝福，也会有人想着你。

建立一个固定的联络方式是有必要的。与工作或是同行每个月在聚会上碰面。在这种内部聚会上会有不少免费的内部消息、工作方法的建议和成功的战略。

223 拓展你的职场人际网

现代社会是个信息社会，无论你是干哪一行的，关系都是极其重要的。在你从踏入职场的第一天起，就要有意识地培养、构建自己的关系网。有时候似乎无用的人也会发挥神奇的作用，所以不能随意放过任何一个关系。

在你进入一家公司以后，会与各式各样的人接触。例如上司、长辈、公司内相关部门的人，营业、财务等与对外工作有关的人等，这些人都可以成为你的人脉资源，日后都有可能为你的事业助一臂之力。

建立好公司内部的关系网，其中很重要的一条就是要主动参加公司的各项活动。如果你想接近某个同事，了解这个集体，最好的办法也许就是参加公司组织的各种活动，比如会餐、郊游、野营等。在那里，人们会脱下紧绷绷的外壳，在相对放松的状态下讲述自己的苦乐，你会听到真实的抱怨、真诚的赞誉，包括客观的评价，你也会发现谁和谁走得近，谁和谁走得远。只要你摆正心态，具备明辨是非的基本能力，你就会发现谁可能成为你的朋友。

当人们在办公室里忙碌奔波时，人们的思想与活动大都被严格地禁锢在本职工作的范围之内。当人们走出写字楼，到一个全新的环境中，就会发现原来需要放松的并不只我一个。我们会听到许多工作中听不到的东西，即使与我们并无利害关系，只要有机会，我们还是会有兴趣地仔细聆听。与同事闲聊可以帮你跳出平常的一亩三分地，让你对公司有个更为全面的了解。

工作上的交往并不是私人的交往。而如果从工作上的交往发展为私人关系，也未尝不好。在同一间公司上班的同事结婚的例子也不少。在职场中每天见面，一起工作，而非常了解这个人的人格，比较不容易看错人。

阿彤在大学里学的是新闻，目前在一家广告制作公司任职。在公司的客户名单中，有一些是本地非常大的集团，每年的广告投入非常庞大。阿彤明白，这些客户资源是非常宝贵的。他在和这些高端客户的交往中，他不仅仅掌握各客户对广告的要求和一些广告制作的流行趋势，而且也有意识地和他们建立了不错的交情。他积极地参加客户公司的互动活动，争取一切和他们增加情谊的机会。

公司的老总和一些同事在广告方面做得非常出色，可以预见的是，他们在未来必将有更大的作为。于是，在加强"外交"的同时，阿彤也非常注重和"内部人士"的沟通。因为他相信日久见人心，现在的真心付出，会博得恒久不变的和睦关系。

这样的广告公司，人员的流动性很大，阿彤并不期望在这里长久地待下去。但是他明白，"人缘也是生产力"，良好的人缘和庞大的交际圈，会给未来的事业开拓注入强大的支持。

人缘也是生产力，这句话说得一点没错。今天的努力会在明天收获丰硕的成果，良好的人缘关系也是实力积累的表现。所以，对内对外都要保持良好的关系，这是人格魅力的展现，也是积蓄资源的最好方式。

224 时代要求你"攀龙附凤"

在一个人际关系网络极为发达的今天，我们需要注重积累自己的人际资源，借助别人的力量来成就自己的事业。

　　一个人要想成大事，固然要靠实干，但有人一辈子实干也未必成功。这大概就是因为缺少"贵人"相助。"背靠大树好乘凉"，在大树繁茂的枝叶荫蔽下，少了许多风雨冰雹的打击，为自己的成长赢得了难得的时间与机会。

　　在向事业高峰攀登的过程中，贵人相助绝对是不可缺少的一个环节。有贵人相助，可以使你尽快地取得成功，甚至可以飞黄腾达、扶摇直上。

　　有些知名度较高的人，他们成名，与贵人的倾力相助是不无关系的。贵人的帮助使他们得到进升的机会，迅速发展。善于接受贵人的帮助，是名人们把握历史性机遇的关键性的一步，也是他们成名的要素之一。

　　李鸿章早年屡试不第，"书剑飘零旧酒徒"，他一度郁闷失意，然而幸运的他遇到了一棵大树——曾国藩，从此他的宦海生涯翻开了新的一页。

　　李鸿章拜访曾国藩，牵线搭桥的是其兄李瀚章，李瀚章是曾国藩的心腹，当时随曾国藩在安徽围剿太平军。有了这层关系，曾国藩把李鸿章留在幕府，"初掌书记，继司批稿奏稿"。李鸿章素有才气，善于握管行文，批阅公文、起草书牍、奏折甚为得体，深受曾国藩的赏识。

　　有一次曾国藩想要弹劾安徽巡抚翁同书，因为他在处理江北练首苗沛霖事件中决定不当，后来定远失守时又弃城逃跑，未尽封疆大吏守土之责。曾国藩愤而弹劾，指示一个幕僚拟稿，总是拟不好，亲自拟稿也还是拟不妥当，觉得无法说服皇帝。因为翁同书的父亲翁心存是皇帝的老师，弟弟是状元翁同龢。翁氏一家在皇帝面前正是"圣眷"正隆的时候，而且翁门弟子布满朝野。

　　怎样措辞才能让皇帝下决心破除情面，依法严办，又能使朝中大臣无法利用皇帝对翁氏的好感来说情呢？曾国藩颇为踌躇。

　　最后，李鸿章巧妙地为他解决了问题。奏稿写完后，不但文意极其周密，而且有一段刚正的警句，说："臣职分在，例应纠参，不敢因翁同书之门第鼎盛，瞻顾迁就。"这一写，不但皇帝无法徇情，朝中大臣也无法袒护了。曾国藩不禁击节赞赏，就此入奏，朝廷将翁同书革职，发配新疆。

通过这件事，曾国藩更觉李鸿章可用。不久，在曾国藩大力推荐下，李鸿章出任江苏巡抚等职，踏上了一条崭新的人生道路。

想成就大事的人，一定要像李鸿章一样懂得如何借力，尤其是巧借名人的声望给自己造势。通常情况下，借助名人一定的社会影响，会使自己拥有更好的形象，以促进所办之事顺利进行。

会做事的人，一定知道在什么时候、什么情况下，借助名人的声望为自己造势，以期获得最大限度上的帮助，取得最大的效益。

225 结识名流，提升自己

要与一流人物交往，使自己也成为一流人物。

在自己所处的环境里，能与站在顶点地位的一流人物交往，并学习其观念、优点、做法，才能引导自己向上。名流中固然有名不符实者，但毕竟大多数人确有本事和才能，倘若能吸取他们经验和观点中的精华，对你的生活和工作必将大有助益。而与那些远不及自己的人往来，最后很容易使自己落到那些人之后。

结交名流也可能获得更切实的帮助。如果你立志在商界干出名堂来，首先就要想办法接近商界名流，与其交往，建立起良好的关系。一旦与你建立了信赖关系，他就会考虑："替这个人找个机会造就人才吧。"如此一来，你的命运可能会大为改观，甚至可能一层层地脱胎换骨，一步步走入名流社会。可能你还没有真正认识到，有名的人往往有深远的影响力，一句赞许的话就可能使你受益良多。

在心理学上有一种"趋势"心理，就是结交、崇拜、依附有名望者的心理。这种心理绝大多数的人都有，只是程度不同而已。它反映在人心理上是希望提高自己的社会地位，平等地与名人交往。

有一个著名的公关专家曾经说过这样一段话：

"要发展事业，人际关系不容忽视。费心安排的话，人际关系便能由点至面，进而发展成巨树。有了巨树我们才能在巨树的大荫下休息，坐享利益。社会地位愈高的人，在拓展事业的时候，人际关系愈是重要。但是，总不能因此就拿着介绍信要去拜会重要人物。就算登门造访，人家也未必有时间见你，因为执各界牛耳的人物们，通常都排有紧凑的日程表，即使见面，顶多也不过5分钟、10分钟的简短晤谈，无法深入。所以，制造与这些人物深入交谈的机会，非得另觅办法不可。"

而另一位著名的企业家却通过"十年修得同船渡"的方法结识许多社会名流，他的经验是："在每次出差的时候，我都选择飞机的头等舱。一个封闭的空间，不会有其他杂事或电话干扰，可以好好地聊上一阵。而且搭乘头等舱的都是一流人士，只要你愿意，大可主动积极地去认识他们。我通常都会主动地问对方：'可以跟您聊天吗？'由于在飞机上确实也没事可做，所以对方通常都不会拒绝。因此，我在飞机上认识了不少顶尖人物。"

知道结交名流也是人之常情，你就无须畏缩，只需要拿出勇气和智慧来，与名流交往、沟通，不断地从内在和外在两方面一起提升自己，一步步迈入名流行列。

226 我有一个"忘年交"

有这样一个故事：一位来自一个很偏僻的地方的青年人，有一次他在学校里听到一个专家的讲座后，非常喜欢。于是趁着假期专门去拜访那位专家，却苦于无法合情合理地接近他。也许是运气吧，有一天，他正在商店里买东西，看见老专家也在采购，于是走上前帮他拿东西。趁着这个机会，他向老教授表达了自己的想法，没想到老教授居然答应了他。三个月后，他成为老教授惟一的贴身助手。凭借自己的广泛而深厚的人际关系，老教授把他介绍给了许多行业内的顶尖人物，于是顺理成章地，他也迅速拥有了自己的人脉，而且其中有大多数人是领军人物。

如果你很年轻，正在做第一份工作。你可能面临不少问题：人际圈子有点窄小。十个月前加入公司的排球队，而现在仍当不上副队长，尽管球技不错。没关系，记住，人际是一门终生的学问，需要不停地学，不停地用。你在二十岁时学习，七十几岁时仍然会有收获。

交朋友时不要只看对方的爱好和个性，更重要的是，你需要一些善于鼓励人的、乐观而幽默的、诚恳且有同情心的、乐于助人并愿意倾听人诉说的朋友。也许你会说："我没有这样的朋友，也不敢去乱找朋友，如果别人拒绝怎么办？"但即使别人拒绝了你，你也没有失去任何东西，可如果别人接受了你，你就可能因此找到知己。同时，在寻找好友的过程中，也应让自己成为这样一个会鼓励人的、乐观而幽默的、诚恳且有同情心的、乐于助人并愿意听人诉说的人，并尽力去帮助周围的亲人和朋友。惟有更多人的自愿付出，快乐才能更迅速地通过人际网扩散。

学习别人的经验和自己亲自积累同等重要。所以，要多在朋友中发掘值得欣赏的物质，如热心、幽默、机智、博学、正直、沟通、礼貌、尊重他人等等。在班级、公司、社团中，多观察周围的人，特别是那些你觉得人际交流能力特别强的人，看他们是如何与人相处的。比如，看他们如何处理交往中的冲突，如何说服他人和影响他人，如何发挥自己的合作和协调能力，如何表达对他人的尊重和真诚，如何表示赞许或反对，如何在不冒犯他人的情况下充分展示个性等等。有的方法可以直接借鉴，有的方法可以间接模仿，有的地方可以比他们做得更好。通过观察和模仿，你逐渐地会发现，自己的人际交流能力有了意想不到的改进。

227 和陌生人一见如故

一见如故，这是成功交际的理想境界。无论是谁，如果具有跟大多数初交者一见如故的能耐，他就会朋友遍天下，做事就会左右逢源；反之，如果缺乏跟初交者打交道的勇气，不善于跟陌生人交谈，他就会在交际中处处受阻，事业也就难以成功。

初次见面，交际双方都希望尽快消除生疏感，缩短相互间的感情距离，建立融洽的关系，同时给对方一个良好的印象。那么，怎样才能通过交谈较好地做到这一点呢？

1. 通过亲戚、老乡关系来拉近距离

由于亲戚、老乡这类较为亲密的关系会给人一种温馨的感觉，使交际双方易于建立信任感。特别是突然得知面前的陌生人与自己有某种关系，更有一种惊喜的感觉。故而，若得知与对方有这类关系，寒暄之后，不妨直接讲出，这样很容易拉近两人的距离，使人一见如故。现在许多大学里面，都存在一些老乡会、联谊会等组织，这些老乡会、联谊会就是通过老乡关系把同一地方的学生召集在一块，组织起来。同时也通过老乡会来相互帮助、联络感情、加强交流。从人的心理上来讲，每个人的潜意识中都有一种"排他性"，对自己的或跟自己有关的事物往往不自觉地表现出更多的兴趣和热情，对与自己无关的则有一定的排斥。因而，在交谈中将这类关系点出，就使对方意识到两人其实很"近"。这样，无论对方地位在你之上或你之下，都能较好地形成坦诚相谈的气氛，打通初次见面由于生疏造成的心理上的"防线"。毛泽东同志就常用这种"拉关系"的技巧。新中国成立后接见民主人士时，凡是与他有点亲戚关系的，以及通过师生、故友的关系有些瓜葛的，往往是刚一见着面，没出两三句话，他就爽直地和盘托出其间丝丝缕缕的关系，在"我们是一家子"的爽朗笑声中，气氛亲热了许多，使被接见者备感亲切。

2. 以感谢的方式来加强感情

有一位同学在跟一个高年级学生接触时的头一句话就是："开学时就是你帮我安置床铺的。""是吗？"那个高年级同学惊喜地说。接着两人的话题就打开了，气氛顿时也热烈了许多。那个高年级同学的确帮过许多人，不过开学初人多事杂，他也记不得了。而这个新来的同学则恰到好处地点出了这些，给对方很大的惊喜，也使两人的关系拉近了一层。一般说来，每个人都对自己无意识中给别人很大的帮助感到高兴，见面时若能不失时机地点出，无疑能引起对方的极大兴趣。因此，初次见到曾帮过自己的人时，不妨当面讲出，一方面向对方表示了谢意，另外无形中也加深了两人的感情。

3. 从对方的外貌谈起

每个人都对自己的相貌或多或少的感兴趣，恰当地从外貌谈起就是

一种很不错的交际方式。有个善于交际的朋友在认识一个不喜言谈的新朋友时，很巧妙地把话题引向这个新朋友的相貌上。"你太像我的一个表兄了，刚才差点把你当做他，你们俩都高个头、白净脸，有一种沉稳之气……穿的衣服也太像了，深蓝色的西服……我真有点分不出你们俩了。""真的？"这个新朋友闪着惊喜的眼神。当然，他们的话匣子都打开了。我们不得不佩服这个朋友谈话的灵活性。他把对方和自己表兄并提，无形中就缩短了两人之间的距离，接着在叙说两人相貌时，又巧妙地给对方以很大的赞扬，因而使这个不喜言谈的新朋友也动了心，愿意与其倾心交谈。

4.　剖析对方的名字来引起对方的兴趣

名字不仅是一种代号，在很大程度上是一个人的象征。初次见面时能说出对方的名字已经不错了，若再对对方的名字进行恰当的剖析，就更上一层楼。譬如一个叫"建瓴"的朋友，你可以谐音地称道："高屋建瓴，顺江而下，攻无不克，战无不胜，可谓意味深远呀！"对一位叫"细生"的朋友，可随口吟出"随风潜入夜，润物细无声"，或者用一种算命者的口吻剖析其姓名，引出大富大贵、前途无量之类的话，这也未尝不可。总之，适当地围绕对方的姓名来称道对方，不失为一种好方法。

228 天下谁人不识君

年轻人在为人处世过程中，不要只知道就事论事，人在一起总会有话可谈，而多谈话、多认识些人总是好的。

建立人际网需要出色的人际交流能力。有些人在人际交流中的影响力是与生俱来的，他们在参加酒会或庆典的时候，只要很短的时间就能和所有人交上朋友。但也有些人并不具备这样的天赋，他们在社交活动中比较内向，宁愿一个人躲在角落里也不愿主动与人交谈。但无论每个人的天性如何，只要勤于思考和联系，都能建立起满足自己需要的人际网。

稳定的人际关系的核心必须由10个左右你所信赖的人组成。这首选的

10人可以是你的朋友、家庭成员以及那些在事业上与你联系紧密的人。这些人构成你的影响力内圈，因为他们能为你创造一个发挥特长的空间，而且彼此都是朝一个方向努力。这里不存在勾心斗角，他们不会在背后说东道西，并且会从心底希望对方成功。你与他们的合作会很愉快。

当双方建立了稳固关系后，彼此形成一种强大的凝聚力。他们会激发对方的创造力，并不断从对方身上得到灵感。为什么要将影响力内圈人数限定为10人呢？因为这种牢不可破的关系需要你一个月至少维护一次，所以10人就足以用尽你所有的时间。

另外，你必须与至少15个人左右组成的后备力量保持一定的联系以作为你10人内圈的补充。假如内圈中有一位退休或移民国外，那15人组成的后备军就派上用场了。其实，只要你每月定期和他们取得联系，可以通过电话、传真、聚会、电子邮件或信件，这个团体的人数都会超过15人。

对方在试图与你建立关系时，总会打听你是做什么的。如果你的回答很一般，比如只是一句"我是某公司的一名经理"，你就失去了与对方继续交流的机会。你可以这样回答对方："我在某公司负责一个小组的管理工作，主要为我们的网络开发软件。我喜欢骑马，爱好打网球，并且喜爱文学。"这种简单而不失个性的介绍不仅为你的回答增添了色彩，也为对方提供了不少可以继续的话题，说不定其中就有对方感兴趣的。当他这样表示："哦，你打网球？我也喜欢"时，你们就建立起了一种最初的关系。

建造关系网络的前提，不是"别人能为我做什么"，而是"我能为别人做什么。"在回答对方的问题时，不妨补上一句，"我能为你做些什么？"

多联系是建立关系网络的另一重要条件。

要与关系网络中的每个人保持密切的联系，最好的方式就是创造性地运用你的日程表。记下那些对你的关系至关重要的日子，比如生日或周年庆祝等。在这些特别的日子里准时和他们通话，哪怕只是给他们寄张贺卡，他们也会高兴万分，因为他们知道你心中想着他们。

观察他们在组织中的变化也不容忽视。当你的关系网成员升迁或调到其他的组织去时，你应该衷心地祝贺他们。同时，也把你个人的情况透露给对方。去度假之前，打电话问问他们有什么需要。

当他们处于人生的低谷时，打电话给他们。不论你关系网中谁遇到了麻烦，你都要立即打电话安慰他，并主动提供帮助。这是你支持对方的最好方式。

充分地利用你的商务旅行。如果你旅行的地点正好离你的某位关系成员挺近，你可以与他共进午餐或晚餐。

只要是你关系成员的邀请，不论是升职派对，还是他女儿的婚礼，你都要去露露面。

229 平时多联系，遇事有人帮

你是否发现：虽然经常应酬，但很难兼顾方方面面的朋友。日子一长，许多原本牢靠的关系就会变得松懈，联系少的朋友之间逐渐淡漠。当你遇到某种困难时，想找以前的朋友帮忙，却突然想起自己本来早就应该去看他的。现在有求于人家才去找，会不会太唐突了？会不会遭到朋友的拒绝？

中国人讽刺临事用人的做法，最常用的话就是："平时不烧香，临时抱佛脚"。有事之时找朋友，人皆有之，无事之时找朋友，你可曾有过？朋友间即使再忙，也别忘了沟通感情。

交友的基本原则是：不要与朋友失去联系。不要等到需要获得朋友帮助时才想到对方。"关系"就像一把刀，常常磨才不会生锈。

人与人交往中会出现一些交际的好机会。多一些有益的朋友，会有机会转变你的一生。

"独木难支大厦"，朋友在关键时候帮你一把，可能会直接促成你事业的成功。所以，要时刻注意能结交朋友的好机会。

比如，朋友请你去参加一个生日聚会、舞会或者其他活动，你不要因为自己手头事忙，一时懒得动身而拒绝。因为这些场合是你结交新朋友的好机会。又如，新同事约你出去逛逛商店或者看场电影什么的，你最好也不要随便拒绝。因为这是发展关系的好机会。

结交朋友不仅要把握机遇，同时还要创造机遇。

如果你想和刚认识的朋友进一步发展关系，你可以请他们到你家做客。你可花费心思寻找机会跟他多接触。人与人之间接触越多，彼此间的距离就可能越近。这跟我们平时看东西一样，看的次数越多，越容易产生好感，就像我们在电视中反复听、反复看到的广告，久而久之也会在我们心中留下印象一样。所以，交际中的一条重要规则就是：找机会多和别人接触。

一旦和别人取得联系，建立初步联系之后，要设法进一步巩固和发展。交际中往往会有两种目的：直接的无非就是想达到某项交易或有利于事情的解决，或想得到别人某些方面的指导。如果并不是为了解决某个问题，或者不是为了某种利益关系，只是为了和对方加深关系，增进了解，以使你们的朋友关系长期保存下来，这可以被看做是间接目的，这种间接目的可以使你的人生更丰富，更有价值。

如果能保持无事相求时也能轻松地相互联络的关系，才是最理想的状态。真正可以亲密往来的朋友，越是无事相求时越能尽情地交往。反之，遇上有事相托时，即便三言两语，彼此也能明白对方想说的话。此时，对方会尽己所能来帮助你。

朋友之间互相联系的方法有很多，"礼尚往来""交流"等等，其中最普遍、最有人情味的一种是有空去坐坐。

人们在礼仪性的道别时，总不忘加一句"有空来玩"，不论这是否是一句发自肺腑的言语，听后都让人感到温情四溢，自己似乎可以从中体会到我是被人们接受的，是受人欢迎的人。

事实上，你所做的并不多，只是有时间有心地去朋友家走一走，也许只是随意地寒暄几句，也许进行一次长谈，总之，我们在努力加深对方对自己的印象，让彼此之间越来越熟悉，关系越来越融洽。

230 每个人都可能成为你的贵人

你认识的人愈多，发现贵人的机遇就愈多。这句话是实实在在的真理。从你所在社会之网中的一个位置上，可以"纵向"，也可"横向"与人联系，这样的方面首先有与你工作直接有关的人维持和谐的工作关系，例如和上司、同事、下属、客户保持良好关系，有利于工作的进行。其次，要分清楚关系的性质，有工作关系、朋友关系、伙伴关系等，不要把这些不同关系混淆，否则，容易公私不分。在单位里，当然以工作关系为首要。再其次，这是一个分工合作的世界。想工作顺利，你需要良好的人际关系，令你更容易得到帮助。没有人不会不碰到困难，有些困难单靠自己解决不了，必须借助于朋友，或贵人的力量，才可完满解决。和别人保持良好关系，在有需要请求别人帮你忙时，你不会感到不好意思，而别人也比较乐意帮助你。

无论如何，你都不要忽略你的朋友，给他以真诚，给他以帮助。多一个朋友也就多一份信任，多一份机遇，多一条道路。你在漫漫的人生旅途中，在求索事业的艰辛历程中，才不显得孤独，才不显得孤立无助。那些轻视友谊、自私自利的人都是很难获得朋友的，特别是获得诚挚忠心的朋友更是难于上青天的。

广交朋友，有益于发现贵人，一时得到贵人的提携，你就有了改变命运的契机。

231 站在贵人的肩膀上

过分看重自尊，放不下架子，舍不得脸面，说不来"软话"，唤不起别人的同情心，经不住人家首次拒绝的打击。只要求人办事一受阻，就感到羞辱气恼，要么与人争吵闹崩，要么拂袖而去，再不回头。如此一来，求人达不到目的也就在所难免了。

求人办事是一门学问，求人碰钉子，原因有二：一是心态上有偏差，过分强调自尊放不下姿态，二是缺乏娴熟的手段和技巧。所以，为了达到求人的目的，不妨试试以下招数：

首先，要摆正心态，放下自尊。脸皮不妨厚一点，碰个钉子，脸不红心不跳，不气不恼，照样微笑与人周旋，只要还有一丝希望就要全力争取，不达目的决不罢休。不管双方认识距离有多大，只要你善于用行动证明你的诚意，就会促使对方去思索，进而理解你的苦心。

其次，动用嘴上功夫，用泡蘑菇加糖的办法说服对方。有时候你去求人，对方有实际困难，或心有所疑。推托不办，如遇这种情形，嘴上的功夫就显得十分重要了。要善解人意，抓住问题的症结，泡蘑菇时加点"糖"，巧用语言攻心。

再次，学会"攀龙附凤"，拉拢贵人。有句话说"七分努力，三分机运"。但偏偏有些人即使努力了也不未能取得令人满意的结果，这有可能在于缺少贵人相助。在社交中，结识贵人往往是不可缺少的一环，有了贵人，不仅能替你加分，还能加大你成功的筹码。你的身边并不缺少贵人，而是少了发现贵人的眼睛。你的老师、你的上司、你所结识的长者、尊贵者，等等，都是你的贵人，结交这些贵人并建立友好的关系，对你的成功有着很大的推动作用，必要的时候，你需要得到他们的扶持和提携。

人的学识、修养、经历、地位不同，因而有平常与尊贵之分。这是人际关系的层次差别，也是一种自然秩序。尊贵者虽然与平常者之间，有着一定的认识差别，但却可以彼此打破障碍、正常交往，甚至发展友情。

232 主动给自己拉票

大多数成功的人很少单单依靠个人的能力，通常都得力于社交圈子，广泛拥有良好的人际关系。所以这种社交圈子和人际关系是一项很重要的资源和财富。

人是社会关系的总和，在你接触的所有关系中，往往只有一些重要的关系才能给你提供最大程度的帮助。所以，应该把时间和精力，花在最重要的人际关系上。你的个人生活或职业生涯中，与你交往的人无论从认识还是行为方式上，都能对你造成深远的影响。在内心仔细分析每一个与你交往的人，认真思考你的每一段友谊、工作中的人际交往，以及你在任何

其他场合产生的人际关系。那些同你有关系的人都会对你的思想产生意义
重大的影响和冲击。

其次，建立交际圈是不够的，还要扩大自己的交际圈。

交际圈就如一张网，每个人就是网上的一个点，要想让这些孤立的点
活动起来，就必须与其它的"点"联合，与他们接触，只有这样，才不会
成为一个"死点"。接触的"点"越多，活动的范围就越大，社交的圈子
就越广泛。而圈子越大，网上的"点"就越多，一旦一个"点"动起来，
其它"点"也就会相应地动起来，由此产生持久的互动效应，使整个圈子
的"点"都"活动"起来，这就是为什么社交圈子广泛，朋友多，好办事
的根本原因。

然而，有的年轻人生活圈子很小，除了亲戚和少数几个朋友，其他的
社会关系可谓是"凤毛麟角"，所以他们的朋友通常不多，在关键时候能
帮上忙的朋友就更少了。这些人不善于交际，不懂得如何扩大社交圈子，
不善于结交新朋友。他们不会有目的地主动接近一个人，如果这样做，他
们会脸红、结巴，被人家一眼洞空，自己也会觉得尴尬没用。久而久之，
他们宁愿守着自己的小圈子，而不去延伸大圈子，甚至自己的小圈子也正
在逐步缩小，最后慢慢地让自己"脱离了群众"。

再次，主动与人交往，在众人中树立人缘。

是否有人缘，大大地左右着事业的成功与否。所以要想改变，就必须从
现在起建立人缘，建立高层次的人际关系。那么，怎样才能建立起新的人缘
呢？为此，要有具体的行动。一言以蔽之，即要积极地走出去，扩大与人交
往的机会。

与人交往时，要提醒的是，要尽力避免同那些会阻碍自己成功的人打
交道。比如心态消极的人，总是试图改造别人的人，苛刻挑剔的人，浪费
时间的人。同时，也拒绝那些不守承诺的人，猥琐、不诚实或自私自利的
人，以及那些总是作威作福、不可一世的人。

233 雪中送炭，举手之劳

一年冬天，年轻的哈默随一群同伴来到美国南加州一个名叫沃尔逊的小镇，在那里，他认识了善良的镇长杰克逊。正是这位镇长，对哈默后来的成功影响巨大。

那天，天下着小雨，镇长门前花圃旁边的小路成了一片泥淖。于是行人就从花圃里穿过，弄得花圃一片狼藉。哈默不禁替镇长痛惜，于是不顾寒雨淋身，独自站在雨中看护花圃，让行人从泥淖中穿行。

这时出去半天的镇长满面微笑地从外面挑回一担煤渣，从容地把它铺在泥淖里。结果，再也没有人从花圃里穿过了。镇长意味深长地对哈默说："你看，给人方便，就是给自己方便。我们这样做有什么不好？"

后来，哈默在艰苦的奋斗下成为美国石油大王。一天深夜，他在一家大酒店门口被黑人记者杰西克拦住，杰西克问了他一个最敏感的话题："为什么前一阵子阁下对东欧国家的石油输出量减少了，而你最大对手的石油输出量却略有增加？这似乎与阁下现在的石油大王身份不符。"

哈默听了记者这个尖锐的问题，没有立即反驳他，而是平静地回答道："给人方便就是给自己方便。那些想在竞争中出人头地的人如果知道，关照别人需要的只是一点点的理解与大度，却能赢来意想不到的收获，那他一定会后悔不迭。给人方便，是一种最有力量的方式，也是一条最好的路。"

在我们身边，有人之所以生活得有意义，有快乐，有满足感，是因为他能奉献，而不是处心积虑地想要占有。奉献给人一个更大的实现自我的空间。

一句温暖的问候，一个关切的眼神，一句真诚的祝福，一杯袅袅的清茶……举手之劳，换来彼此的温暖、澄澈，换来别人的关心与回报。

234 做圈子里的活跃人物

在日常的人际交往中，人们希望出现令人愉悦的场面，而能够制造欢乐气氛的人则更受欢迎。以下方法可帮助你成为圈子里的活跃人物。

1. 夸张的赞美

老朋友、新同事见面后，不免介绍寒暄一番，这是个极好的活跃气氛的机会。借此发表一番"外交辞令"，把每个人的才能、成就、天赋、地位、特长等作一种夸张式的炫耀与渲染，这可使朋友们感到自己深深地为你所了解、所倾慕。尤其是利用这种方式把朋友推荐给其他人，谁也不会去计较其真实性，但你却张扬了朋友们最喜欢被张扬的内容。这种把人抬得极高，但没有虚伪、奉承之感的介绍，会立即使整个气氛变得异常活跃。

2. 引发共鸣感

朋友、同事相聚，最忌一个人唱独角戏，大家当听众。成功的社交应是众人畅所欲言，各自都表现出最佳的才能，作出最精彩的表演。为达到这一目的，就必须寻找能引起大家最广泛共鸣的内容。有共同的感受，彼此间才会各抒己见，仁者见仁，智者见智，气氛才会热烈。所以，你若是社交活动的主持人，一定要把活动的内容同参加者的好恶、最关心的话题、最擅长的拿手好戏等因素联系起来，以免出现冷场。

3. 有魅力的恶作剧

善意地有分寸地取笑、调侃朋友并不是坏事，双方自由自在地嬉戏，超脱习惯、道德，远离规则的界限，享受不受束缚的"自由"和解除规则的"轻松"，是极为惬意的乐事。恶作剧具有出人意料的效果，它起于幽默，导致欢笑。人们在捧腹大笑之际，会深深地感谢那个聪明的快乐制造者。

4. 寓庄于谐

商务社交中需要庄重，但自始至终保持庄重气氛就会显得紧张。寓庄于谐的交谈方式比较自由，在许多场合都可以使用。用风趣、诙谐的语言，同样可以表达较重要的内容。当年毛泽东主席在接见国民党谈判代表刘斐先生时说："你是湖南人吧！老乡见老乡，两眼泪汪汪。"这番话顿使刘斐先生的紧张情绪减去了一大半，打消了拘束感，紧张的会谈气氛也因此缓和了下来。

5. 提出荒谬的问题并巧妙应答

生活中，总是一本正经的人会给人古板、单调、乏味的感觉。交谈中，不时穿插一些朋友们意想不到的、貌似荒谬而实则极有意义的问题，是很好的一种活跃气氛的方法。也许会有人时常问你一些荒谬的问题，如果你直斥对方荒谬，或不屑一顾，不仅会破坏交谈气氛、人际关系，而且会被人认为缺乏幽默感。

学会提出引人发笑的荒谬问题并能巧妙应答，有助于良好社交气氛的形成。

6. 带些"小道具"

朋友相聚，也许在初见面时打不开局面，而陷于窘境，也许在中间出现冷场。这时，你随身携带的小道具便可发挥作用。一个精致的钥匙链可能引发一大堆话题；一把扇子，既可用作帽子，又可题诗作画，也可唤起大家特殊的兴趣。所以说，小道具的妙用不可小瞧呢。

7. 制造一些无伤大雅的小漏洞

漏洞是悬念，是"包袱"，制造它，会使人格外关注你的所作所为，精力集中，全神贯注。待你抖开"包袱"之后，人们见是一场虚惊，都会付之一笑。

8. 适当贬抑自己

自我贬低、自我解嘲，这种战术是最高明的。往往是老练而自信的人才采取这种方式。贬抑会收到欲扬先抑、欲擒先纵的效果。众人将在哄笑声中重新把你抬得很高。自我贬抑既可活跃气氛，又能博得他人好感。

9. 故意暴露一下"缺点"

你可以偶尔故作滑稽，或搞出一副大大咧咧、衣冠不整的样子；或莽撞调皮、佯装醉汉，摆出一副满不在乎的神情。这些"缺点"，平素在你身上不常见，人们突然观察到这种变化，会有一种特殊的新鲜感，你收得拢、放得开的举止会令人捧腹大笑，使大家对你刮目相看。

当然，若要社交的气氛理想，除在形式上做文章外，最主要的还是内容的新颖、别致。内容本身充满活力，活动才会活泼、欢快。

235 友情投资要走长线

友谊之花，须经年累月培养；做人做事，不可急功近利。

善于放长线、钓大鱼的人，看到大鱼上钩之后，总是不急着收线扬竿，把鱼甩到岸上。因为这样做，到头来不仅可能抓不到鱼，还可能把钓竿折断。他会按捺下心头的喜悦，不慌不忙地收几下线，慢慢把鱼拉近岸边；一旦大鱼挣扎，便又放松钓线，让鱼游窜几下，再又慢慢收钓。如此一张一驰，待到大鱼精疲力尽，无力挣扎，才将它拉近岸边，用提网兜拽上岸。

交友求人也是一样，如果逼得太紧，别人反而会一口回绝你的请求。只有耐心等待，才会有成功的喜讯来临。

某中小企业的董事长长期承包那些大电器公司的工程，对这些公司的重要人物常施以小恩小惠，这位董事长的交际方式与一般企业家的交际方式的不同之处是：不仅奉承公司要人，对年轻的职员也殷勤款待。

谁都知道，这位董事长并非无的放矢。

事前，他总是想方设法将电器公司中各员工的学历、人际关系、工作能力和业绩，作一次全面的调查和了解，认为这个人大有可为，以后会成为该公司的要员时，不管他有多年轻，都尽心款待。这位董事长这样做的目的是为日后获得更多的利益作准备。

这位董事长明白，十个欠他人情债的人当中，有九个会给他带来意想不到的收益。他现在做的"亏本"生意，日后会利滚利地收回。

所以，当自己所看中的某位年轻职员晋升为科长时，他会立即跑去庆祝，赠送礼物，同时还邀请他到高级餐馆用餐。年轻的科长很少去过这类场所，因此对他的这种盛情款待自然倍加感动，心想：我从前从未给过这位董事长任何好处，并且现在也没有掌握重大交易决策权，这位董事长真是位大好人！无形之中，这位年轻科长自然产生了感恩图报的意识。

正在受宠若惊之际，这董事长却说："我们企业公司能有今日，完全是靠贵公司的抬举，因此，我向你这位优秀的职员表示谢意，也是应该的。"这样说的用意，是不想让这位职员有太大的心理负担。

这样，当有朝一日这些职员晋升至处长、经理等要职时，还记着这位董事长的恩惠。因此在生意竞争十分激烈的时期，许多承包商倒闭的倒闭，破产的破产，而这位董事长的公司却仍旧生意兴隆，其原因是由于他平常关系投资多的结果。

总观这位董事长的"放长线"手腕，确有他"老姜"的"辣味"。这也揭示交友求人要有长远眼光，尽量少做临时抱佛脚的买卖，而要注意有目标的长期感情投资。同时，放长线钓大鱼，必须慧眼识英雄，才不至于将心血枉费在那些中看不中用的庸才身上。

很多人都有忽视"感情投资"的毛病，一旦交上某个朋友，就不再去培育和发展双方之间的感情，长此以往，两个人的关系自然就淡漠了，最后甚至变成了陌路人。

可见，"感情投资"应该是经常性的，不可似有似无，要做到常联系、常沟通，到时才能用得着、靠得上。

236 让别人欠你的人情

俗话说："投之以桃，报之以李"。在商业社会里，人们都希望得到立竿见影的效果，否则就不愿付出。即便是朋友之间，要别人主动帮忙也很勉强。这在人与人之间的交往中表现得十分突出。

在求人办事时，别人未必情愿为你白忙乎，他希望你也能帮他做些事情，有的甚至希望在他为你办成事之前你得先帮他办成。如果了解对方的这种心理，主动的满足他的欲望他就会主动帮助你。

商业社会主要建立在交换关系上，人与人之间有来才有往。你帮人家办事，他欠你一个情，日后你有事求他，他才会反过来帮你办事。天下没有免费的午餐，要想办成事，必须事换事，先让别人欠你人情。当你有事求人时，自然好开口。如果事先没基础，贸然开口去求人办事，对方即便答应也是很勉强。如果拒绝，那更是自讨没趣。

从现在就开始行动，先从我们身边的人开始，把帮助别人当作一种习惯，乐于帮助人。看看有哪些人需要你的帮助，然后主动出击。别人欠了你的人情，一旦你有需要帮助的时候，别人就会主动来帮助你。

换一个角度来看，主动帮助别人，就类似于你在往银行里存款，存得越多，存得越久，利息越多。你送别人一个人情，对方便欠了你一个人情，他是定要回报的，因为这是人之常情。

237 尽量避免欠别人人情

人情是必须回报的，但是，如何回报，何时回报，回报的代价是多大，却从来没有什么规定。如果你欠久了，难以还，成了负担，岂不糟糕?

所以，你既要学会"做人情"，又要努力使自己避免欠下别人的人情。

人与人之间交往，提点礼物，都挺正常，带有明显功利目的的朋友，是可以看得出来的。如今人的生活速度已提高许多，请朋友办事的速度也大大提升。假如一个并不经常见面的朋友，带的礼物超乎平时的贵重，那必然有他所来的目的。

中国人讲面子，带来的东西你不收，他觉得你不给面子，你再让他带回去，更是有损尊严了，所以，你也不能太驳人家的面子。盛情难却，你可以暂时收下，但你必须将这个人情送回去，你要去回访他，带着并不多的恩惠，两下扯平，也不会伤了和气。这没什么不好意思的。

朋友请你办事的第二种手段，就是请你吃饭，东西送到门，你不能不给面子，吃饭却得预约，这就让你有许多理由去推脱掉，但脑子要转得快些，推辞讲得委婉些。

脑子转得快些。知道对方是谁，要弄清关系网，搞清朋友圈，然后，再想想该接受还是推掉。其中，重要的是要搞清朋友请你办事的性质，如果涉及违法的事，必须毫不犹疑地推掉，并对朋友晓以利害，这才是对他负责的态度。在原则面前，是没有什么面子可讲的。如果是非原则问题，你不想做，当然也可推掉。

推辞委婉些。打算推掉，就不能实话实说，一定要编一个委婉的借口，不可以用"我太忙""我分不开身"之类的话搪塞，要说得诚恳些，让朋友听出你确实有不得已的苦衷。

避免人情债，要有自知之明。自己应该是最了解自己的，能吃几碗饭，能干多少事。然而，中国人的面子害死人，有的人就爱打肿脸充胖子，自认为自己特能干，别人一提请求，马上就拍胸脯，包在我身上。更甚者，明知自己办不成，也要硬往自己身上揽。

所以，千万别逞强，说不定你还会将事情搞砸，办不成的事，要老实地说，没什么不好意思的。办不了的事就是办不了，朋友之所以来找你，就因为他也办不成，别为你帮不上友人的忙而不好受，与其搞砸一件事，还不如让友人另请高明。

避免人情债，还要学会自省。一个阶段过后，你要反思一下，你做的事是否合理，该给对方办的事做了没有，答应的诺言是否忘了，欠他的人情是否补上了。

不自省，就会忽略了朋友，善于交友的人，朋友往往很多，不见得许多事都想得清清楚楚，但忽略朋友是件挺危险的事情，人家会以为你不重视他。

有人结婚，忘了给一位朋友送请柬，等到他再碰到这位朋友，跟他热情打招呼时，总觉得朋友对他有些不对劲的地方，他很纳闷，回去后仔细一想，才恍然大悟，于是赶快带上礼物，叫上新娘，到对方家拜访，这才化干戈为玉帛。

每人都会认为自己很重要，也会认为在朋友心目中亦很重要，在这种自我优先论的支配下，忽略了朋友，他会有想法，认为你是不是对他有意见等等。所以，为避免友情遗漏，应习惯定期自省，同遗忘努力作斗争，将有关事宜作一个记录，以提醒自己。

238 做人情就得做足

人情是维系群体的最佳手段和人际交往的主要工具，因此平时要重视人情投资，做足人情投资。

做足人情，包含两个含义，一是要做完；二是要做充分。

如果你的一个朋友求你办什么事，你满口答应："没问题。"但隔了几天，你给他一个半零不落的结果，对方虽然口头上不说什么，但心里肯定会说："这哥儿们，真不够意思，做就做完，做一半还不如不做，帮倒忙。"

做人情只做一半，叫帮倒忙，越帮越忙，非但如此，还会影响信任度。说话不算数的人，谁都不愿意结交。人情做一半，叫出力不讨好。

人情做充分，就是不仅要做完，还要做好，做得漂亮。如果你答应帮别人办某种事，就要尽心去做，不能做得勉勉强强。如果做得太勉强了，即使事情成了。你的态度也会让对方在感情上受到伤害。

比方说你买了一本好书，朋友来借，你先说："我刚买的，还没看完呢，你想看就先拿去吧。"

其实前面的废话又何必说呢？最后的结果是借给人家了，你不说也是借，说了还是借，与其说些废话还不如痛痛快快借给他。书总是你的嘛，还回来你尽可以看一辈子，何不把人情做圆满呢？

应牢记：人情要做足。人情做足了自然会赢得朋友的万分感激，让对方记挂你一辈子。

把人情做足，好人做到底，你就要想朋友之所想，急朋友之所急。在朋友最困难、最需要帮助的时候，给朋友一个人情，杀伤力更大。

三国争霸之前，周瑜在袁术手下为官，做一个小县的县令。

这时候地方上发生了饥荒，百姓没有粮食吃，活活饿死了不少人，士兵们也饿得失去了战斗力。周瑜作为父母官，看到这悲惨情形急得心慌意乱，不知如何为好。

周瑜听说附近有个乐善好施的财主鲁肃，就登门借粮。两人寒暄一阵，周瑜就直接说："不瞒老兄，小弟此次造访，是想借点粮食。"

鲁肃听后哈哈大笑："此乃区区小事，我答应就是。"

鲁肃亲自带周瑜去查看粮仓，这时鲁家存有两仓粮食，鲁肃痛快地说："也别提什么借不借的，我把其中一仓送你好了。"

周瑜及手下一听他如此大方，都愣住了，要知道，在饥荒之年，粮食就是生命啊！鲁肃可谓送了周瑜一个大人情。

鲁肃做足了人情，和周瑜成了好朋友。后来周瑜当上了将军，他牢记鲁肃的恩德，将他推荐给孙权，鲁肃终于得到了自己大展鸿图的机会。

做足人情，还有一个意思，就是你欠了朋友的人情，还的时候，要还足，甚至还更多。你的人情大于他的，他就得记着新的人情，朋友之间的账，永远也算不清，从某种意义上讲，这种算不清的账，无疑成了与朋友之间联系的一种纽带。

朋友之间的情谊，是用人情维系的，所以在做人情方面，你一定要看得开，决定去做的人情，一定要做足，做足人情并非自己"自作多情""一个愿打，一个愿挨"，而是"放长线钓大鱼"。人情做足了，才具有杀伤力，才能把想办的事办好。

Part 9

敢拼，才配是青春

239 三分天注定，七分靠打拼

有一首粤语歌曲唱得好："人生可比是海上的波浪，有时起有时落，好运歹运，总嘛要照起工来行，三分天注定，七分靠打拼，爱拼才会赢。"古今多少事，没有空想出来的，只有干出来的。

当我们不具备成功的天赋时，只有脚踏实地，才能让自己站稳脚跟。正如山崖上的松柏，经过无数暴风雪的洗礼，仍然巍然屹立不倒，它们的根已深深植入地下。

一个人若不敢向命运挑战，不敢在生活中开创自己的蓝天，命运给予他的也许仅是一个枯井的地盘，举目所见只是蛛网和尘埃，充耳所闻的也只是唧唧虫鸣。

所以，成功需要付出，理想需要汗水来实现，辉煌人生需要勤奋来铸就。

在美国，有无数感人肺腑、催人奋进的故事，主人公胸怀大志，尽管他们出身卑微，但他们以顽强的意志、勤奋的精神努力奋斗，锲而不舍，最终获得了成功。林肯就是其中的一位。

幼年时代的林肯住在一所极其简陋的茅草屋里，没有窗户，也没有地板，用当代人的居住标准来看，他简直就是生活在荒郊野外。但是他并没放弃理想，为了理想他流再多的汗水、吃再多的苦也不会后悔。当时他的住所离学校非常远，一些生活必需品相当缺乏，更谈不上可供阅读的报纸和书籍了。然而，就是在这种情况下，他每天还持之以恒地走二三十里路去上学。晚上，他只能靠着木柴燃烧发出的微弱火光来阅读……

众所周知，林肯只受过一年的学校教育，成长于艰苦的环境中，但他努力奋斗、自强不息，最终成为美国历史上最伟大的总统之一。

任何人都要经过不懈努力才可能有所收获。世界上没有机缘巧合这样的事存在，唯有脚踏实地、努力奋斗才能收获美丽的奇迹。

勤奋出天才，爱拼才会赢，此言不谬也！当你失志时，别忘了哼唱一句"爱拼才会赢"来激励自己；当你落魄时，请仔细回味"爱拼才会赢"的隽永，让自己满怀斗志。

240 爱拼才会赢

没有人能随随便便就会成功，爱拼才会赢。生活就是一场场接二连三的挑战，结束了这一场还有下一场，挑战无处不在。逃避挑战是懦弱的表现。正确的态度是：勇于拼搏，勇敢地面对一切，证明自己能行。

2010年8月，天山网报道了一则标题为《温晓文：敢闯善拼，致富路上勇争先》的新闻。农一师水利水电工程处加工厂职工温晓文，大伙儿都叫他"温老板"。他敢闯善拼，已拥有固定资产100多万元，走上了致富路。

1993年，温晓文从部队复员后来到农一师，种过地、当过农机驾驶员。2000年，水利水电工程处深化改革，转让农机具产权。温晓文抓住机遇，筹钱买了一辆拖拉机，开始了创业路。10年来，他苦心经营，掌握了过硬的技术，事业干得红红火火。

在农机作业中，温晓文宁可速度慢一点，也要保证作业质量，因此赢得了良好的信誉，找他干活的人越来越多。近几年，他年收入都在15万元以上。

从事农机作业竞争激烈，必须不断更新农机具。温晓文舍得投入，2005年，他贷款70多万元购买了一辆大马力机车。2006年，他花5万多元购买了一台装花机。2008年，他投资25万元购买了两辆链轨车及配套农具。新式农机具作业质量好、效率高，承包职工争着用，给他带来高回报。

温晓文没有就此满足。2007年8月，水电处对棉花加工车间实行租赁承包，温晓文认为这是一个发展机会，积极参与竞标，取得了承包权。他招录新工人，集中培训，同时制定严格的经营管理制度，保证了加工质量。他承包棉花加工车间，每年收入10万元以上。

2010年，温晓文又看准红枣产业发展前景，承包了22亩枣园。温晓文说，只有敢想敢做、敢闯敢拼，致富路才能越走越宽广。

凡事只要乐观看待，努力打拼，勇于克服挫折并坚持到底，就能一步步达成梦想，也能为自己带来正面的力量。

241 相信命运不如相信奋斗

江灿腾1946年出生在台湾桃园大溪，是当地富裕望族之后。他的父亲听信了算命师的一句话——活不过三十五岁，短短几年内，荒唐地败光家产，以享受人生。不过，老天可没让他如愿，过了三十五岁，江灿腾的父亲仍旧活得好好的！江家自此陷入困境，江灿腾也因此而辍学，开始打零工贴补家用。他做过水泥小工、店员、工友等，尝尽人生冷暖。可他并不甘于当一名小工人，后来他考入飞利浦公司，自学通过国中、高中的同等学历考试，并于三十二岁考上师大历史系夜间部，自此踏上学术研究之路，于五十四岁时拿到台大史学博士。

从工人到博士，江灿腾在家变、失学、童工剥削、失恋、癌症折磨等不顺遂中，找到了生命的价值，在生与死之间坚定了人生的信念。

约翰·梅杰被称为英国的"平民首相"。这位笔锋犀利的政治家是白手起家的典型。他是一位杂技师的儿子，十六岁时就离开了学校。他曾因算术不及格未能当上公共汽车售票员，饱尝了失业之苦，但这并没有压垮年轻的梅杰。这位能力十足、具有坚强信心的小伙子终于靠自己的努力摆脱了困境。经过外交大臣、财政大臣等八个政府职务的锻炼，他终于当上了首相，登上了英国的权力之巅。有趣的是，他也是英国唯一领取过失业救济金的首相。

巴尔扎克说："挫折和不幸，是天才的进身之阶、信徒的洗礼之水、能人的无价之宝、弱者的无底深渊。"面对生活中的诸多坎坷和不幸，强者相信奋斗，首先战胜自己；弱者则屈服于自己，只能去相信命运。

把困难当作机遇，把命运的折磨当作人生的考验，把今天的苦楚寄希望于明天的甘甜，这样的人，即便是上帝对他也无能为力。

人的一生绝不可能是一帆风顺的，有成功的喜悦，也有无尽的烦恼；有波澜不兴的坦途，更有布满荆棘的坎坷与险阻。当苦难的浪潮向我们涌来时，我们惟有与命运进行不懈地抗争，才有希望看见成功女神高擎着的橄榄枝。

古人云："天将降大任于斯人也，必先苦其心志，劳其筋骨，饿其体肤，空乏其身，行拂乱其所为，所以动心忍性，增益其所不能。"苦难是锻炼人意志的最好的学校。与苦难搏击，它会激发你身上无穷的潜力，锻炼你的胆识，磨练你的意志。也许，身处苦难之时你会倍感痛苦与无奈，但当你走过困苦之后，你会更加深刻地明白：正是那份苦难给了你人格上的成熟和伟岸，给了你面对一切无所畏惧的能力，以及与这种能力紧密相连的面对苦难的心态。

苦难，在不屈的人们面前会化成一种礼物，这份珍贵的礼物会成为真正滋润你生命的甘泉，让你在人生的任何时刻，都不会轻易被击倒！

年轻的你，你一定见过瀑布吧。美丽的瀑布迈着勇敢的步伐，在悬崖峭壁前毫不退缩，因山崖的绞结碰撞造就了自己生命的壮观。有谁能说，这不是生命的美丽呢？

242 没拼过的青春，不值一过

我们的生活是复杂的，也是多变的。有时风平浪静，有时惊涛拍岸；有时风和日丽，有时雷电交加；有时鲜花盛开，有时满路荆棘。面对多样的生活，如何唱响成功的主旋律？成功者的回答是：只要活着，就应该去创造和开拓。

如果我们的生活总是四平八稳，千篇一律，这样生活一百年和生活一天有什么分别？如果今天总是重复着昨天的故事，每天完全一致地生活着，一百岁的老寿星和夭折的婴儿有什么分别？我们希望长寿，希望过好日子，希望不远的将来有全新的格局出现。只有打破陈规陋习，生命才有意义。

我们不知道未来是什么样子，但至少应了解，未来存在着成功的可能性，也存在着不成功的可能性。未来就好像一个冥然无知的黑洞，靠我们去打破它，让它充满阳光和希望。打破黑洞不容易，这需要有冒险的精神。康德说："人的心中有一种追求无限和永恒的倾向。这种倾向在理性中的最直观表现就是冒险。"

不经过无数次的冒险，人类不可能从茹毛饮血的社会，进化到今天能够坐在中央空调的房子里品尝咖啡的时代。哥伦布发现新大陆，郑和七下西洋，诺贝尔发明炸药，哥白尼创立天体运动论，这些历史上的著名事件，都开始于冒险。没有冒险精神，人类就没有创造，就没有社会改革。只有带着沉重的风险意识，敢于怀疑并打破过去的秩序，通过冒险而取得胜利后，才能享受到成功的喜悦。

在我们身边，随时随地都要冒险。如果你想骑马赶路，就得抛开可能发生任何意外的想法。因为要避免从马背上摔下来跌断腿的危险，除非用两脚徒步，否则别无他法。然而走路也有跌伤的时候，所以为了赶路，你只有冒险。有人认为，这种情形只是在马是唯一的交通工具的时代所抱的乐观想法。殊不知，在我们这样发达的社会，更是出门一步就危机重重。

假如你恐惧于交通事故的频繁而不敢出门的话，就只有终日沉闷地待在家里了。但是，待在家里，除了有粮食缺乏的危机之外，还是没有获得绝对的安全。随着活动方式的增加，危险性也就成比例地产生。这么说来，难道就不能活动了？打破沉闷，寻求新奇刺激，这是现代人的共同呼声。现代人再也不安心过平平庸庸、千篇一律的生活了，古语"君子不立危墙之下"的说法，完全不再适用于现代社会了。

冒险与危机具有深层次的关联，危机就是危险之中蕴藏着机遇。常人的机遇，常人的成功，往往存在于危险之中。你想要美好的机遇吗？你想要事业的成就，那就要敢冒风险，投身危险的境地，去探索、去创造，不要瞻前顾后，不要害怕失败。

成功之母便是失败，成功只是无数失败中的分子，不是无数失败中的分母。正常的规律是，无数的失败换来一次成功，无数人的失败换来一人成功。惧怕失败，不冒风险，求稳怕乱、平平稳稳地过一辈子，虽然可靠、平静，虽然生活"比上不足比下有余"，但那是多么无聊。

在这个充满激烈竞争的时代，无论干什么，都需要开拓进取精神。不少年轻人比较胆怯，缺乏冒险精神，守成有余而开拓不足，这使得他们的事业始终处于一种小格局、小境界和小发展中，做不大做不强，只能在竞争中甘拜下风。

冒险失败远胜于安逸平庸。与其平庸地过一辈子，不如轰轰烈烈干一场。

243 奇迹是自己拼搏出来的

当理想在一个人身上实现时，世人会感叹又一个奇迹出现了。然而，奇迹不是上帝的力量，而是你自己奋力拼搏的结果。

四岁的小克莱门斯上学了。教书的霍尔太太是一位虔诚的基督徒，每次上课之前，她都要领着孩子们进行祈祷。因为她认为，只要认真祈祷，你就会得到你想要的东西。

小克莱门斯特别想得到一块很大很大的面包，于是他天天关起门来祈祷，一个月过去了，上帝并没有给予小克莱门斯一块面包。一个金色头发的小姑娘告诉他，一块面包用几个硬币就可以买到，为什么花那么多时间去祈祷上帝，而不是去赚钱买面包呢？

小克莱门斯决定不再祈祷。他相信小姑娘所说的正是自己想要知道的——只有通过实际的工作来获得自己想要的东西。而祈祷，永远只能让你停留在等待中。小克莱门斯对自己说："我不要再为一件卑微的小东西祈祷了。"他带着对生活的坚定信心走向了新的道路。

多年以后，小克莱门斯长大成人，当他用笔名马克·吐温发表作品的时候，他已经是一名为了理想勇敢战斗的作家了。他再没有祈祷上帝，因为在无数个艰难的日子中，他都记着：不要为卑微的东西祈祷！只有奋斗和努力是真实的，只有自己的汗水是真实的。祈祷天堂里的上帝，不如相信真实的自己；祈祷虚无的上帝，不如付出诚实的劳动。

244 没有行动，梦想就会萎缩

不少年轻人，在开始时都拥有远大的理想，因为缺乏立即行动的个性，理想于是开始萎缩，加之种种消极与不可能的思想衍生，有的人甚至于就此不敢再存任何梦想，于是过着随遇而安、乐于知命的平庸生活。这也是为何成功者总是占少数的原因。

有一个幽默大师曾说："每天最大的困难是离开温暖的被窝走到冰冷的房间。"他说得不错。当你躺在床上认为起床是件不愉快的事时，它就真的变成一件困难的事了。即使这么简单的起床动作，亦即把棉被掀开，同时把脚伸到地上的自动反应，都可以击退你的恐惧。

那些大有作为的人物都不会等到精神好的时候才去做事，而是推动自己的精神去做事的。

"现在"这个词对成功的妙用无穷，而"明天""下个礼拜""以后""将来某个时候"或"有一天"，往往就是"永远做不到"的同义词。有很多好计划没有实现，只是因为应该说"我现在就去做，马上开始"的时候，却说"我将来有一天会开始去做"。

人人都认为储蓄是件好事。虽然它很好，但是并不表示人人都会依据有系统的储蓄计划去做。许多人都想要储蓄，只有少数人才能真正做到。这里是一对年轻夫妇的储蓄经过。毕尔先生每个月的收入是1000美元，但是每个月的开销也要1000美元，收支刚好相抵。夫妇俩都很想储蓄，但是往往会找些使他们无法开始的理由。他们说了好几年："加薪以后马上开始存钱""分期付款还清以后就要……""渡过这次困难以后就要……""下个月就要""明年就要开始存钱。"

最后还是太太珍妮不想再拖延。她对毕尔说："你好好想想，到底要不要存钱？"他说："当然要啊？但是现在省不下来呀？"

珍妮这一次下决心了。她接着说："我们想要存钱已经想了好几年，由于一直认为省不下，才一直没有储蓄，从现在开始要认为我们可以储蓄。我今天看到一个广告说，如果每个月存100美元，15年以后就有18000

美元，外加6600美元的利息。广告义说：'先存钱，再花钱'比'先花钱，再存钱'容易得多。如果你真想储蓄，就把薪水的10％存起来，不可移作他用。我们说不定要靠饼干和牛奶过到月底，只要我们真的那么做，一定可以办到。"

他们为了存钱，起先几个月当然吃尽了苦头，尽量节省，才留出这笔预算。现在他们觉得"存钱跟花钱一样好玩"。

有没有想到一个对于生意大有帮助的计划？马上就开始。时时刻刻记着本杰明·富兰克林的话："今天可以做完的事不要拖到明天。"这也就是我们中国俗话所说的："今日事，今日毕。"

如果你时时想到"现在"，就会完成许多事情；如果常想"将来有一天"或"将来什么时候"，那就会一事无成。

梦想是成功的起跑线，决心则是起跑时的枪声。行动犹如跑步者全力的奔驰，唯有坚持到最后一秒的，方能获得成功的锦标。

245 摘掉"胆小鬼"标签

生活中不少年轻人，甘于做平凡人，羞于自我表现，给人的印象似乎很平庸很冷漠，他们的生活也很平常，生活中朋友也似乎不多，在事业上更是鲜有成为风云人物者。可是，如果你有机会去接近他们、了解他们，你会发现，他们中的许多人都有着丰富的内心世界，并且不乏才华和技艺。但是，由于他们胆小怕事，怕折腾，怕挫折，怕失败，怕失去眼前安逸的生活，因此他们最终沦为平庸者，被这个世界所遗忘，成为命运的弃儿。所以，要想摆脱平庸，就一定要摆脱"胆小鬼"的标签，勇敢地拼搏，活出精彩的自己。

美国最伟大的推销员弗兰克说："如果你是懦夫，那你就是自己最大的敌人；如果你是勇士，那你就是自己最好的朋友。"对于胆怯的人来说，一切都是不可能的，正如采珠的人如果被鳄鱼吓住，怎能得到名贵的珍珠？事实上，总是担惊受怕的人，他就不是一个自由的人，他总是会被各种各样的恐惧、忧虑包围着，看不到前面的路，更看不到前方的风景。正如法国著名的文学家蒙田所说："谁害怕受苦，谁就已经因为害怕而在受苦了。"懦夫怕死，但其实，他早已经不再活着了。

世上没有任何绝对的事情，懦夫并不注定永远懦弱，只要他鼓起勇气，大胆向困难和逆境宣战，并付诸行动，便开始成为勇士。正像鲁迅所说："愿中国青年都摆脱冷气，只是向上走，不必听自暴自弃者说的话。能做事的做事，能发声的发声，有一分热发一分光，就像萤火一般，也可以在黑暗里发一点光，不必等待炬火。"

人生在世，最可恨的就是胆小窝囊地过一辈子，上天既然让我们降生于世，我们就应当承担起我们作为人的责任和义务，书写好那一个大大的"人"字。

年轻人应该有做事的勇气，哪怕遭别人冷眼，会碰壁，这些都是必须经历的一个过程。成功不容易，主要在于一些人缺乏足够的勇气和毅力。

246 有胆量，还要有眼光

社会上有各种各样的人，很多人都想做事，但具体反映在人身上，能不能最终做成事，却表现出两种特征。一是胆量，敢说敢做，敢冒风险的胆量；二是眼光，就看谁有眼光，或者叫眼光长远，谁想得长远，看得长远，谁就能生活得更好。

从前，有两个饥饿的人得到了一位长者的恩赐：一根鱼竿和一篓鲜活硕大的鱼。其中，一个人要了一篓鱼，另一个人要了一根鱼竿，于是他们分道扬镳了。得到鱼的人原地就用干柴搭起篝火煮起了鱼，他狼吞虎咽，转瞬间，连鱼带汤就被他吃了个精光，不久，他便饿死在空空的鱼篓旁。另一个人则提着鱼竿继续忍饥挨饿，一步步艰难地向海边走去，可当他已经看到不远处那片蔚蓝色的海洋时，他浑身的最后一点力气也使完了，他也只能眼巴巴地带着无尽的遗憾撒手人间。

还有两个饥饿的人，他们同样得到了长者恩赐的一根鱼竿和一篓鱼。只是他们并没有各奔东西，而是商定共同去找寻大海，他俩每次只煮一条鱼，他们经过艰难的跋涉，来到了海边，从此，两人开始了捕鱼为生的日子。几年后，他们盖起了房子，有了各自的家庭、子女，有了自己建造的渔船，过上了幸福安康的生活。

人跟人的差别，就体现在这个"眼光"的视角上。有的人鼠目寸光，只会死死盯着眼前的利益；有的人海阔天空，放眼看到的，是以后的前程似锦，是外面更大的蛋糕。目光短浅的人总是对眼前的利益看得太重，抓住眼前的利益就好像抓住了永久的财富，从来不会考虑这些利益之后的得失；而有远见的人，首先会考虑到怎样才能让自己眼前和以后都有所依靠。

人无远虑，必有近忧，把眼光放长远一点，就能解决这样的困惑。一个人只顾眼前的利益，得到的终将是短暂的欢愉；一个人目标高远，但也要面对现实的生活。只有把理想和现实有机结合起来，才有可能成为一个成功之人。

247 成功六字诀：不要怕，不要悔

30年前，有一个年轻人想要离开故乡，去追寻自己的前途。根据乡里的规矩，他动身的第一站应该去拜访本族的族长，以便求得指点。当这个年轻人去见族长时，族长正在练字。当族长听说他想离开故乡去外地闯荡，想了想，就立即挥毫写了三个字：不要怕。然后望着年轻人说："其实人这一生的秘诀没有什么，只有六个字，今天我可以先告诉你三个，我想这三个字已经够你半生受用了。"

30年过去了，当初离家的那个年轻人已经到了中年，取得了一些成就，但是也有了许多伤心事。此时他特意回到了家乡，去见那个族长。不幸的是，族长在几年前就已经去世了。然而族长的家人却取出一封信给这个人，说是族长留给他的东西。这个时候，还乡的游子才想起来30年前他还有一半的人生秘诀没有听到，打开信一看，里面赫然又是三个大字：不要悔。

不要怕，不要悔，这是对人生比较深刻的体会。人生没有失败，所以不要去害怕什么。别人能做到的，自己同样能够做到；别人做不到的，自己为什么不能做到。有了这种感悟，就不要再担心以后会发生什么。人生是没有失败的，人最终都会取得成功。

后悔是一种耗费精神的情绪，后悔是比损失更大的损失，比错误更大的错误。所以不要后悔，不论曾经是否伤害了别人，或者是否做错了事情，都要告诫自己不要后悔。做错了事情，以后不要再犯同样的错误，这样才能进步。在将来的日子里才能够获得非比寻常的成就。

年轻人应当有一股敢拼敢闯荡的精神，不要因为害怕失误或失败而畏缩不前，应当放胆前行，靠勇气和胆量开辟出一片事业的天空。

248 前怕狼后怕虎什么都做不了

美国有很多讨论富人的书，这些书得出结论证明，富人并不比普通人聪明，学识也不一定比一般人多。这些富人之所以能成功，是因为富人们具有的冒险精神或是敢想就敢去做的精神确实比别人多。

这种冒险精神是富人与生俱来的一种特质。

机遇稍纵即逝，要想抓住机遇，除了动作迅速以外，还需要有过人的胆识。很多经商的人纵然从商数年依然摆脱不了贫困的影子，大多是因为他们缺乏胆量，遇到机会的时候前怕狼后怕虎，不敢往前走一步，结果眼睁睁地看着猎物成为他人的囊中之物。命运的转折点绝对不会披着美丽的外衣来到你面前的，它要么有着可憎的面目，要么有着伤人的尖刺，如果你怕它伤害你，那么你永远不会迎来你命运的转折点。勇气，我们需要它打败心中的恐惧，勇敢地走上前去，无论命运安排了你什么，都要勇敢地去迎战，而不是躲避。

渴望冒险的人寻求一种体验生命极限的刺激。但这种体验不同于现在流行的"蹦极"运动带来的刺激。他们寻求的生命极限刺激不仅是简单的兴奋，更是一种直至他们存在极限的挑战，是一种非常特殊而且对人的整体性格有广泛而深刻影响的一个特征。

年轻人要想获得成功，就要有点冒险的精神。前怕狼后怕虎什么都做不了，人生需要冒险。太平静的单调生活会让人失去斗志、失去活力，偶尔冒一下险能激发生活中的情趣和对生活的热情，在冒险中体验真正的生活。或许它会让你走向失败，或许它会让你走向成功，但不管怎么样，它给了你一段人生的经历。

249 不做苟且偷安的鸵鸟

你见过鸵鸟吗？它们不想飞向太阳，甚至连看也不看一眼。面临危险时，它们宁愿把头埋进沙堆里。

在我们周围，也不乏和鸵鸟类似的人。

他们极少挖掘自己的潜力。

他们不大关心自己个性的成熟和事业的成长。

他们讨厌冒险。

他们对工作不负责任。

事情出了差错时，他们宁可埋头装作不知道。

许多年轻人走出校门后，便不再学习，知识积累到此中止。他们能担任何种职务、与人怎样交往，多半就此定型，一生前途也就至此决定。他们大都只求安逸度日，得过且过，有如鸵鸟偷安地埋首于掘好的沙穴之中。

不敢冒险的人力图在熟悉的格局中，小心翼翼地求生。在一成不变的生活方式中，他们毫无乐趣可言，只会感到厌倦无力、寂寞无聊，快速成长对于他们无从谈起。他们好像不清楚怎样才能获得成功，但确知怎样避免失败。安全是他们生命中的主要衡量标准。至于工作和生活的乐趣，已被减少到只要能维持生存即可。

人生注定要充满危险。出生危险，过街也危险，生命中危机重重——生病、意外下岗、破产等。然而，生命中也处处是可带来欢乐的"冒险"——勇敢地去追求健康的体魄、美满的婚姻、幸福的家庭、称心如意的工作。

为了追求美满人生，年轻人一定要去冒一些险。只有摆脱冷漠与沉滞的枷锁，才能享受成长的乐趣。不要效法鸵鸟，而要为自己的前途善作抉择，运用自己的智能与力量去成长、去改变、去冒值得去冒的险。

250 破釜沉舟的勇气不可或缺

恺撒在尚未掌权之前，是一位出色的军事将领。有一次，他奉命率领舰队前去征服英伦诸岛。

他在检阅舰队出发前，发现一项严重的问题：随船远征的军队人数少得可怜，而且武装配备也残破不堪，以这样的军队妄想征服骁勇善战的格鲁沙克逊人，无异于以卵击石。

但恺撒当下还是决定启程，航向英伦诸岛。舰队到达目的地之后，恺撒等候所有兵丁全数下船，立即命令亲信一把火将所有战舰烧毁。

同时他召集全体战士训话，明确地告诉他们：战舰已经烧毁，所以大伙儿只有两种选择。一是勉强应战，如果打不过勇猛的敌人，后退无路，只得被赶入海中喂鱼。另一条路是，不管军力、武器、补给的不足，奋勇向前，攻下该岛，则人人有活命的机会。

士兵们人人抱定必胜的决心，终于攻克强敌，而恺撒也因为这次成功的战役，奠定了日后掌权的基础。

恺撒的领导智慧，在中国古代也有类似的故事。"破釜沉舟"的确是最能激励人心的方式之一。

大多数成功人士之所以成功，是由于他们能够专心致力于与他们所努力与成就的目标上。为了达成目标，他们能舍弃与成功在不相关的事物，眼光只锁定在他们的目标上。

如果确知自己无路可退，再怎么怯懦的人，也能成为最英勇的战士，自然地挺起胸膛，去迎向任何挑战，且必将胜利。

年轻人要想有一番作为，破釜沉舟的勇气不可或缺。天下没有不经过努力奋斗就能够轻而易举得到的成功。惧怕海洋风暴的水手，是永远也不能征服风暴而扬帆驰骋于海洋上的。不给自己留可能的退路，才能够让自己无后顾之忧，无牵无挂，一门心思地去追求成功。

251 突破横亘在心中的"高山"

有人曾经做过一个实验：他往一个玻璃杯里放进一只跳蚤，发现跳蚤可以轻易地跳了出来。重复几遍，结果还是一样。根据测试，跳蚤跳的高度一般可达它身体长度的四百倍左右，所以跳蚤称得上是动物界的跳高冠军。

接下来实验者再次把这只跳蚤放进杯子里，不过这次他立即在杯上加一个玻璃盖，"砰"的一声，跳蚤重重地撞在玻璃盖上。跳蚤十分困惑，但是它不会停下来，因为跳蚤的生活方式就是"跳"。一次次被撞，跳蚤开始变得聪明起来了，它开始根据盖子的高度来调整自己所跳的高度。再一阵子以后呢，发现这只跳蚤再也没有撞击到这个盖子，而是在盖子下面自由地跳动。

一天后，实验者开始把盖子轻轻拿掉，跳蚤不知道盖子已经被拿开，它还是在原来的那个高度继续的跳。三天以后，实验者发现那只跳蚤还在那里跳。一周以后发现，这只可怜的跳蚤还在这个玻璃杯里不停地跳着，从未跳出过杯口，其实它已经无法跳出这个玻璃杯了——从一个跳蚤变成了一个可悲的爬蚤！

现实生活中，有多少年轻人人也在过着这样的"跳蚤人生"？年轻时意气风发，屡屡去尝试成功，但是往往事与愿违，屡屡失败。几次失败以后，他们便开始抱怨这个世界的不公平，怀疑自己的能力，他们不是不惜一切代价去追求成功，而是一再地降低成功的标准，即使原有的限制已取消。

就像故事中的"玻璃盖"，虽然已被取掉，但跳蚤早已经被撞怕了，不敢再跳，或者已习惯了，不想再跳了。人们往往因为害怕去追求成功，而甘愿忍受失败者的生活。难道跳蚤真的不能跳出这个杯子吗？绝对不是，只是它的心里面已经默认了这个杯子的高度是自己无法逾越的。

让这只跳蚤再次跳出这个玻璃杯的办法十分简单，只需拿一根小棒子重重地敲一下杯子；或者拿一盏酒精灯在杯底加热，当跳蚤热得受不了的时候，它就会"砰"的一下，跳了出去。人有些时候也是这样。很多人不敢去追求成功，不是追求不到成功，而是因为他们的心里面也默认了一个"高度"，这个高度常常暗示自己的潜意识：成功是不可能的，是没有办法做到的。

"心理高度"是人无法取得伟大成就的根本原因。我们要不要跳？能不能跳过这个高度？能不能成功？能有多大的成功？这一切问题都取决于自我设限和自我暗示！

因此，我们必须不断战胜自己和超越自己，只有自己才是自己最可怕和最强大的敌人，很多事情并不是被别人打败了，而是被自己的失败心理打败了！我们要坚信自己的生活信念，不管遇到了多么严重的挫折，不论碰到了多么巨大的困难，都不会发生动摇。永不言败，不断拓展自己的生活空间。

252 将"不可能"从你的字典中抹去

一切成功的起点都是欲望，但在将欲望变为成功的过程中，坚忍的意志是人最重要的个性特点之一。大凡成功者，人们都喜欢说他们冷酷无情。其实不然，他们只不过是能够冷静地面对事业进展过程中每一个关键时刻而已。正是因为这一点，他们才能在困难的形势下，稳健地追求着自己的目标。

而有些人却缺乏这样的个性，他们总是欲望强烈，而意志脆弱。所以，遇到不利于自己的局势，就会听任脆弱的意志摆弄，直到他所追求的目标成为记忆中一个遥远的影子。

冠军永远都是那些百折不挠、被打倒了还会再爬起来的人。一两次不成，就再试几次。能不能成功，全看能否坚持到底。多数人没有达到目标，原因就在于不能坚持。百折不挠的毅力，才是成功人生的必备条件。

要做到坚持不懈，就是要全力以赴做好眼前的事——先求耕耘，再问收获；渴求知识和进步，不辞辛劳争取新客户；提早起床，随时寻求提高效率的方法。天才未必就能富有，最聪明的人也不一定幸福，财富不是天上掉下来的。只有辛勤工作、认真筹划和坚持不懈，才能奏效。

悲观的人通常会自以为是、自作聪明。他们经常会满怀歉意地说："噢，这事我办不到""这对我太难了""我不可能成为这样的人"。他们真正的意思是，那不是我的责任，再说我也不具备那个能力，因此犯不着那么辛苦地竭力奋斗。

相反地，健全而快乐的人洞悉世情、自知甚深。他们了解人非圣贤，孰能无过。他们知道偶然的挫败乃是人之常情。为这样的事过分自责，未免浪费精力，不如把宝贵的精力投注在追求尝试下一次的进攻上。

世界上已经寻获的钻石当中最大最纯的一颗名为"自由者"的钻石，就是一位名叫索拉诺的委内瑞拉人在挑选了999999颗普通石头的最后一次弯腰抬起的"鹅卵石"。

我们多数人常犯的毛病，就是不肯再试几次。

只要你能不断地突破自己已知的范围，进入到未知的领域，不达目的誓不罢休，不断地去寻找新的解决方法。总会有所突破，没有办法只是说我们已知范围内的方法已经用尽，只要我们能够不断地去尝试新的事物、新的机会、新的方法，不断地去突破自我、改变自我，永远都没有"不可能"这个词。

从今天开始，就将"不可能"这个词从你的字典中抹去。没有不可能。"不可能"是安于现状者的借口，"不可能"绝非事实，而是观点。"不可能"绝非誓言，而是挑战。

253 怕冒险是最大的风险

人生最大的风险是不敢冒险，最大的错误是不敢犯错。大多数的人之所以不敢冒险不敢犯错，就是因为他们只相信看得见的事。对于那些他们还没见到的事，他们习惯用经验去分析，而经验告诉他们的答案往往令他们不敢轻举妄动。

那些成功的人通常具有一种特征：喜欢做梦，而且不怕尝试错误。他们相信，心中的梦是支撑他们勇往直前的力量，只有不怕犯错，才能累积成功的资产。因为有了梦想，所以他们对失败与风险比较乐观。而且，这些成功的人，通常是成功了两次——他们在潜意识里相信自己已经成功，然后他们真的就成功了！生活其实就是一个不断瞄准—射击—再瞄准—再射击的过程，如果谁拒绝犯错，谁就永远不会有进步。

有些年轻人将踏实工作理解为不犯错误。他们工作思前想后、如履薄冰，不会接近错误，但也不敢承受风险。他们将错误视同挫败、被毁、死亡及歼灭。他们一心只求不犯错误，几乎完全忘记了他们想赢得什么。不犯错误变成了一种胜利。你问这些人："你赢得了什么？"他们往往还充满自豪地说："我也不晓得，可是至少我没犯错误！"一心只求不犯错误的人会变得僵化、没有弹性、独断专行。他们认定，"坚持"就能得到想要的。如果他们要的是不犯错误，往往就会不犯错误。但是，如果他们要的是赢，而赢的本质就必须在弹性之中而不是在僵硬里去找。

怕犯错误，工作就再也不会有什么大的成就。惧怕冒险，就不敢迎接命运的挑战，成为命运的奴仆。年轻人应当有冒险的精神，敢于拼搏，这样才能有所作为，才能略微到人生最壮丽的风景。

254 怕犯错误是最大的错误

人生最大的错误是不敢犯错。

　　小孩子玩游戏的时候，总是喜欢变更规则、界限、角色和游戏方式。他们花在翻新游戏上的时间，甚至比实际游戏的时间还多。而成人却喜欢受人支配，喜欢千篇一律，不去创新改变规则。

　　竞争会造成限制。愿意遵守那些固定的规则与观念，你的思想就会受制于条条框框，使自己的创造力被封闭。

　　打破规则是一种突破性思考的方法，它会让你更精准、有效地达成目标。

　　具有突破性思考特征的人，他们和传统的行业规则格格不入，对每件事都产生质疑，不喜欢墨守成规，偏爱自由洒脱。

　　运动场上很多选手创造佳绩，都是因为打破了传统的比赛方法。如果你想改变习惯，尝试新的挑战，那就请你去突破规则，改变游戏方法。

　　改变规则不难，关键在于你有没有求变的决心。一般人遇到没有把握的状况常常会犹豫，因为人最大的敌人是自己。通常情况下，你决定"变"还是"不变"的标准应该是：如果你从以前的经验中找不到任何成功的例子，你就应该做最坏的打算——可以赔多少？只要赔得起你就应该去改变游戏规则、求变创新。

　　有时，越是很多人拥护它，我们就越应该改变它。

　　绝大多数的人并没有预见未来，他们只相信现在看到的，认为现在已经做得很好了。其实过去的成就只需留下脚印，而不是让我们感到自满。如果你想改变却遇到了阻力，别人不相信你，最好的方法就是你做给他看！

　　人的潜力，很多是被后天的环境框死的。很多的游戏规则其实是我们自己定的，结果这些规则反而使我们丧失了创造力。工作、生活时没有规则是不行的，但过于因循守旧、墨守成规也不行。适当的时候，要善于改变众人遵循的游戏规则。

　　不要害怕犯错，尽管去做好了。错误会让失误到自己的不足，让自己变得明智。正是一次次的错误，让不断走向成熟，走向成功。

255 敢于尝试赢得机会

1973年，后来成为美国最成功的广告人之一的肯尼迪·S高中毕业（这是他仅有的学历），想找份工作，并打算从"专业销售"开始。他梦想拥有公司配的又新又好的汽车，一份薪水，外加佣金和奖金，每天西装革履地上班，还有销魂的出差机会。

肯尼迪偶然发现了一则招聘广告：一家出版公司的全国销售经理要在本城待两天，只为了招聘一位负责5个州内各书店、百货公司和零售商的业务代表。肯尼迪梦想在将来成为作家或出版家，所以"出版"二字对他来说是有吸引力的。广告又说，起初月薪1600美元到2000美元，外加佣金、奖金、公务费和公司配车。这正是他梦寐以求的工作。

不幸的是，肯尼迪不是他们的理想人选。他去面试时，那位全国业务经理很客气地向他解释，他不是他们要找的人。第一，肯尼迪太年轻；第二，他没有工作经验；第三，他没念过大学。这份工作显然是为年龄在35~40岁之间、大学毕业，并具有相当丰富经验的人准备的，刚出校园的毛头小伙显然不合适。该公司已有几位应聘者待定。肯尼迪竭力毛遂自荐，但招聘者态度坚决——他就是不够格。

这时，肯尼迪亮出了绝招。他说："瞧，你们这个地区缺商务代表已达6个月了，再缺3个月也不至于要命吧。看看我的主意：让我做3个月，公司只负担公务费，我不要工资，还开我自己的车。如果我向你证明胜任这份工作，你再以半薪雇我3个月，不过我要全额佣金和奖金，还得给我配车。如果这3个月我仍胜任这份工作，你就用正常条件录用我。"

就这样，肯尼迪被录用了。在很短的时间里，他重组了销售流程，创下3项纪录：短期内在困难重重的地区扭转乾坤；3个月内，让更多新客户的产品摆满他们的整个摊位；争取到新的非书店连锁的大公司等等。3个月以后，肯尼迪有了公司配车、全额工资、全额佣金和奖金。

莎士比亚说："本来无望的事，大胆尝试，往往能成功。"大胆尝试常常会带给你更多的机会。

256 迷了路，不是走错路

迷路和走错路是两个截然不同的概念。当人生陷入低谷的时候，人们总是发出不自信的感叹："难道我走错了路？"事实上，很多时候，并没有走错路，只是在这条路上暂时没有找到正确的出口，是迷了路。

迷路，并不可怕，只要你用心寻找出口，一定会找到那个最终的出口，不要轻易怀疑自己是否走错了路，要相信自己的选择，不要因为一时地迷茫就怀疑自己的选择。

撒哈拉沙漠中有一个叫比塞尔的小村庄，传说，村里从来没有一个人走出过大漠，不是他们不愿意离开这块贫瘠的地方，而是尝试过很多次都没能够走出去。英国皇家学院的院士莱文对这种现象感到很奇怪，他来到这个村子向这儿的每一个人问其原因，每个人的回答都一样：从这无论向哪个方向走，最后的结果总是会转回出发的地方。

为了证实这种说法，他尝试着从村庄向北走，结果三天半就走了出来。莱文很纳闷，让一个人带路，他跟在那人后面，十天过去了，他们走了大约800英里的路程，第十一天的早晨，他们果然又回到了比塞尔。这次莱文明白了，比塞尔人之所以走不出大漠，是因为他们根本不认识北斗星。在一望无际的大漠里，一个人如果跟着感觉往前走，他会走出许许多多，大小不一的圆圈，最后的足迹十有八九是一把卷尺的形状。比塞尔村位于一个方圆几千里没有一点参照物的沙漠中，若不认识北斗星又没有指南针，想走出沙漠的确不可能。

这个和莱文一起走出沙漠的青年就是阿古特尔，他因此成为比塞尔村的开拓者，在他的带领下，人们终于可以走出沙漠了。如今，他的铜像竖立在小城的中央，上面刻着一句话：新生活，从选定方向开始。

村里的人一直走的路并没有错，因为他们没有把握好方向，所以一直没有找到走出沙漠的出口，他们就想当然地认为这个沙漠是走不出去的，但是事实上并不是这样，他们只是迷了路，但是可悲的是他们在莱文之前没有寻找到正确的方向。

人生的道路更是复杂，你在慎重选择了自己的人生道路之后，在遇到暂时的挫折甚至打击时，不要轻易怀疑自己的选择，你很可能只是暂时迷了路，只要能够冷静地分析自己的位置，就能够找到最终的出口，通往成功的彼岸。

257 机遇偏爱有准备的头脑

我们常说：机遇偏爱那些有准备的头脑。有的人一味地把自己的不如意归结为"运气不行"，这只是给自己的疏懒找借口。如果你在失败者的队伍中询问他们失败的原因，他们中的大多数都会说：没有机会，没有人帮助、提拔他们。他们还会说，优秀的人太多了，好的职位已被别人占据，一切好的机遇都已被别人捷足先登，所以他们只好这样。成功者却不会如此推托。他们默默地工作，即使遇到挫折也不怨天尤人。他们稳扎稳打，从来不依赖别人的帮助。亚历山大在一次胜利之后，有人问他："假如有机遇，你想不想把第二个城堡攻下来？" "什么？机遇？我从不等待机遇，我会去创造机遇！"

一般人等待机遇以至于成为一种习惯，这真是很可怕的事。工作的热情与精力，就在等待中逐渐消磨。那些不肯工作而只会胡思乱想的人是根本看不到机遇的，只是那些勤恳工作、奋发向上的人，才有看见机遇的可能。

北京小伙子张骥刚满29岁就被美国第七大计算机厂商Micron看中，出任Micron电子公司北京代表处首席代表——中国区总经理。这在年轻领导居多的计算机行业也是令人称奇的事。而在此之前，张骥不过只是该公司驻北京办事处的一名普通员工，更不利的是，Micron公司正准备撤销在中国的这家办事处。运气好像从天而降，1999年11月，在何去何从的关口，公司总部召他去开会。

张骥提着笔记本电脑就上了飞机，对于与会人员、会议内容他一无所知。在飞机上他一直在琢磨，仔细研究了Micron近两年的年度报告，10多个小时之后，当飞机抵达机场的时候，他已经做出了Micron公司在中国两年内的发展计划。对张骥来说，这份计划的完成，仅仅源自于平时养成的喜欢积累心得体会的习惯，他总认为即使和别人做同样的事情，也要比别人从中多收获一点，对于做过的事情总要留下点什么。

谁也没想到，会前5分钟，张骥被要求当着Micron公司的所有海外分公司总经理和Micron公司总裁的面发言！这次突然袭击的结果是他改变了年收入60亿美元的公司的决策，也给自己带来了新的机遇。公司决定不仅不撤销这个办事处，而且还要加强在中国的发展，并对张骥委以重任。

机遇给人们提供了成功的机会，可是，成功的人，未必就与他人有多大不同。若是非要寻找什么不同的话，那就是他们会比常人勤勉，更加专心致志地把每一件小事做好。20几岁的年轻人要知道，每一件大事都是由许多的小事堆积而成的。只有扎扎实实地把自己的工作做好，有朝一日才可能干成大事。机遇从来不是等来的，把微不足道的小事做到极致，才可能在机遇面前胸有成竹，取得成功。

这则故事告诉我们，在平常的生活中，也许已经有许多机遇在等待着我们。或许机遇就在眼前，或许在你的问题当中，就隐藏了一个机遇，然而，你却一直忽略了它们。关键就在于你没有做好抓住机遇的准备。你不妨从身边开始，找寻下一个成功的机遇，或是掌握住现在的机遇，把它做到最好。

258 机遇不是等来的，是拼出来的

林肯是美国第16任总统，当职期间签署了著名的《解放黑奴宣言》，将奴隶制度废除。马克思曾对他作出这样的评价："一位达到了伟大境界而仍然保持自己优良品质的罕有的人。"使他成为美国人的敬仰偶像的根源是什么？不是历史给他的机遇，不是上帝给他的指引，是他勇于打拼的精神、顽强的毅力和坚强的性格。

马维尔是法国的一位记者，曾经去采访林肯。

他问："据我所知，上两届总统都想过废除黑奴制度，《解放黑奴宣言》早在他们任职期间就已起草好了，可他们最终未能签署它。总统先生，他们难道是想把这一伟业留给您去成就英名？"

林肯笑道："可能是吧。但是如果他们意识到拿起笔需要的仅是一点勇气，我想他们一定非常懊丧。"

马维尔似懂非懂，但还没来得及问下去，林肯的马车就出发了。

林肯遇刺去世 50 年后，马维尔偶然读到林肯写给朋友的一封信，才算找到了答案。林肯在信中谈到了他幼年时的一段经历：

"我父亲在西雅图有一处农场，里面有许多石头。正因为这样，父亲才能够以低廉的价格买下来。有一天，母亲建议把那些石头搬走。父亲却说：'如果那么容易搬，主人就不会这么便宜卖给我们了，那是一座座小山头，都与大山紧紧连着的。'

"过了一段日子，父亲去城里买马，母亲和我们在农场干活。母亲又建议我们把这些碍事的石头弄走，于是我们开始一块一块地搬那些石头。很快，石头就被搬走了，原来那只是一块块孤立的石块，并不是父亲想象的与山相连，只要往下挖一英尺，就能把它们晃动了。

"……

"有些事情，人们之所以不去做，仅仅是因为他们觉得不可能。其实，有许多不可能，仅存在于人们的想象之中而已。"

此时马维尔已是 76 岁的老人了，也就是在这一年，他下决心学习汉语。3 年后，1917 年，他在广州以流利的汉语采访了孙中山。

这启示着年轻的人们，成功的机遇其实就在眼前，只要我们有敢闯敢拼、勇于尝试的性格，就能把机遇握在手中。如果林肯是个安于现状、唯唯诺诺、优柔寡断、不堪一击的人，那么他可能只是个平庸乏味的总统，或者根本就当不了总统，黑奴可能今天都得不到解放；如果马维尔只图安逸、不思进取，他又怎么能在晚年学会汉语，有机会和孙中山一叙呢？

259 柳暗花明说机会

生活中，不少年轻人会因为瞻前顾后而错失很多机会，其实大可不必如此，因为很多时候，机会就躲在逆境之下。只要我们不退缩，不逃避，以一颗平常心接受，机会也不会与我们失之交臂。

当然，光依靠等待，我们仍然会失去很多机会，最重要的就是看你用怎么样的心态去面对，可是太多的人终其一生都在等待一个完美的机会自动送上门，以便他们可以拥有光荣的时刻。直到他们了解，每一个机会都属于那些主动找寻机会的人，那时已经太晚了！

唐代大诗人白居易，在他还没有名扬天下之前，就已经才高八斗，满腹经纶了，但仍旧不被人知。

白居易初涉长安，由于自己没有名气，所以他想给自己创造一个机会，于是便毛遂自荐到当时的社会名流顾况之处。顾况一听，有一个叫白居易的人，顿时讥讽道："长安米贵，要在此地居住下来可不容易！"

但当他读完白居易的那首《赋得古原草送别》时，对白居易的评价就大不一样了，一见开头两句："离离原上草，一岁一枯荣"，觉得很有味道，读到"野火烧不尽，春风吹又生"时，拍案叫绝，叹道："有如此之才，白居亦易！"于是，顾况立即召见并大力地推举了他，使得白居易很快便在京城长安名声大扬，站稳了脚跟。可见机会是可以靠自己去创造并抓住的。

倘若无所用心，或一处逆境就悲观失望，灰心丧气，那么，机会是不会自动来拜访的。只有勇于行动，敢于创造，才能赢得机会的青睐。

260 让自己变得勇气可嘉

妨碍我们走向成功的因素之一便是我们想要做事情时的顾虑心理。我们有时害怕我们最初的想法，它可能既珍奇可贵，又荒诞不经。毫无疑间，一个未经尝试的想法要执行起来是需要一定勇气的，然而往往正是这种勇气会产生出最壮观的结果。没有胆识，做事情便会犹犹豫豫，难成大器。改变命运，要从增加勇气开始。

天下并无做不成的事，只有做不成事的人。的确，人生中的许多事情我们是能够做到的，只是我们不知道自己能做到。如果我们尝试并坚持做下去，就一定能够做到，而且一定会做好。成就伟大事业的人，往往并非那些幸运之神的宠儿，而是那些将"不可能"和"我做不到"这样的字眼儿，从他们的字典中连根拔去的人。

1985年6月3日至8月15日的两个半月间，大阪一位52岁的牙科医生木村一介先生，驾驶一艘游艇，实现了他儿时横渡太平洋的梦想。

木村一介从小在海边长大，对浩瀚的大海有着深厚的感情。在他幼小的心灵中，大海是非常神秘的，从那时起，他就有了一个美丽的梦想，长大成人后，要自己开着船横渡太平洋。木村一介的父亲在他上中学二年级时，因病去世了，而辛劳的母亲不久前因意外的交通事故也离开了他。1985年，已成为一名出色的牙科医生的木村一介突发奇想地向完成自己儿时的梦想——横渡太平洋，众人的劝阻并没有让他有丝毫的犹豫，他果断地在自己的牙科诊所挂上"今日休诊"的牌子，开始了大阪—旧金山的行程。

木村一介虽然有12年驾驶游艇的经验，但一个人横渡太平洋并非想象中那么容易，那是充满艰辛与恐怖的。波涛和风浪忽地袭来，浪头高达10米，最大风速30米，游艇就如同一片树叶般翻腾在怒涛汹涌中。木村一介在狭窄的船舱内左右摇晃，进入暴风圈，他连想睡个觉都没办法，度日如年般地过着每一分钟。无线电也不通，有时甚至长达1星期无法通讯。经常在第二天清晨醒来时，他会庆幸道："啊！我今天还活着！"

6月22日——如日本的梅雨般下着毛毛细雨，情绪很差。

7月4日——经过第二次世界大战日本与美国战争所在的中途岛，默默祈祷。

7月15日——昨夜，好几次梦见母亲而醒来。开始刮大风了。

7月19日——海豚家族来了又离去。下午，信天翁也来玩耍。

7月26日——波光粼粼有如萤火虫的光芒，划破水光前行。

终于到了8月15日，可以看见笼罩着云雾和彩霞的金门桥。"成功啦！成功啦！旧金山到了！我终于成功地横渡太平洋啦！"那一瞬间，木村一介情不自禁地大叫起来。

木村一介终于成功地实现了他儿时美丽的梦想，这与他绝不放弃自己梦想、坚持不懈的努力是分不开的，但更与他不顾52岁的年龄，也不顾横渡太平洋的艰辛和恐怖，毅然抛开顾虑、立即行动的精神有关。

盖伦·利奇费尔德今天已经是亚洲最重要的美国商人之一，他说，他的成功应归功于这种分析顾虑、正视顾虑的方法。我们为何不马上利用盖伦·利奇费尔德的方法来解决顾虑呢？你可以记下下面的问题：

第一个问题——你担忧的是什么？

第二个问题——你能怎么办？

第三个问题——你决定怎么做？

第四个问题——你什么时候开始做？

你一旦很确定地作出一种决定后，50％的顾虑就消失了；按照决定去做之后，可以消失40％。也就是说，采取以上四个步骤，就能消除掉90％的顾虑。

未来是不可知的，唯其不可知，所以需要人以极大的勇气与智慧向前迈进。人类文明的进展，正以勇气为其动力。

261 冲破人生难关先要冲破心理难关

每个人都有能力发展自己，取得更大的冒险成功，不幸的是人们在开发自己潜能，取得冒险成功的过程中常会遇到一种自身的心理障碍。最常见的是回避冒险的意识障碍，它主要表现在以下方面。

（1）自卑型障碍。因生理缺陷，或心理缺陷即自认为智力水平低，或家庭、社会条件不如人，而产生的一种缺乏自信，轻视自己，不能进行自我潜能开发的悲观感受。

（2）闭锁型障碍。不愿表现自己，把自我体验封闭在内心，而不愿向他人表现，因而缺乏自我开发的积极性。

（3）习惯型障碍。习惯是由于重复或练习巩固下来的并变成需要的行为方式，习惯形成，一是自身养成，二是传统影响。认为不进行自我能力开发也照样过日子，满足于现状是前一种，而求稳怕乱则是后一种。比尔·盖茨说："如果人的一生只求平稳，从不放开自己去追逐更高的目标，从不展翅高飞，成功不可能靠近你。"

（4）志向模糊型障碍。志向模糊型心理障碍指对将来干什么，成为何类人才的理想不明确，从而没有定向进取的内驱力，不能进行自我能力开发的一种心理障碍。有些人不成功，不在于智力不够，而在于没有克服自己心理上的弱点。只有不断地冒险向自己挑战，认真对待以上心理障碍，才能冲破人生难关，取得更大的成功。

在生活中，有一些年轻人以为不冒险更有利于积累财富，获得美满人生，然而，这些人却不明白，不冒险才是美好生活最大的风险！因为"不进则退"，当你甘于人后，温温吞吞过日子的时候，敢为人先的人早已经独领风骚，获得人生的成功了！所以，我们一定要具有一定的冒险精神，不要满足于现状，要敢于进取，享受冒险带给你的丰厚回报。

262 怕，就会输一辈子

懦弱的人害怕有压力的状态，因而他们也害怕竞争。在对手或困难面前，他们往往不善于坚持，而选择回避或屈服。懦弱者对于自尊并不忽视，但他们常常更愿意用屈辱来换回安宁。

懦弱者常常害怕机遇，因为他们不习惯迎接挑战。他们从机遇中看到的是忧患，而在真正的忧患中，他们又看不到机遇。

懦弱者不善冲突，因而他们也害怕刀剑，进攻与防卫的武器在他们的手里捍卫不了自身。他们当不了凶猛的虎狼，只愿做柔顺的羔羊，而且往往是任人宰割的羔羊。

懦弱总是会遭人嘲笑，而遭到嘲笑，懦弱者会变得更加懦弱。

懦弱者经常自怜自卑，他们心中没有生活的高贵之处。宏图大志是他们眼中的浮云，可望而不可及。

懦弱通常是恐惧的伴侣，恐惧加强懦弱。它们都束缚了人的心灵和手脚。

懦弱常常会品尝到悲剧的滋味。

人生就是要搏。什么都怕，那就什么都干不成。像小王这样每天耽于幻想的人恐怕不在少数。没有一颗勇敢的心，就不要妄谈成功。

其实，没有人能够完全摆脱怯懦和畏惧，最幸运的人有时也不免有懦弱胆小、畏缩不前的心理状态。但如果使它成为一种习惯，它就会成为情绪上的一种疾病，它使人过于谨慎、小心翼翼、多虑、犹豫不决，在心中还没有确定目标之时，已含有恐惧的意味，在稍有挫折时便退缩不前，因而影响自我设计目标的完成。

怯懦者害怕面对冲突，害怕别人不高兴，害怕丢面子。所以在择业时，因怯懦，他们常常退避三尺，缩手缩脚，不敢自荐。在用人单位面前他们唯唯诺诺，不是语无伦次，就是面红耳赤、张口结舌。他们谨小慎微，生怕说错话，害怕回答问题不好而影响自己在用人单位代表心目中的形象。在公平的竞争机遇面前，由于怯懦，他们常常不能充分发挥自己的才能，以至于败下阵来，错失良机，于是产生悲观失望的情绪，导致自我评价和自信心的下降。

生活在现代社会，年轻人必须摒弃害怕受伤、怯懦畏惧的心理，端正心态，以一颗健康有力的心尝试生活，明天才会有更好的开始。

263 勇敢，就是做自己害怕的事

当罗伯特告诉朋友：想用80美元环绕地球一圈，自信如有足够的勇气去冒这个险，地球上的任何地方都可以到达时，朋友取笑他的想法太天真。但罗伯特却冒险成功了。这个世界上爱唱反调的人真是太多了，他们随时随地都可能会列举出千条理由，说你的理想不可能实现。所以你一定要坚定立场，相信自己的能力，努力实现自己的理想。用行动挣脱舆论的枷锁，向着你心中的目标，心无旁骛地前进。

瑞士巴塞尔市的霍夫曼·拉罗什制药公司80多年来一直是世界上最大而且很可能是获利最多的制药公司，但是在20世纪初的时候，它还是一家非常不起眼的小公司。

20世纪20年代中期以前，霍夫曼·拉罗什一直是一个苦苦挣扎的小化学品生产商，主要生产几种纺织染料。他的公司在一家庞大的德国印染制造商和其他3个国内的大型化学公司的排挤下苟延残喘。后来，他把赌注下在当时新发现的维生素上。

当时，科学界还没有完全接受这种物质。但是他买下了无人问津的维生素专利，并且从苏黎世大学高薪聘请了维生素的发现者，报酬是大学里最高薪水的5倍。

霍夫曼冒着破产的危险，倾其所有，并把竭其所能借来的钱都投资在这些新物质的生产和推广上。60年后，所有维生素的专利都到期了，霍夫曼此时已经占据了全世界将近一半的维生素市场。现在，他的年收入达几十亿美元。

不难看出，孤注一掷的魅力。当然，孤注一掷绝非是最低风险、高成功率的战略。这一战略的赌博性最强，并且它不容许有任何失误，也不会给你卷土重来的第二次机会。可以说，孤注一掷的风险系数相当的高，然而一旦成功，它的回报率却是相当惊人的。霍夫曼的成功是这一说法的最好证明。现实中，你如何取舍呢？决定权在你手中。

勇敢，就是做自己害怕的事。强人跟平庸的人的区别就是敢于尝试，有胆有识，所以可以从社会底层慢慢成长为社会的栋梁。

264 突破自己，创造卓越

洛克菲勒给儿子的一封信中有这样一句话：好奇才能发现机会，冒险才能利用机会。在机遇与风险的挑战面前，有准备的头脑从不放弃搏击的机会。机遇是挑战，机遇更是决定成败的关键因素。人若想成功，就一定要避免规避风险的心理，培养一种冒险的精神。如果要降低因为冒险而带来的失败概率，请记住这一点：大胆筹划，小心实施。

你的卓越、成功和最大的骄傲，只能来自于一个人：你自己。

一艘远洋海轮不幸触礁，渐渐地沉入海底，几名海员拼命爬上一座孤岛，总算幸免于难，但最终命运如何还是未知数。因为岛屿只有石头，没有任何充饥之物，而且正值烈日炎炎，饥肠还能忍受，口渴就很难耐了。

看看孤岛，再看看周围，尽管周围全是水，但都是无法饮用的咸涩的海水。现在的希望只能等待雨水或者过往船只来救他们。

于是他们只有等待，但又久逢干旱，没有下雨的迹象，茫茫大海，根本看不见过往船只。这样，一天过去了，两天过去了……到了第六天，还没有。船员们的生命到了极限，死亡向他们走近，一个死了，两个死了……就剩最后一个船员了。他在挣扎着，他也听到死亡的脚步声了，他还有意识存在，他想我不能死啊，于是扑进海里大口大口喝了一肚子海水。出乎他意料的是：海水一点也不咸，相反还有点甘甜呢，难道是临近死亡自己的味觉已经失灵，他也不去想了，在这等待命运的定夺吧。

过了一会儿，他越发清醒了，感觉死神离他远去了。他自己也很奇怪。但总算能活着，他就每天去海里喝水维持着生命。终于有过往船只了，他得救了。他带回了一些海水，经化验，这水是可以饮用的泉水。又经调查发现：这孤岛与海的边缘正好有地下泉水不断翻涌。

这个故事中，可怜的船员被饥渴夺去性命，在于他们不敢突破自己，在他们的经验里海水是咸的，是不能饮用的，就不敢去尝试、去突破，是已有的经验害了他们的性命。

要敢于面对自己、正视自己，以坚强的意志突破自己。你要放弃平庸而选择突破，放弃惯例而选择未知，放弃退却而选择勇敢。勇于突破传统的思维定势，自觉地冲破陈腐的思想束缚，突破前人的观念、方式，进行一番自我的改革与创新。每一步自我突破，都是对旧事物的否定，每一步自我突破，都是自我的升华，都是自我生命的更新。不敢突破自己，就不会有成功的希望和可能。

试试吧，不要再墨守成规了，只有敢于突破自己，才能开辟出一条全新的希望之路，才会有意想不到的收获，才能创造卓越。

265 勇敢地冒一把险

人生最大的风险就是永远不冒险。要冒一把险！整个生命就是一场冒险，走得最远的人常是愿意去做、愿意去冒险的人。

"冒险"这个名词其实我们是有些避讳的，好像它只是一种盲目行动或孤注一掷。其实冒险从本质上说体现着一种个体性，但这种个体性并不与和谐相冲突。重大的和谐便是持久的个体的和谐，是一种包含了冒险精神的和谐。

从福布斯排行榜看，这些富人的一个共同特征，那就是他们天生喜欢冒险，不管是钱还是其他，他们都敢拿去冒险。在任何一个时代任何一个国家都会有这样一部分人，他们善于冒险，敢于冒险，乐于冒险。摩洛·路易士就是这部分人中的一个。

摩洛·路易士的非凡成就来自两次成功的冒险，一次在20岁，一次在32岁。

19岁时摩洛·路易士随家人一起迁到纽约。他在一家广告公司找到一份差事，每周14美元的薪酬。那时摩洛·路易士经常跑外勤，工作非常忙碌，成天疯狂工作。六点下班以后，他还到哥伦比亚大学上夜校，主修广告学。有时候，由于没完成工作，下课后还会从学校赶回办公室继续完成工作，从晚上十一点一直工作到第二天凌晨两点，是经常的现象。

摩洛·路易士喜欢具有创意的工作，他也确实有这方面的才能。

当20岁时，他放弃了广告公司颇有发展前景的工作，决心自己独闯一片天空。他开始了人生中的第一次冒险。他投身于未知的世界，从事创意的开发。主要是说服各大百货公司，通过CBS电视公司成为纽约交响乐节目的共同赞助商。当时，这种工作对人们来说是陌生的，很难接受，于是摩洛·路易士遇到了前所未有的困难。所以，几乎所有人都认为他不会成功。

　　摩洛·路易士却仍旧信心百倍地进行说服工作。工作有了相当进展：一方面，他的创意很受欢迎，与许多家百货公司签成合约；另一方面，他向CBS电台提出的策划方案也顺利被接受。成功近在咫尺了，但最终却由于合约存在的一些小问题而中途流产。但这并没使他一蹶不振，就在这件事结束之后不久，一家公司聘请他为纽约办事处新设销售业务部门的负责人，薪水也相当可观。于是，摩洛·路易士在这里充分发挥自己的潜力，施展了自己的才华。

　　几年后，摩洛·路易士又回到久别的广告业，担任承包华纳影片公司业务的汤普生智囊公司的副总经理。

　　当时，电视尚未普及，处于起步阶段。但摩洛·路易士却看好这个行业的前景，开始他人生中的第二次冒险。由他们公司所提供的多样化综艺节目，为CBS公司带来空前的效益。摩洛·路易士的冒险并不是孤注一掷，是看准后才下赌注的。最初两年，他仅是纯义务性地在"街上干杯"的节目中帮忙，没想到竟使该节目大受欢迎。从1948年开始到今天整整四十多年的时间，它的播映从未间断过，这是在竞争激烈的电视界内的奇迹。

　　摩洛·路易士的成功在于敢为天下先，敢于冒险，这也是多数人走向成功的一个共同因素。人生本身就是在冒险，你之所以不能成功，就是因为你害怕冒险。

　　企业家=冒险精神+领导力+创新。这是在北京国际饭店国际厅，面对着200多位中国企业家，5位诺贝尔经济学奖得主联手给企业家精神下的共同定义。可见，冒险精神是一个企业家必须具备的重要特性。如果你不敢采取任何冒险行动，那你就永远也不会成功。如果你说不敢冒险的话，那我告诉你，其实，你每天都在冒险，开车上班是一种冒险，游泳是一种冒险，吃生鱼是一种冒险，只是由于你对其中的大多数情况习以为常，所以这些冒险没有引起你的注意而已。

　　你总是在犹豫：如果那么做失败了，被解雇怎么办？如果采取了那种方式，失败怎么办？还是不去冒那个险了。你就在这样的重重顾虑下，裹足不前，成功也就离你越来越遥远。适当地培育冒险精神，你才有可能突破自我，脱颖而出，走向卓越。

266 做人要有点野心

坚强的信心是成就伟大事业不可缺少的要素。所谓"世上无难事，只怕有心人"，说的就是这个意思。

信心与成功其实是一体的两面，信心愈坚定，成功的几率也愈大；反过来说，一个没有信心的人，绝对不会有什么成就的。

成功的人自有其不同于凡俗的神态，那种流露在脸上的坚强自信，正是内心不折不扣的表现。你若是想要出人头地，一定要具备肯定自我的心态；必先肯定自我，你才会获得成功。

天上有只鸟在飞。一位挂锄田头的人叹气道：它真苦，四处飞翔为觅一口食。

另一位依窗怀春的少女也正好在看这只鸟，她叹气说：它真幸福，有一双美丽的翅膀。

面对同一种境况，不同的人有不同的心情和理解。

满怀激情，你就会有一种振奋的感觉；失意悲观，你就会有一种痛苦或失落的感叹。

当自己人生理想不能实现或者见解、行为不为世人所理解时，都会使人迷惘、失意。

现实生活中的种种情绪，会使人对境况产生相同的或近似的联想、类比。

而且人们很容易将思维编入既存的框架里，或满足或失意或进取等等，产生"命中注定"或"无法更改"的错误的思维定式。

如果我们逐渐失去踏出围绕我们的框架的勇气，那么我们将把自己对人生的梦想和野心一个个抛弃掉。而没有追逐梦想、实现野心的激情，人生则必然会缺乏激情。自信的人绝不会如此的。

有些人说："不要有野心，不要有霸气"，其实不应该这样。如果一个人连野心都没有的话，怎样才能有一番事业？怎样才能有动力？如果一个人想都不敢想的话，更别说去做了。

267 人生不搏不精彩

现实生活中，常有这样的现象，同样一件事，因为存在一定的风险，甲经过细算，认为有51%的把握，便抢占时机，先下手为强，因而取胜。乙在谋划时十分保守，认为必须有90%甚至100%的把握才下手，结果坐失良机。

1990年，在温布尔登举行的网球锦标赛女子组半决赛中，16岁的前南斯拉夫选手塞莱丝与美国选手津娜·加里森对垒。随着比赛的进行，人们越来越清楚地发现，塞莱丝的最大对手并非加里森，而是她自己。赛后，塞莱丝垂头丧气地说："这场比赛中双方的实力太接近了，因此，我总是力求稳扎稳打，只敢打安全球，而不敢轻易向对方进攻，甚至在加里森第二次发球时，我还是不敢扣球求胜。"

而加里森却恰恰相反，她并不只打安全球。"我暗下决心，鼓励自己要敢于险中求胜，决不能优柔寡断，犹豫不决。"津娜·加里森赛后谈道，"即使失了球，我至少也知道自己是尽了力的。"结果，加里森在比赛中先是领先，继而胜了第一局，后来又胜了一局，最终赢得全场比赛。

每每人们遇到严峻形势时，习惯的做法是小心谨慎，保全自己。而结果呢？不是考虑怎样发挥自己的实力，而是把注意力集中在怎样才能缩小自己的损失上。正像塞莱丝的经历一样，这种人的结果大都会以不应该的失败而告终。

任何领域的领袖人物，他们之所以能够成为顶尖人物，正是由于他们勇于面对风险。美国传奇式人物、拳击教练达马托曾经一语道破："英雄和懦夫都会恐惧，但英雄和懦夫对恐惧的反应却大相径庭。"

我们大家都遇见过一些所谓饱经风霜的成功者，他们似乎什么世面都见过，所以总对我们讲一些不可做这不可做那的理由。我们刚想到了好主意，一句话还没说完，他就像消防队员灭火般地向你泼冷水。这种人总能记起在过去某时某地曾有某个人也产生过类似想法，结果惨遭失败，他们总是极力劝你不要浪费你的时间和精力，以免自寻烦恼。

美国斯坦福大学所做的一项研究表明，大脑里的某一图像会像现实情况那样刺激人的神经系统。举例来说，当一个高尔夫球手在告诫自己"不要把球打进水里"时，他的大脑里往往会浮现出"球掉进水里"的情景，所以，我们也不难猜出球会落在何处。

因此，在遇到令我们紧张的情况时，要把注意力集中在我们所希望发生的事情上。一位女律师，她希望以后的岁月出现些什么情况，她就这样想："我希望被人认为业务精通，充满自信。"她想满怀信心地在法庭上走动，口中使用着充满说服力的语言，用眼睛同证人和陪审员保持着紧密的联系，说话时声音清晰洪亮，使整个法庭上的人都能听清楚。这时的她已与从前判若两人。她还想象了精彩的结案辩词及己方胜诉的情景。经过几星期这种积极的图像设想演练之后，这位年轻的女律师的第一次出庭辩护非常成功。

但是，无论我们准备得多么充分，有一件事总是难免的：当我们从事某项新事务时，失误便会伴随而来。无论是作家、销售人员、还是运动员，只要我们不断向自己提出挑战，就难免出现失误的风险。

毫无疑问，勇于冒险求胜，我们就能比我们想象得做得更多更好。在勇冒风险的过程中，我们就能使自己的平淡生活变成激动人心的探险经历，这种经历会不断地向我们提出挑战，不断地奖赏我们，也会不断地使我们恢复活力。

268 越拼搏，越幸运

香港企业家陈玉书在他的自传《商旅生涯不是梦》里指出："致富秘诀，在于大胆创新，眼光独到。譬如说，地产市场我看好，别人看坏，事实证明是好，我能发大财；反之，我看好，别人看坏，事实证明是坏，我便要受大损失，甚至破产；如果大家都看好，我也看好，事实证明是对了，则也仅仅能糊口而已。"

世上大多数人不敢走冒险的捷径。他们熙来攘往地拥挤在平平安安的大路上，四平八稳地走着，这路虽然平坦安宁，但距离人生风景线却迂回遥远，他们永远也领略不到奇异的风险和壮美的景致。他们平平庸庸、清清淡淡地过了一辈子，直到走到人生的尽头也没有享受到真正成功的快乐和幸福的滋味。他们只能在拥挤的人群里争食，闹得薄情寡义也仅仅是为了填饱肚子，穿上裤子，养活孩子。这种人生是什么样的人生呢？而且，这是一种难以逃避的风险，是一种越来越无力改善现状的风险。

精明的人能谋算出冒险的系数有多大，同时做好应付风险的准备，则可以多一分胜算。世界的改变、生意的成功常常属于那些敢于抓住时机，适度冒险的人。有些人很聪明，对不测因素和风险看得太清楚了，不敢冒一点险，结果聪明反被聪明误，永远只能平庸而已。实际上，如果能从风险的转化和准备上进行谋划，则风险并不可怕。

所以，生命运动从本质上说就是一种探险，如果不是主动地迎接风险的挑战，便是被动地等待风险的降临。

有限度地承担风险，无非带来两种结果：成功或失败。如果我们获得成功，我们可以提升至新领域，显然这是一种成长；就算我们失败了，我们也很快可以清楚为什么做错了，学会以后该避免怎么做，这也是一种成长。

事实上，鼓励尝试风险的社会环境，有助于培养个人不满足于现状、勇于进取的精神，也有利于提高个人对市场变动的敏锐感。一个人往往在冒险并盘算着该做什么时，成长最快。一位日本专家指出：人类在长期的历史过程中，学到了很多智慧，也拥有了很多智慧，这能给人以更大冒险的可能性。但是，即使有可能性，也不能断定所有的人都敢于冒险。

作为年轻人，一方面要通过学习和实验不断增长智慧，另一方面还要永远保持冒险精神。自卑自忧、谨慎小心并不是成功者的品质；裹足不前、举棋不定，只能在当今瞬息万变的社会中被淘汰出局。

一个人总是不愿意承认自己不够聪明，宁肯认为自己不够努力。事实也应如此，当你还没有用尽全力去拼搏的时候，不够努力是失败的唯一解释。

269 事情没有你想象的那么可怕

当别人瞧不起自己时，不是以怯懦示人，而应勇敢面对，挑战自己。

有位年轻的姑娘，10 年前被车撞倒，江湖医生说她瘫痪了。她相信了江湖医生的话，于是感到头脑呆滞，双腿麻木，再也站不起来了。她整日坐在轮椅上，肌肉渐渐萎缩，变成了瘫痪人。

转机发生在第二次车祸。5 年后的某一天，当她连人带车被一辆三轮车撞出人行道时，她突然觉得疼痛难忍。家里人不相信她会疼痛，送她到一家大医院，医院外科专家确诊她根本没有瘫痪。经过一段时间的物理治疗，她很快就能站立起来行走了。当她站起来时，除了深感幸运外，还深感遗憾，别人说自己瘫痪了，自己就信以为真，当初为什么不去试试呢！

是的，她如果试一试，就不会被他人的话所控制。可见心理上这种无形障碍，会使人情绪萎靡，自信心丧失，肌体功能失调，久而久之，人会变得这也不敢干，那也不敢做，无形中就把自己归类到那些"注定"不会成功的人里边去了。

怕了一辈子鬼的人，一辈子也没见过鬼，恐惧的原因是自己吓唬自己。世上没有什么事能真正让人恐惧，恐惧只不过是人心中的一种无形障碍罢了。不少人碰到棘手的问题时，习惯设想出许多莫须有的困难，这自然就产生了恐惧感，遇事你只要大着胆子去干时，就会发现事情并没有自己想象的那么可怕。

有位推销员因为常被客户拒之门外，慢慢患上了"敲门恐惧症"。他去请教一位大师，大师弄清他的恐惧原因后便说："你现在假如站在即将拜访的客户门外，然后我向你提几个问题。"

推销员说："请大师问吧！"

大师问："请问，你现在位于何处？"

推销员说："我正站在客户家门外。"

大师问："那么，你想到哪里去呢？"

推销员答："我想进入客户的家中。"

　　大师问："当你进入客户的家之后，你想想，最坏的情况会是怎样的？"

　　推销员答："大概是被客户赶出来。"

　　大师问："被赶出来后，你又会站在哪里呢？"

　　推销员答："就——还是站在客户家的门外啊！"

　　大师说："很好，那不就是你此刻所站的位置吗？最坏的结果，不过是回到原处，又有什么好恐惧的呢？"

　　推销员听了大师的话，惊喜地发现，原来敲门根本不像他所想象的那么可怕。从这以后，当他来到客户门口时，再也不害怕了。他对自己说："让我再试试，说不定还能获得成功，即使不成功，也不要紧，我还能从中获得一次宝贵的经验。最坏最坏的结果就是回到原处，对我没有任何损失。"这位推销员终于战胜了"敲门恐惧症"。由于克服了恐惧，他当年的推销成绩十分突出，被评为全行业的"优秀推销员"。

　　作为年轻人，不应当因为人生的征途中充满坎坷和荆棘就不敢前进，而应当鼓足勇气，勇敢地走出一条属于自己的路。

270 运气眷顾有勇气的人

　　心理学研究表明："人对于未知的事情会有一种陌生感，陌生感会产生恐惧感，恐惧感会使人裹足不前，不敢去接触那件事情，越不接触就越恐惧，形成恶性循环。使人消除恐惧感的惟一办法就是去做那件事。"勇气可以创造财富，同时改变了命运。

　　事实上，做任何事情都有失败的危险，成功完成的概率可能仅占百分之五十，但是如果没有勇气去做，那么成功的概率只能是零。

　　二战时期，很多家庭为了躲避战争，四处逃亡。他们在逃跑前都低价把自己的家产倒卖出去。有两个年轻人同时意识到了这是一个发财的机会，他们明白只要战争一结束，这些生活用品还是被需要的，如果现在能够把这些东西收藏起来，将来就可以翻倍卖出，就可以大大挣一笔钱。

　　想法虽然两个人都有，可是由于实际行动的不同，结果是截然不同的。青年甲虽然知道战乱时期，收藏这些家当是很危险的，很有可能血本无归，可是他勇敢地付出了行动，没有光想想就罢了，他觉得风险是肯定有的，可是风险越大说明他他将来的收益也越大，他觉得自己应该放手一搏。于是他进行了详细的分析，又想好了怎样安全地保存这些东西的方法，然后他大量地收购了别人的家产，还把这些东西迅速转移到乡下隐蔽的地方。而青年乙虽然有好的想法，可是怕东怕西，始终没有勇气拿出实际行动来。若干年后，当这两个年轻人再相遇时，青年甲已经成为了当地的首富，而青年乙依然一贫如洗。

　　可见，命运不是靠运气来改变的，而是靠勇气来改变的，当运气同时降临到两个人身上时，谁能勇敢地抓住，谁就能改变他的命运，不要再抱怨命运不公了，你该问一下自己，当掌握命运的把手落在你手上的时候，你敢不敢走上前牢牢地抓住呢？

Part 10

你受的苦，终将照亮未来的路

271 青春需要一些苦难的历练

人生总是苦乐参半的，既有幸福，也有痛苦。没有一个人能够完全保证，自己的人生永远是幸福甜蜜，大部分人的生活还是在一半是幸福一半是痛苦中度过。更多时候，我们还觉得痛苦大于幸福。

苦有轻有重，无论命运给你安排了哪一种，你都无从抗拒。但是要相信命运是公平的，你的苦有多大，享有的福果就有多大。不要害怕吃苦，换个角度看，吃苦也是福。

苦难是一所大学，经历了苦难的磨炼，才能够更加强壮。幸福可以给我们美妙的感觉，而痛苦却可以给我们坚强的意志。

有的年轻人总是羡慕和垂青成功人士的光环，却从来不想他们光环背后的痛苦和艰辛。他们只喜欢接受结果的美好，却不喜欢承担实现过程中的风雨。

苦难和机遇对于每一个人都是公平的，它们往往并肩而行。很多年轻人因为害怕苦难而把机遇拒之门外，从而让成功失之交臂。其实，苦难的本身并不可怕，可怕的是我们面对苦难时逃避的态度。战胜苦难并非做不到，可悲的是在即将决心与苦难作斗争时，自己的内心先败下阵来。结果，因为不堪屈辱而哭泣，因为屡屡受挫而惊慌，因为屡战屡败而一蹶不振，因为一败涂地而自暴自弃。

苦难并非安乐的障碍，如果将苦难化为动力，它就会给我们带来功德和利益。对意志坚强的人来说，苦难就是他的成功助缘。青春需要一些苦难的历练，没有苦难的生活不值得过。

272 人生需要负重前行

一个人觉得生活很沉重，便去见哲人，寻求解脱之法。

哲人给他一个篓子背在肩上，指着一条沙砾路说："你每走一步就捡一块石头扔进去，看看有什么感觉。"

过了一会儿，那人走到了路尽头，哲人问有什么感觉。那人明白了生活越来越沉重的道理。当我们来到世界上时，我们每个人都背着一个空篓子，然而我们每走一步都要从这世界上捡一样东西放进去，所以才有了越走越累的感觉。

于是那人问："有什么办法可以减轻这种沉重吗？"

哲人问他："那么你愿意把工作、爱情、家庭、友谊哪一样拿出来呢？"

那人不语。

哲人曾说过：当你感到沉重时，也许应该庆幸自己不是总统，因为他背的篓子比你的大多了，也沉重多了。

人生路坎坷的时日居多，升学、工作、晋级、成家哪一个环节都不可能一帆风顺，大部分时间人在负重而行，领导同事的误会、工作上的摩擦、生活上的不如意都是令人难过的源泉，这时候，人就得有负重而行的心理承受力，否则不够宽容，不够豁达，不会变通，最终会把自己逼入死角。

负重而行当然是一种痛苦，但没有负重就不可能体会无重的轻松惬意，没有负重而行，也就无所谓责任，从而也就无所谓取得成就，当然也就体验不到那种如释重负的快感了，没有负重的生命是不完整的生命，没有负过重的人生是不圆满的人生。

273 别在最该奋斗的年龄选择了安逸

未来过得怎么样，取决于你今天怎么做。青春对每一个人来说是人生中最关键的黄金时代。青春时代的努力，将决定你人生事业的雏形，为后半生的幸福与成功奠定一个基调。

网络上有一句话非常流行："别在最该奋斗的日子，选择了安逸。"你想要好成绩，但是你不努力学习；你想要富裕的生活，但是你不去拼搏奋斗；你想要健康的身体，但你没能坚持锻炼；你想要称心如意的生活，但从未真正改变过自己。如此，便也无需抱怨自己不够成功、不够风光。毕竟，你尽力了，才有资格说自己运气不好。

锦瑟流年，花开花落，岁月蹉跎匆匆过，而恰如同学少年，在最能学习的时候你选择恋爱，在最能吃苦的时候你选择安逸，自是年少，却韶华倾负，再无少年之时。错过了人生最为难得的吃苦经历，对生活的理解和感悟就会浅薄。

什么叫吃苦？当你抱怨自己已经很辛苦的时候，请看看那些透支体力却依旧食不果腹的劳动者。在办公室里整整资料能算吃苦？在有空调的写字楼里敲敲键盘算是吃苦？认真地看看书，学学习，算吃苦？如果你为人生画出了一条很浅的吃苦底线，就请不要妄图跨越深邃的幸福极限。

在你经历过风吹雨打之后，也许会伤痕累累，但是当雨后的第一缕阳光投射到你那苍白、憔悴的脸庞时，你应该欣喜若狂，并不是因为阳光的温暖，而是在苦了心志，劳了筋骨，饿了体肤之后，你毅然站立在前进的路上，做着坚韧上进的自己。其实你现在在哪里，并不是那么重要。只要你有一颗永远向上的心，你终究会找到那个属于你自己的方向。

不要在最能吃苦的时候选择安逸，没有人的青春是在红地毯上走过，既然梦想成为那个别人无法企及的自我，就应该选择一条属于自己的道路，为了到达终点，付出别人无法企及的努力。

274 吃得苦中苦，方做人上人

苦难是一所大学，凡成大事业者都是从这所学校合格毕业的学生，经历了苦难的磨炼，你才能够更加强壮。

记得小时候买过一种苦味糖，这种糖刚开始吃的时候，非常苦，很多孩子因为忍受不了而吐掉，然而只要坚持一小会儿，外面的苦层化掉之后，剩下的部分就格外甜了。如果因为经受不了苦味而早早地把糖丢弃，那么也就尝不到后面的甘甜了。苦不尽，哪有甘来？人生就是一块苦味糖，先苦后甜，或者苦甜参半才是它的真实味道，如果你因为它的苦味而早早地对它放弃了希望，那么人生的甘甜也永远不会到来。

　　人生就是酸甜苦辣的百味瓶，你不可能一路走来都是含着蜜糖的。生活的真谛便是有苦有甜，先苦再甜，吃甜忆苦才是不断交叉的两种人生状态。苦不尽，甘从哪里来？用这条人生哲理时刻鞭策自己忍受磨难，不断前进，那么甘甜的生活才会在不久出现。

　　王羲之是1600年前晋朝的一位大书法家，被人们誉为"书圣"。在浙江省绍兴市戒珠寺内有个墨池，传说就是当年王羲之洗笔的地方。王羲之7岁开始便练习书法，17岁时他便阅读父亲秘藏的前代书法论著，看熟了就练着写，据说他每天坐在池子边练字，送走黄昏，迎来黎明，不知道写完了多少墨，不知道写坏了多少笔头。他每天练完字就在池水里洗笔，天长日久竟将一池水都洗成了墨色。

　　无论是悬梁刺股还是雪地取光，这些故事都成为激励我们后人不怕吃苦的典例。要以吃苦为乐，苦是甜的前味，只有敢于吃尽天下苦，方能收获天下之甜。换一种角度来理解生命之苦，或许你的人生便会豁然开朗。

　　读过《钢铁是怎样炼成的》的人或许都明白这样一个道理：苦难锻炼了人生。无数成功者的例子都告诉我们这样一个道理：吃得了苦中苦，才能做上人上之人。成功没有那么简单，不付出超出常人的努力，就收获不了超越常人的成功。

275 梅花香自苦寒来

　　苦难是每一个人都不想面对的，但是当它出现在我们的生命中时，我们又无法逃脱，这时候我们就需要换个方向来看待它——吃苦是福。

　　苦是人生不可缺少的钙元素，如果你没有吃过苦，说明你的人生不是完整的。学会吃苦，懂得如何吃苦，你便能够从中收获巨大。苦，虽然折磨人，但是同时也是锻炼人的最直接的方法。吃苦是一种资本，因为不经历一番寒彻骨，怎有梅花扑鼻香？只有尝过了人生之苦，收获的果实才能更加甘甜。

一个在温室中长大的孩子，没有风雨的锻炼，没有烈日的烘烤，很容易一走出温室就经受不起外界的恶劣条件而被击垮，这种精神上的缺钙现象同样告诉我们，适当的吃苦是必需的。苦，锻炼了人的心智，磨炼出人的意志，使人能更乐观地憧憬着美好。境由心生，路便越来越好走。

孟子说："天将降大任于斯人也，必先苦其心志，劳其筋骨，饿其体肤，空乏其身，行拂乱其所为，所以动心忍性，曾益其所不能。"吃苦是福，是成就一番大事业、拥有幸福美好人生的前奏。

吃苦是福。人生是幸福和痛苦的混合体，我们无法保证谁的人生全是甜蜜，相反我们却可以肯定每一个人的人生都是幸福和痛苦的混合体。幸福可以给你美妙的感觉，而痛苦却可以给你异于常人的翅膀。

作家史铁生虽然失去了双腿，然而他却用心灵和鼻尖感动了一代人。在他最青春得意的年龄时，他却失去了双腿，这种苦难是一般人无法忍受的。然而，史铁生坚持走过来了，并且成为了一名作家。对于苦难，他这样说："我越来越相信，人生是苦海，是惩罚，是原罪。对惩罚之地的最恰当的态度，是把它看成锤炼之地"。

吃苦是难免的。这苦有轻有重，无论命运给你安排了哪一种，你都无从抗拒。但是要相信命运是公平的，你的苦有多大，它后面的甜便有多大。

对于年轻人来说，不要害怕吃苦，从另一个角度来审视苦难，接受苦难。当你克服它的时候，就是你自由翱翔的时候。

276 怕吃苦苦一辈子，不怕吃苦苦一阵子

不少年轻人曾抱怨："成功实在太辛苦了。"其实他们说的没错，成功非常辛苦，可是你想过吗？失败是更辛苦的。因为成功者辛苦一阵子，

就能够帮助自己成功，然而失败者却要辛苦一辈子。

从这个意义上讲，失败者的"毅力"比成功者更坚强，因为他们是在忍受一辈子。

怕苦会苦一辈子的，不怕苦只要苦一阵子。如果你能在一阵子当中把你一辈子能吃的苦都吃下去，接着你就开始享受成功的果实。然而如何快速浓缩你的苦一次吃完呢？就是不断地行动；不断地忍受失败；不断地忍受嘲笑；不断地接受被泼冷水；不断地接受打击，然后还能接着行动，这都是成功者在成功之前做的事情。

如果你想成功，请你暂时忍受一时的辛苦，拿出努力，大量行动。假如你还不愿采取行动帮助自己成功，那表示你还不是那么想成功。

想要成功，就要做别人不愿做的事情，先吃别人不愿吃的苦。

人生之途就像爬坡比赛，不进则退。在完成了一个课题之后不久，下面的课题又会接踵而来，如果不扎扎实实地不断努力，你会频频遭遇失败。甚至可以说，成功人士与非成功人士的分界就在这一点上。在建立人生的初期阶段没有付出充分努力的人，是不太可能成功的。

也有很多年轻人觉得干什么事情都比工作有意思——看电视、买东西、聚在酒吧，或者呆着也好。不难想象这类人能做多少工作。然而，许多人拥有比在工作岗位上的成功更重要的人生目标。如果你强烈地希望成功，那你必须记住，在年轻的时光里，比起玩来，对工作更要感兴趣才行。不能在必要时拼死拼活地干的人，是不会获得成功的。

因此，不要埋怨吃苦，应该感谢上苍，至少你还能有吃苦的机会。

277 苦难让你变得成熟和强大

巴尔扎克说："挫折和不幸，是天才的进身之阶；信徒的洗礼之水；能人的无价之宝；弱者的无底深渊。"我们没人喜欢面对困难和不幸，但聪明的人善于把它当作成长的机会。

人一生是由幸福和悲伤、成功和失败、欢乐和痛苦交织而成的，只有当你经受得住成功和失败的考验，才能展示你的真正价值。

沃克林是一个农民的儿子。他从小家境贫寒，但聪明好学，上学时常受老师的赞赏。老师常对沃克林这么说："努力吧，孩子，总有一天，你会像教区委员一样尊贵的。"一位乡村药剂师欣赏沃克林强壮的胳膊，答应给他提供一份捣碎药片的工作，但这位药剂师不允许他勤工俭学，热爱学习的沃克林毅然辞去了这份差使，背上书包离开家乡去了巴黎。在巴黎，他想找到一份药剂师侍童的工作，结果没有找到，后来疲劳和贫困折磨得他病倒在街头，正当他断定自己必死无疑时，一位过路的好心人把他送到了医院里。他康复后，继续去找工作。皇天不负有心人，他终于找到了一个药剂师。后来，著名化学家福克罗伊听说了这个年轻人的事迹，他非常喜欢这个勤奋好学的小伙子，就把他带在身边，成为自己的得力助手。多年以后，福克罗伊去世了，沃克林作为化学教授继承了他的事业。他衣锦还乡回到了阔别多年的、曾有过不堪回首童年的家乡。

苦难是锻炼人意志的最好的学校。与苦难搏击，它会激发你身上无穷的潜力，锻炼你的胆识，磨炼你的意志。苦难是人生的必修课，强者视它为垫脚石，视它为财富；弱者视苦难为绊脚石、万丈深渊，被它压垮。上帝是公平的，他在把苦难撒向人间的时候，往往准备好了等重的回报等着勇士去拿。当苦难不期而至时，我们要视苦难为机遇，向它宣战。当你成功地征服它之后，就能真切地感受到生活的甘甜，人生的价值。

身处苦难之时，我们会倍感痛苦与无奈，但当走过困苦之后，我们才会更加深刻地明白：正是那份苦难给了我们人格上的成熟和伟岸，面对一切无所畏惧的能力，以及与这种能力紧密相连的面对苦难的心态。

278 苦难孕育成长的种子

有的年轻人碰到困难时，会陷入恐惧状态，甚至会感到绝望。其实困难并没有那么可怕，有的人反而会利用困难带来的契机取得成功。这种差别才是改善人生的决定性的差别。许多人一旦陷入困境，就会悲观失望，并给自己增加很重的压力，其实，应该告诉自己，困境是另一种希望的开始，它往往预示着明天的好运气。

丹麦的一名大学生，有一次到美国旅游。他先到华盛顿，下榻威勒饭店，住宿费已经预付。上衣的口袋放着到芝加哥的机票，裤袋里的钱包放着护照和现金。准备就寝时，他发现钱包不翼而飞，便立刻下楼告诉旅馆的经理。

"我们会尽力寻找。"经理说。

第二天早上，皮包仍然不见踪影。他只身在异乡，手足无措。打电话向芝加哥的朋友求援？到使馆报告遗失护照？呆坐在警察局等待消息？

突然，他告诉自己："我要看看华盛顿。我可能没有机会再来，今天非常宝贵。毕竟，我还有今天晚上到芝加哥的机票，还有很多时间处理钱和护照的问题。我可以散步，现在是愉快的时刻，我还是我，和昨天丢掉钱包之前并没有两样。来到美国，我应快乐，享受大都市的一天。不要把时间浪费在丢掉钱包的不愉快之中。"

他开始徒步旅游，参观白宫和博物馆，爬上华盛顿纪念碑。所到之处，他都尽情畅游了一番。

回到丹麦之后，他说美国之行最难忘的回忆，是徒步畅游华盛顿。五天之后，华盛顿警局找到他的皮包和护照，寄给了他。

因此，你应该主动给自己减压。只要放松自己，告诉自己希望是无所不在的，再大的困难也会变得渺小。此时，困境不再是阻碍，而是又一次成功的希望。

人生中有很多障碍或苦难，同时所有的苦难都藏匿着成长和成功的种子。但能够发现这种子，并好好培养出果实的人，往往只有少数。

把困难变成机会，或是变成恐慌，这种差别是由决心和态度决定的！

279 战胜苦难，它就是你的财富

在亚马逊平原上生活着一种雕鹰，这种鹰飞行力极强，被誉为亚马逊平原的"飞行之王"。但是,成就"飞行之王"的美誉背后却是非同寻常的历练和痛苦。

雕鹰的飞行训练之苦,是其他鸟类难以企及的。当小雕鹰刚会飞翔时,母雕鹰便残忍地将它的翅膀肋骨弄断,然后把小雕鹰叼到山顶最高处,从山巅甩向悬崖深处。在向山下坠落的过程中,唯有小雕鹰奋力拼搏,忍痛向上飞翔,才有活命的希望。因此,为了生存的希望,每一只小雕鹰不得不强迫自己忍受巨痛,在几乎绝望的状态下争取生命的机会。

困境中的小雕鹰求生欲强烈,它奋力拍打着受伤的翅膀,由于骨骼的再生能力,受伤的翅膀在恢复中变得更加强韧矫健,直到彻底痊愈。这时的小雕鹰好像浴火重生的凤凰,获得了新生,充满了神奇的力量。正是经过如此残酷的训练,小雕鹰由最初的雏鹰成长为强大迅猛的"飞行之王"。

每一个物种的生存,都伴随着苦难和伤痛。人类从诞生的那一刻起,嘹亮的第一声啼哭,似乎寓示着人生即苦。

苦难是我们都不想面对的,但是当它出现在我们的人生之路中时,我们又无法逃脱。如果你没有吃过苦,说明你的人生不是完整的。

苦,虽然折磨人,但也能造就人。从未经历过苦难的人生是脆弱的,不堪一击;而在苦难历练下成长起来的人是强大的,百折不挠。学会吃苦,懂得如何吃苦,你便能够从中收获甘甜。

年轻的你,在走向未来的人生中,要面对种种苦难和挫折。苦难面前,要学会微笑地面对,勇敢地接受苦难的锻炼。敢于接受苦难的磨炼,是成功者该有的气魄。当你战胜了苦难,它就是你的财富。

280 失败是成功的垫脚石

有这样一个故事。

古罗马的一位将军被埃及人打败了,逃回了罗马。皇帝不但没有处死他,反而再次给他一支大军,让他继续出征。朝中的大臣纷纷表示反对,认为不能信任他。皇帝问:"为什么不能信任他?""因为他失败过。""这正是我相信他的原因。"皇帝说。不久，捷报从前方传来。

失败，未必是一件坏事，它可以让你吸取教训，在同样的问题面前不犯同样的错误，可以让你掌握本领，让你以最快的速度取得更多的成功。

敢于面对成功的，不一定是英雄，但不敢面对失败的，必定是一个对时间流逝而长叹的懦夫。但是面对失败，需要有非凡的勇气。只有面对失败，才能找到失败的原因，吸取上次失败的教训，努力走向成功。总之，一个敢于面对失败的人，其实已经向成功走了一大半的路。

因为学习上有了挫折与失败，才会懂得如何奋力地撑着那只在逆水中行驶的独木舟，才懂得蔑视骄傲、珍重谦逊，才懂得在谷底中再次站起来去迎接更多的挑战。

因为生活上有了挫折与失败，我们才能真正感悟到成功不是永远的，只有屡败屡战、锲而不舍才会获得每一次的成功；应该以冲破逆境时那股干劲和力量作为生活的原动力，感激身边亲人给予的关爱。

因为人生有了挫折与失败，我们才学会了戒骄戒躁、精益求精，也学会了珍惜生活中自己所拥有的每一份爱，造就了更坚强的自我，在悲欢离合交融的世界里给自己留下一片空间，反省自身，再创奇迹。

要感谢挫折与失败，若不是它们，我们或许会被一切成功的喜悦冲昏了头脑而不思进取，也或许会永远地忽视了爱的伟大，令人生的太阳被遮挡在密布的烟云之后。

281 走出挫折的沼泽地

有个叫阿巴格的人生活在内蒙古草原上。有一次，年少的阿巴格和他爸爸在草原上迷了路，阿巴格又累又怕，到最后快走不动了。爸爸就从兜里掏出5枚硬币，把一枚硬币埋在草地里，把其余4枚放在阿巴格的手上，说："人生有5枚金币，童年、少年、青年、中年、老年各有一枚，你现在才用了一枚，就是埋在草地里的那一枚，你不能把5枚都扔在草原里，你要一点点地用，每一次都用出不同来，这样才不枉人生一世。今天我们一定要走出草原，你将来也一定要走出草原。世界很大，人活着，就要多走些地方，多看看，不要让你的金币没有用就扔掉。"在父亲的鼓励下，那天阿巴格走出了草原。长大后，阿巴格离开了家乡，成了一名优秀的船长。

这个故事告诉我们，只要我们保持坚定的信念，就能走出挫折的沼泽地。

美国克莱斯勒汽车公司的首脑人物李·艾柯卡，当初在福特汽车公司当职员时，曾因工作不被信任而遭辞退。也就是这次辞退，大大激发了他的自尊心，从此奋起，终于事业有成。

我国著名历史学家蔡尚思在年轻的时候也曾多次失业，一次被解聘后，他无事可干，便一头钻进了南京图书馆，利用一年多时间翻阅完数万卷的历代文集，收集了大量的资料，为他日后的研究打下了扎实的基础。因此，他的朋友称他"这段生活与其说是失业，还不如说是得业"，又如青年学生高考失利后，不少人心灰意懒，消极抑郁，甚至积郁成疾，精神异常；却也有不少人榜上无名，脚下有路，自学成才。

人生不如意者十之八九。面对挫折、苦难，能否保持一份豁达的情怀，能否保持一种积极向上的人生态度，这需要博大的胸襟，非凡的气度。年轻人要在逆境中磨炼出你的意志，不必计较一时的成败得失。感受孤独，安享寂寞，在彷徨失意中修养自己的心灵，这就是最大的收获。如蚌之含沙，在痛苦中孕育着璀璨的明珠。

282 在逆境中坚定前行

逆境给人宝贵的磨练机会。只有禁得起环境考验的人，才能算是真正的强者。如果不能坦然处之，那么，在逆境时就容易卑躬屈膝，而顺境时又得意忘形。其实，顺境和逆境都是命运的安排，只有坦然去面对，才是最好的方式。坦然的处世态度会使人更加聪明。

一个坦然面对逆境而挣扎过来的人，与一个从境中谋得发展的人，经历的过程虽不大相同，但必然都具备了坚忍、正直和聪明的条件。

总之，不论处境如何，为人处世之道就在于不迷惘、不矫揉，以坦然态度处世，这才是最正确的。

在黑暗中徘徊时，阳光可以指引你前行的路，而在悲叹之中，才能领略人生真义。广阔的世界、漫长的人生，未必都充满称心如意的事情。倘若可以没有任何苦恼和忧虑，平平安安地享受太平，就是求之不得了。然而，事实往往不能如此，有时候日坐愁城，有时候一筹莫展，陷于进退维谷的绝境。

尽管如此，人往往在悲叹之中，才能领略到人生的深奥；置身绝境，才可以体验到社会的真滋味。

凭借智力去了解，固然重要，亲身去体验，更加重要。盐巴的咸味，必须尝过才能知道。

把"置身绝境"看成是"以身体验"的珍贵的机会。明白这点，则面临艰难，能勇气百倍、精力充沛。惟有如此，才能涌出新的智慧，转祸为福。心中有这种认识，就像一道阳光，照射黑暗的地方，引领人鼓起勇气，勇往直前。

283 把绊脚石变成垫脚石

不少年轻人往往有一个习惯，那就是以成败去权衡每件事情的结果。其实，如果能从另外一个角度去审视，其实失败并不见得都是负面的。失败就好比一块石头，但是不同的会有不同的看法，有人把它看成是绊脚石，有人却把它看成是垫脚石，这样就导致了不同的结果。

在通往成功的道路上，失败就是一个个大石块，当我们可以以平常心坦然面对这些石块的时候，再经过自己的奋斗就会把这些绊脚石变成垫脚石。

美国著名播音员罗纳德·皮尔曾经给别人讲过自己的亲身经历：

每当我失意时，我母亲就这样说："最好的总会到来，如果你坚持下去，总有一天你会交上好运。并且你会认识到，要是没有从前的失望，那是不会发生的。"

母亲是对的，当我于1932年大学毕业后，我发现了这点：我当时决定试试在电台找份工作，然后。再设法去做一名体育播音员。我搭便车去了芝加哥，敲开了每一家电台的门—但每次都碰了一鼻子灰。在一个播音室里，一位很和气的女士告诉我，大电台是不会冒险雇用一名毫无经验的新手的。"再去试试，找家小电台，那里可能会有机会。"她说：我又搭便车回到了伊利诺斯州的迪克逊。虽然迪克逊没有电台，但我父亲说，蒙哥马利·沃德公司开了一家商店，需要一名当地的运动员去经营他的体育专柜：由于我在迪克逊中学打过橄榄球，于是我提出了申请。那工作听起来正适合我，但我没能如愿。

我失望的心情一定是一看便知。"最好的总会到来。"母亲提醒我说。父亲借车给我，于是我驾车行驶了70英里，来到爱荷华州达文波特的WOC电台。节目部主任是位很不错的苏格兰人，名叫彼特·麦克阿瑟，他告诉我说他们已经雇用了一名播音员。当我离开他的办公室时，受挫的郁闷心情一下子发作了。我大声地问道："要是不能在电台工作，又怎么能当上一名体育播音员呢？"

我正在那里等电梯，突然我听到了麦克阿瑟的叫声："你刚才说体育什么来着？你懂橄榄球吗？"

接着他让我站在一架麦克风前，叫我凭想象播一场比赛。"前一年秋天，我所在的那个队在最后20秒时以一个65码的猛冲击败了对方。在那场比赛中，我打了15分钟。"回想当时的情形。我激动地描述着每一个场景，之后，彼特告诉我，我将主播星期六的一场比赛。

成功与失败同属于所付出努力的偶然结果，期望成功只是我们的感情选择，而最终成败的决定权在乎"命运"。因此，我很应该以平常心对待成败，成功固然高兴，失败也不必伤心，反正该做的都做了，结果如何坦然接受就是。

284 在自己脚下多垫些"砖头"

大学刚毕业那会儿，李平被分配到一个偏远的林区小镇当教师，工资低得可怜。其实她有着不少优势，教学基本功不错，还擅长写作。于是，李平一边抱怨命运不公，一边羡慕那些拥有一份体面的工作、那一份优厚的薪水的同窗。这样一来，不仅对工作没了热情，而且连写作也没兴趣。她整天琢磨着"跳槽"，幻想能有机会调一个好的工作环境，也拿一份优厚的报酬。

就这样两年时间匆匆过去了，李平的本职工作干的一塌糊涂，写作上也没有什么收获。这期间，她试着联系了几个自己喜欢的单位，但最终没有一个接纳她。

然而，就是这样一件微不足道的小事，改变了她一直想改变的命运。

那天学校开运动会，这在文化活动极其贫乏的小镇，无疑是件大事，因而前来观看的人特别多。小小的操场四周很快围出一道密不透风的环形人墙。

李平来晚了，站在人墙后面，翘起脚也看不到里面热闹的情景。这时，身旁一个很矮的小男孩吸引了她的视线。只见他一趟趟地从不远处搬来砖头，在那厚厚的人墙后面，耐心地垒着一个台子，一层又一层，足有半米高。李平不知道他垒这个台子花了多长时间，不知道他因此少看到多少精彩的比赛，但他登上那个自己垒起的台子时，冲她粲然一笑。那成功的喜悦和自豪，却是那样的清楚。

刹那间，李平的心被震了一下——多么简单的事情啊：要想越过密密的人墙看到精彩的比赛，只要在脚下多垫些砖头。

从此以后，李平满怀激情地投入到工作中去，踏踏实实，一步一个脚印。很快，便成了远近闻名的教学能手，编辑的各类教材接连出版，各种令人羡慕的荣誉纷纷落到她的头上。业余时间，她不辍笔耕，各类文学作品频繁地见诸报刊，成了多家报刊的特约撰稿人。如今，她已被调至自己颇喜欢的中专学校任职。

其实，一个有理想的人只要不辞辛苦，默默地在自己脚下多垫些"砖头"，就一定能够看到自己渴望看到的风景，摘到挂在高处的那些诱人的果实。

285 挫折是成功的最佳营养品

面对挫折，有些人会将它化成动力，坚定地走上人生的良性循环，而对于有的人却是无可抵挡的阻力，使人陷入困境不能自拔。

有的人只看到困难、威胁，只看到所遭受的损失，后悔自己的行为或怨天忧人，因而整天处于焦虑不安、悲观失望、精神沮丧等负性情绪之中，既不想吃饭，也不想见人，更不愿向人诉说自己的不幸，最后造成灾难性后果。

另一种人则面对现实，认识自己遭受挫折的原因，能够心平静气的看待挫折，并能想办法走出去。所以，挫折和困境本身并不都是坏事，它给人生是带来害处，还是带来福音，关键看能不能正确地对待它，勇敢地驾驭它。

其实我们身处逆境的时候，一定不能放弃自己，平常面对，踏实前进，一定会做到逆境顺转。不妨从以下几方面入手：

首先是要面对现实。"事已至此，愁也没用"，是许多人都用过的面对现实的态度，它可以使人冷静下来，做些必须要做的事情。

其次要学会在危机中找机遇。如全面地分析形势，看事情还有没有转机，有哪些出路可走，能否另辟蹊径等等。不能在等待中放弃或错过走出困境的良机。

再次要正视自己，总结失误的经验教训，最后再做出明智的选择。同时，要适当地疏泄和化解挫折导致的不良情绪，如外出旅游，换一下环境，或走亲访友，与朋友谈心、向朋友倾诉等等。俗话说："当局者迷，旁观者清""三个臭皮匠顶个诸葛亮"，向朋友倾诉，不仅可以减轻心理压力，还有助于找到解决问题的好办法。

只有品尝过饥饿挫折的人，才能吃出食品的美味；同样，只有经历挫折的人才能更好的体味成功。心理学家把轻度的挫折比作"精神补品"，因为每战胜一次挫折，都强化了自身的力量，为下一次应付挫折提供了"精神力量"。

286 从跌倒中学会走路

人生的路上充满坎坷，一个人不可能永远一帆风顺，难免遇到挫折。遇到挫折并不可怕，重要的是你如何面对它。有的人会灰心，会气馁；而有的人会调整心理，重整旗鼓，就如威灵顿将军……不愿面对失败的人，永远都是失败的；而敢于面对失败的人，即使他最后失败了，但他仍然是胜利了，因为他懂得如何对待挫折。从一定意义上说，不敢面对挫折的人，不是一个自信的人，因为一个自信的人是不会那么介意自己的失败的，他对自己充满信心，他知道自己最终会胜利。人只要多一份自信，就会坦然地面对挫折。

草地上有一个蛹，被一个小孩发现并带回了家。过了几天，蛹上出现了一道小裂缝，里面的蝴蝶挣扎了好长时间，身子似乎被卡住了，一直出不来。天真的孩子看到蛹中的蝴蝶痛苦挣扎的样子十分不忍。于是，他便拿起剪刀把蛹壳剪开，帮助蝴蝶脱蛹出来。然而，由于这只蝴蝶没有经过破蛹前必须经过的痛苦挣扎，以致出壳后身躯臃肿，翅膀干瘪，根本飞不起来，不久就死了。自然，这只蝴蝶的欢乐也就随着它的死亡而永远地消失了。这个小故事也说明了一个人生的道理，要得到欢乐就必须能够承受痛苦和挫折。这是对人的磨炼，也是一个人成长必经的过程。

小时候，我们都是从跌倒中学会走路的，即使长大成人，这样的生命方式也不会改变，我们仍然得"从跌倒中学会走路"。

每一个困难与挫折，都只是生活中必然的跌跤动作，我们不必太过惊慌或难过，只要心里牢牢记得小时候那种不怕跌倒的勇敢精神，鼓励自己站起来，拍拍屁股，然后继续前进，或许下一步，我们就能踏着沉稳的步伐，朝着人生的新目标前进。

287 人生不怕从头再来

在美国，有一位穷困潦倒的年轻人，即使在身上全部的钱加起来都不够买一件像样的西服的时候，仍全心全意的坚持着自己心中的梦想，他想做演员、拍电影、当明星。

当时，好莱坞共有500家电影公司，他逐一数过，并且不止一遍。后来，他又根据自己认真划定的路线与排列好的名单顺序，带着自己写好的量身订做的剧本前去拜访。但第一遍下来，所有的500家电影公司没有一家愿意聘用他。

面对百分之百的拒绝，这位年轻人没有灰心，从最后一家被拒绝的电影公司出来之后，他复又从第一家开始，继续他的第二轮拜访与自我推荐。

在第二轮的拜访中，500家电影公司依然拒绝了他。

第三轮的拜访结果仍与第二轮相同。这位年轻人咬牙开始他的第四轮拜访，当拜访完第349家后，第350家电影公司的老板破天荒地答应愿意让他留下剧本先看一看。

几天后，年轻人获得通知，请他前去详细商谈。

就在这次商谈中，这家公司决定投资开拍这部电影，并请这位年轻人担任自己所写剧本中的男主角。

这部电影名叫《洛奇》。

这位年轻人的名字就叫席维斯·史泰龙。现在翻开电影史，这部叫《洛奇》的电影与这个日后红遍全世界的巨星皆榜上有名。

很多时候，我们自认为"不走运"，于是伴随我们的可能是消极抑郁、悲观绝望情绪。"假如生活欺骗了你"，事情的结局太出乎我们预料，对自己打击太大。此时，不妨反复吟诵"牢骚太盛防肠断，风物长宜放眼量"的佳句，笃信"乐极生悲""苦尽甘来"的哲理，不要忧愁、不要悲伤、不要心急，更不要凄凄惨惨戚戚。

应该知道，世界上有许多事情，是没法尽如我们心意的。同时，我们个人的力量，也是有一定限度的，不要把这些不尽人意的事情变成我们的困扰，学会把它们当成人生道路上必须要跨越的沟沟坎坎。

在这个世界上，有阳光，就必定有乌云；有晴天，就必定有风雨。从乌云中解脱出来的阳光比从前更加灿烂，经历过风雨的天空才能绽放出美丽的彩虹。人们都希望自己的生活中能够多一些快乐，少一些痛苦，多些顺利，少些挫折。可是命运却似乎总爱捉弄人、折磨人，总是给人以更多的失落、痛苦和挫折。此时，我们要知道，困境和挫折也不一定会是坏事。它可能使我们的思想更清醒，更深刻，更成熟，更完美。

面对坎坷，要有一颗平常心。坎坷面前不要退缩，不要气馁，一次两次走不过去也不要紧，要记住，大不了，我们可以从头再来。

288 风雨过后见彩虹

有的年轻人当看到成功人士的光环时，便开始埋怨人生不公，这些人只看到了美好的一面，却没有看到他们也是从风雨中走过来的。没有经历风雨又怎么能看到美丽的彩虹？停止抱怨吧，敢于接受苦难的磨炼才是成功者该有的气魄。苦难锻炼了人生。

失败是一种人生经历，既然不能避免，我们不妨把它看成是彩虹的前兆，为了迎接彩虹，我们要以平常心来接受风雨。

让我们来看看著名作家海明威是如何面对失败的。

20岁时，他立志做第一流的作家，每天辛苦写作，但所写的稿件全部被退回。随后的三年时间里，他一共写出1个长篇、18个短篇和30首诗，不幸的是，妻子把他的装有全部手稿的手提箱弄丢了。

24岁，他的第一部著作出版，这部只印了300册的书，没有在社会上产生任何影响。这时，他穷困潦倒，妻子也带着儿子离开了他。

事业无望，家庭破碎，经济窘困，一般人遇到这种情况可能会一蹶不振，但他没有。虽然每一次的尝试带来的都是失败，但他仍然没有放弃新的尝试。因为他相信只要用平常心面对失败，并且不害怕失败，上天对每一个人都是公平的，自己的付出会有应有的回报。

第二年，他尝试用一种新的文学体裁创作了长篇小说《太阳升起了》，引起各方的好评。这以后，他继续尝试不同风格和题材的文学作品，佳作不断问世：《永别了，武器》成为20年代的经典之作，《乞力马扎罗的雪》是这个世纪最成功的短篇小说之一，直到《老人与海》这部世界文学宝库中的珍品问世，他终于实现了20岁时的梦想——做世界一流的作家。

1954年，他凭借在文学上的突出贡献，荣获了诺贝尔文学奖。

海明威的经历告诉我们，只有不怕失败，才能在一次一次的尝试中找到成功的机会。

人生没有太多时间让我们犹豫，凡事先行动了再说。唯有从行动的步伐中，我们才能不断发现错误，修正错误，并累积成果，最重要的是，要以一颗平常心面对失败和挫折，如此，我们才能正确无误地抵达梦想的终点。

289 挺住，意味着一切

在大海上航行的船没有不带伤的，能乘风破浪的船最后必然都会受伤。

英国劳埃德保险公司曾从拍卖市场买下一艘船，这艘船1894年下水，在大西洋上曾138次遭遇冰山，116次触礁，13次起火，207次被风暴扭断桅杆，然而它从没有沉没过。

劳埃德保险公司基于它不可思议的经历及在保费方面带来的可观收益，最后决定把它从荷兰买回来捐给国家。现在这艘船就停泊在英国萨伦港的国家船舶博物馆里。

使这艘船名扬天下的是一名来此观光的律师。当时，他刚打输了一场官司，委托人也于不久前自杀了。尽管这不是他的第一次失败辩护，也不是他遇到的第一例自杀事件，然而每当想到这件事情，他总有一种负罪感。他不知该怎样安慰这些在生意场上遭受了不幸的人。

当他在萨伦船舶博物馆看到这艘船时，忽然有一种想法，为什么不让他们来参观参观这艘船呢？于是，他就把这艘船的历史抄下来和这艘船的照片一起挂在他的律师事务所里，每当商界的委托人请他辩护，无论输赢，他都建议他们去看看这艘船。因为在大海上航行的船没有不带伤的。

成功的秘密其实很简单，这就是虽然屡遭挫折，却能够坚强地百折不挠地挺住。

如果你向命运认输，放弃追求，如果在挫折、失败面前一旦意志涣散，就会很快并永远地沉沦下去，命运就会把他踩在脚下。只要摔倒后再爬起，失败后再坚持，不停地努力，困难也会怕你，挫折、厄运也会向你低头。

290 可以输给别人，不能输给自己

莎士比亚曾说：假使我们自己将自己比做泥土，那就真要成为别人践踏的东西了。其实，别人认为你是哪一种人并不重要，重要的是你是否肯定自己；别人如何打败你，并不是重点，重点是你是否在别人打败你之前，就先输给了自己。很多人失败，通常是输给自己，而不是输给别人。

下面是一个真实的故事：

美国从事个性分析的专家罗伯特·菲力浦有一次在办公室接待了一个因企业倒闭而负债累累的流浪者。罗伯特从头到脚打量眼前的人：茫然的眼神、沮丧的皱纹、十来天未刮的胡须以及紧张的神态。专家罗伯特想了想，说："虽然我没有办法帮助你，但如果你愿意的话，我可以介绍你去见本大楼的一个人，他可以帮助你赚回你所损失的钱，并且协助你东山再起。"

罗伯特刚说完，他立刻跳了起来，抓住罗伯特的手，说道："看在老天爷的份上，请带我去见这个人。"

罗伯特带他站在一块看来像是挂在门口的窗帘布之前。然后把窗帘布拉开，露出一面高大的镜子，他可以从镜子里看到他的全身。罗伯特指着镜子说："就是这个人。在这世界上，只有这个人能够使你东山再起，你觉得你失败了，是因为输给了外部环境或者别人了吗？不，你只是输给了自己。"

他朝着镜子走了几步，用手摸摸他长满胡须的脸孔，对着镜子里的人从头到脚打量了几分钟，然后后退几步，低下头，哭泣起来。

几天后，罗伯特在街上碰到了这个人，而他不再是一个流浪汉形象，他西装革履，步伐轻快有力，头抬得高高的，原来那种衰老、不安、紧张的姿态已经消失不见。

后来，那个人真的东山再起，成为芝加哥的富翁。

在生活的艰难跋涉中我们要坚守一个信念：可以输给别人，但不能输给自己。因为打败你的不是外部环境，而是你自己。

一个不输给自己的强者，他是不忘自己的人生权利，在困境时也能选择积极心态的人；他是能正确对待失败，永不放弃的人；他是有傲骨而没有傲气的，看重自己做人的尊严胜过自己生命的人；他是能尊重、宽容、善待朋友，知道怎样对待别人，别人就怎样对待自己的人；他是能驾驭时间，高质量利用时间和能跟时间赛跑的人；他是对财富有正确的理解，君子爱财，取之有道的人；他是理解爱情真谛，拥有强大情感支撑的人。

291 不放弃，世界就是你的

丘吉尔一生最精彩的演讲，也是他最后的一次演讲。在剑桥大学的一次毕业典礼上，整个会堂有上万个学生，他们正在等候丘吉尔的出现。正在这时，丘吉尔在他的随从陪同下走进了会场并慢慢地走向讲台，他脱下他的大衣交给随从，然后又摘下了帽子，默默地注视所有的听众，过了一分钟后，丘吉尔说了一句话：永不放弃。

丘吉尔说完后穿上了大衣，带上了帽子离开了会场。整个会场鸦雀无声，一分钟后，掌声雷动。永不放弃！永不放弃有两个原则，第一个原则是：永不放弃。第二个原则是当你想放弃时回头看第一个原则：永不放弃！

成功者与失败者并没有多大的区别，只不过是失败者走了九十九步，而成功者走了一百步。失败者跌下去的次数比成功者多一次，成功者站起来的次数比失败者多一次。当你走了一千步时，也有可能遭到失败，但成功却往往躲在拐角弯后面，除非你拐了弯，否则你永远不可能成功。

在现实工作之中，有的年轻人对失败的结论下得太早，遇到一点点挫折就对自己的工作产生了怀疑，甚至半途而废，那前面的努力就白费了。惟有经得起风雨及种种考验的人才是最后的胜利者，因此，如果不到最后关头就决不言放弃，永远相信：成功者永不放弃，放弃者永不成功！

传说中有一个人在游泳时将一颗珍珠掉入海中，他发誓要找回这颗珠子，便用水桶把海水一桶一桶地提起倒到沙漠里去，海神也怕他把海水弄干，赶快帮他找回了那颗珍珠。

是坚持还是放弃，结果有着天壤之别。

292 把磨难看成是磨炼

小林大学毕业了，很幸运地被一家中等规模的证券公司录用，十分兴奋，憧憬着大展拳脚。然而，踏上工作岗位才发现，对于新人，公司安排的实际工作并不多，倒是往往有很多杂七杂八的事情，像发报纸、复印、传真、文件整理等等。

同来的新人们觉得要他们大学生做杂活，未免有些丢脸，又觉得不受重视，不免满腹牢骚，便经常找借口推脱。小林心里也觉得有些委屈，回家就和母亲说起，母亲笑了笑，说："细微处方见真品性。这也许正是对你的磨练和考验，先磨掉你的傲气，看你对困难和挫折的态度。"

于是小林不再和大家一起发牢骚，见到别人不愿意做的琐事，他便接过来做，一下子就忙碌了起来，有时甚至要加班加点。其他新人有些笑他傻，说有时间多休息休息不好吗。有些就说他出风头，说他不用这么拼命吧。不管别人怎么说，小林总是笑而不语。

其实，小林一点一滴的工作，部门主管都看在眼里，便开始逐渐选择一些专业的工作给他。公司的老员工也喜欢这个手脚麻利、不挑三拣四的"傻孩子"，平时也颇乐意将自己多年的工作心得传授给他，并将公司里人际关系上的微妙之处向小林点拨。逐渐地，他工作越来越顺手，在人际交往的分寸上也把握得越来越好。

有了这么好的群众基础，又有了那么好的工作成绩，在讨论新人转正的问题时，小林自然成了第一批转正的新人，并且被安排到了他最向往的岗位，成功地踏出了职业生涯的第一步！

在职业发展的各个阶段，在事业的低谷，在打杂的时候，不妨转个念头，把一切磨难当作对自己的锻炼，使得心态平和，好向下一个高峰冲刺。

太顺利的人生未必是好事。毛毛虫破茧而出才能化作美丽的蝴蝶，但事先必须承受破茧而出的那份痛苦。小鸡从蛋壳里钻出来的时候也要费尽力气，可这是生命必经的过程。你若心疼小鸡，帮它把壳掰开，那么你会害死它，这只小鸡的身体会非常虚弱。

生命中痛苦的历练并非坏事。事实上正是磨难——而不是顺遂——帮助你成功的。任何成功都需要艰苦的磨炼。

293 坚韧不拔，你没有失败

这是卡莱尔在写作《法国革命史》时的不幸遭遇：他经过多年艰苦劳动完成了全部文稿，他把手稿交给最可靠的朋友米尔，希望得到一些中肯的意见。米尔在家里看稿子，中途有事离开，顺手把它放在了地板上。谁也没想到女仆把这当成废纸，用来生火了。这呕心沥血的作品，在即将交付印刷厂之前，几乎全部变成了灰烬。卡莱尔听说后异常沮丧，因为他根本没留底稿，连笔记和草稿都被他扔掉了，这几乎是一个毁灭性的打击。但他没有绝望，他说："就当我把作业交给老师，老师让我重做，让我做得更好。"然后他重新查资料、记笔记，把这个庞大的作业又做了一遍。

一位高中橄榄球队的教练，试图激励自己的球队度过战绩不佳的困难时期。在赛季过半的时候，他站在队员们面前训话："迈克尔·乔丹放弃过吗？"队员们回答道："没有！"他又提高声音，喊道："怀特兄弟呢，他们放弃过吗？""没有！"队员再次回答道。"约翰·艾威扔过毛巾吗？"队员们又一次高声回答道："没有！""那么，埃尔默·威廉姆斯怎样，他放弃过吗？"

队员们长时间地沉默了。

终于，一位队员鼓足勇气问道："埃尔默·威廉姆斯是谁呀？我们从来没有听说过他。"教练不屑地打断了队员的提问："你当然从来没有听说过他，因为他放弃了！"

"退出比赛的人永远不会获胜，而胜利者永不放弃。"成功的人有时候也是被逼出来的。我想大多数人都会承认，他们之所以成功，是因为他们的坚韧不拔，追求成功。事实上，坚韧不拔便是成功的保证。

所有成功人士都必然经历过挫折，他们与那些失败者的区别仅在于他们的不屈不挠和永不服输。对于积极进取的行动者来说，挫折仅仅是暂时的不成功。

记住，你没有失败，只是暂时没有成功。

294 跨一步，就成功

很多时候，如果你能再坚持一下，或许就成功了。

两个探险者迷失在茫茫的大戈壁滩上，他们因长时间缺水，嘴唇裂开了一道道的血口，如果继续下去，两个人只能活活渴死！一个年长一些的探险者从同伴手中拿过空水壶，郑重地说："我去找水，你在这里等着我吧！"接着，他又从行囊中拿出一只手枪递给同伴说："这里有6颗子弹，每隔一个时辰你就放一枪，这样当我找到水后就不会迷失方向，就可以循着枪声找到你。千万要记住！"

看着同伴点了点头，他才信心十足地蹒跚离去……时间在悄悄地流逝，枪膛里仅仅剩下最后一颗子弹了，找水的同伴还没有回来。"他一定被风沙湮没了或者找到水后撇下我一个人走了。"年纪小一些的探险者数着分数着秒，焦灼地等待着。饥渴和恐惧伴随着绝望如潮水般地充盈了他的脑海，他仿佛嗅到了死亡的味道，感到死神正面目狰狞地向他紧逼过来……他扣动扳机，将最后一粒子弹射进了自己的脑袋。

就在他的尸体轰然倒下的时候，同伴带着满满的两大壶水赶到了他的身边……

年纪小的探险者是不幸的，因为他放弃了坚持，同时也就放弃了自己宝贵的生命。本来他马上就要成功了，却因为最终的放弃，结束了一切。困难的时刻，绝望的时刻，千万别轻言放弃，坚持再坚持。

"行百里者半九十"，那没有完成的最后一点点距离，会令你前面所有的努力都前功尽弃！在人生最绝望的境地里，再坚持一下。你看不到前方的希望，并不意味着前方就不存在希望。也许其实你离成功很近了，最后取决于你是否愿意坚持走下去。

美国柯立兹总统说得好："世界上没有一样东西可以取代毅力，才干也不可以，怀才不遇者比比皆是，一事无成的天才很普遍；教育也不可以，世上充满了学无所用的人。只有毅力和决心无往而不胜。"继续坚持，继续努力，你就会成功。

295 伟大是熬出来的

艾柯卡曾任职世界汽车行业的领头羊——福特公司。由于其卓越的经营才能，自己的地位节节高升，直至坐到福特公司的总裁。

然而，就在他的事业如日中天的时候，福特公司的老板——福特二世却出人意料地解除了艾柯卡的职务，原因很简单，因为艾柯卡在福特公司的声望和地位已经超越了福特二世，所以他担心自己的公司有朝一日会改姓为"艾柯卡"。

此时的艾柯卡可谓是步入了人生的低谷，他坐在不足十平米的小办公室里思绪良久，终于毅然而果断地下了决心：离开福特公司。

在离开福特公司之后，有很多家世界著名企业的头目都曾拜访过他，希望他能重新出山，但被艾柯卡婉言谢绝了。因为他认为，从哪里跌倒的，就要从哪里爬起来。

他最终选择了美国第三大汽车公司——克莱斯勒公司，这不仅因为克莱斯勒公司的老板曾经"三顾茅庐"，更重要的原因是此时的克莱斯勒已是千疮百孔，濒临倒闭。他要向福特二世和所有人证明：我艾柯卡不是一个失败者！

入主克莱斯勒之后的艾柯卡，进行了大刀阔斧的整顿和改革，终于带领克莱斯走出了破产的边缘。艾柯卡拯救克莱斯勒已经成为一个著名的商业案例。

在山穷水尽疑无路的时刻，往往会柳暗花明又一村。困境中，睁大双眼，发现机遇吧。

在我们人生的道路上，面对困难和挫折，如果我们能够咬着牙坚持着熬过最漫长最艰难的时刻，那么前方，成功正在伸手等你相握。

296 对自己说一声：再试一次

水滴石穿，坚持不懈地努力的人往往能够获得成功。那些在人生中屡战屡败，但从不放弃的人，最后往往成为最优秀的成功者。懂得失败才会明白成功的意义。人是在失败中不断成长的，失败后坚决再试一次往往能够取得最后的成功。

有个年轻人去某公司应聘，而该公司并没有刊登过招聘广告。见总经理疑惑不解，年轻人用不太娴熟的英语解释说自己是碰巧路过这里，就贸然进来了。总经理感觉很新鲜，破例让他一试。面试的结果出人意料，年轻人表现很糟糕。他对总经理的解释是事先没有准备，总经理以为他不过是找个托词下台阶，就随口应道："等你准备好了再来试吧。"

一周后，年轻人再次走进该公司的大门，这次他依然没有成功。但比起第一次，他的表现要好得多。而总经理给他的回答仍然同上次一样："等你准备好了再来试。"就这样，这个青年先后五次踏进该公司的大门，最终被公司录用，成为公司的重点培养对象。

在我们的人生旅途上沼泽遍布，荆棘丛生，也许我们需要在黑暗中摸索很长时间，才能找寻到光明；也许我们追求的风景总是山重水复，不见柳暗花明；也许我们前行的步履总是沉重、蹒跚；也许我们虔诚的信念会被世俗的尘雾缠绕，而不能自由翱翔……那么，我们为什么不可以坚定而自信地对自己说一声："再试一次！"再试一次，你就有可能达到成功的彼岸！

297 接受不可改变的，改变可以改变的

哲学家威廉·詹姆斯给不幸的人们一个忠告："要乐于承认事情就是这样的情况，能够接受发生的事实，就是能克服随之而来的任何不幸的第一步。"住在俄勒冈州波特南的伊丽莎白·康迪却经过很多困难才学到这一点。下面是她的经历。

在美国庆祝陆军前线胜利那一天，她接到由国防部送来的一封电报，她的侄儿——她最爱的一个人——在战场上失踪了。过了不久，另外一封电报说他已经死去了。

"我悲伤得无以复加。在那件事发生以前，我一直觉得生活对我很好，我有一份我喜欢的工作，努力带大了这个侄儿。在我看来，他代表了年轻人美好的一切。我觉得我以前的努力，现在都有很好的收获……然而却来了这封电报，我的整个世界都粉碎了，觉得再也没有什么值得我活下去的理由。我开始忽视我的工作，忽视我的朋友，我抛开了一切，既冷淡又怨恨。为什么我最爱的侄儿会死？为什么这么好的一个孩子——还没有开始他的生活——为什么他应该死在战场上？我没有办法接受这个事实。我悲伤过度，决定放弃工作，离开我的家乡，把我自己藏在眼泪和悔恨之中。"

康迪沉浸在巨大的悲痛中，甚至失去了生存的勇气。就在她清理桌子，准备辞职的时候，突然看到一封已经被遗忘了的信——一封从已经死了的侄儿那里寄来的信。

那封信上说："尤其是你，不过我知道你会撑过去的。以你个人对人生的看法，就能让你支撑过去。我永远也不会忘记你教我的那些美丽的真理，不论活在哪里，不论我们和它离得多远，我永远都会记得你教我微笑，要像一个男子汉，承受一切发生的事情。"

康迪把那封信读了一遍又一遍，觉得他似乎就在自己的身边，正在和她说话。他好像在说："你为什么不照你教给我的办法去做呢？撑下去，不论发生了什么事情，把你个人的悲伤藏在微笑底下，继续活下去。"

于是，康迪小姐又回去工作了。她不再对人冷淡无礼，并一再对自己说：事情到了这个地步，我没有能力去改变它，不过我能够像他所希望的那样继续活下去。她把所有的心思和精力都用在工作上，并写信给前方的士兵——别人的儿子们；晚上，参加了成人教育班——她要找出新的乐趣，结交新的好朋友。一段时间过后，康迪小姐几乎不相信发生在自己身上的种种变化。她不再为已经永远过去的那些事悲伤，现在每天的生活里都充满了快乐——就像侄儿要她做的那样。

很显然，环境本身并不能使我们快乐或不快乐，我们对周围环境的反应才能决定我们是否快乐。

在必要的时候，我们都能忍受灾难和悲剧，甚至战胜它们。我们也许会以为我们办不到，但我们内在的力量却坚强得惊人，只要我们肯运用内在的力量，就能帮助我们克服一切。

伊丽莎白·康迪学到了我们所有的人迟早都要学到的事情，那就是我们必须接受和适应那些不可避免的情况。这不是容易学会的一课。已故的乔治五世，生前在他白金汉宫的房里墙上挂着一句话："教我不要为月亮哭泣，也不要为过去的事后悔。"同样的这一想法，叔本华是这样说的："能够顺从，就是你在踏上人生旅途中最重要的一件事。"而印度的大诗人兼哲学家泰戈尔则说："如果你因为失去太阳而哭泣，那么你也会失去月亮。"接受事实，忘记过去。事情是这样的，就不会是别样的，只有把握现在向前看，才是你应该做的事。

298 若你信念坚定，全世界都为你让路

俄国的列宁曾说："没有原则的人是无用的人，没有信念的人是空虚的废物。"信念是人生的支柱，可帮人们在最艰难时刻渡过难关，可让人们的生活变得充实而有意义。

有一个美国黑人孩子，他出生于纽约的贫民窟里。他从小就和贫民窟里的孩子们一起玩耍、打闹。受环境的影响，他染上了和那些孩子们一样

的种种恶习，诸如打架、骂人、逃学……这让每一个教育过他的老师都感到很头疼。当然，和他一起上学的，也是出生于贫民窟的孩子，和他一样满身恶习。

新学期时，学校里新来了一位小学教师，他叫保罗。其实，保罗早就听说了这些孩子的"事迹"，但他想改变这些孩子们，让他们走上一条健康成长的道路。

刚开始的时候，保罗只是苦口婆心地劝说这些孩子们，希望他们做一个有理想有抱负的人。但这些孩子没有一个能听进去的，他们如往常一样打架、逃学、满嘴脏话。怎样才能让这些孩子改掉坏毛病呢？保罗为了这件事没少操心。在学校里生活了一段时间后，保罗发现那里的人非常迷信，于是，他想到了用迷信的方式去教育孩子们。

那一天，保罗和往常一样，带着课本和教案走进了教室。上课的时间到了，保罗却没有和往常那样开始讲课。他说："我知道你们都不想上课，今天这节课我们就不上了。"孩子们发出一阵欢呼声。

保罗继续说："在我读书的时候，学校的不远处是一个原始部落，部落里有一位巫师。当地人遇上任何问题时，都会去请巫师占卜。那个巫师还会给人看手相，那时候我请他给我看了手相，他说我以后会成为老师。你们看，现在我不是成了老师吗？当时，我还跟着巫师学会了看手相，我通过看手相，可以知道每一个人的未来。今天，我就给你们看看手相。"孩子们十分兴奋，又发出一阵欢呼声。

保罗让孩子们坐好，他一个一个给他们看手相。保罗先给第一排的彼特看。他来到彼特的位置上，拉着他的小手说："嗯！我看看，这样啊，你以后一定会成为一个商人，而且，会成为一个很成功的商人。先恭喜你哦，小彼特。"

看着保罗慈爱的目光，彼特高兴地对小伙伴说："我会成为一个很成功的商人，你们快让老师看看长大后会成为什么人。"

孩子们看见老师说彼特以后会成为商人，都争先恐后地让老师给自己看手相。被看过的孩子都高兴极了，因为，按照保罗老师的推测，他们的未来都很成功，不是富商就是名贵。那个黑人小孩是最后一个。他已经有些忍不住了，他好想把小手伸出去给老师看手相，可是他又怕自己的命不好，因为从小到大就没有一个人喜欢过他，没有一个人说过他将来会有出息。

保罗看到黑人孩子犹豫不决的样子，一下子就知道孩子在担心什么了。他走到孩子身边，对他说："每一个孩子都得看手相，你也不能例外。我看手相看得相当准的，从来没有出现过推测错误"。

孩子紧张地看着老师，最终还是把手伸了过去。保罗煞有介事地把那只脏兮兮的小手仔细地翻来覆去研究了很久，然后他盯着他非常认真、非常确信地说："你好棒哦，你以后一定会成为纽约州的州长！"

那个黑人孩子简直不敢相信自己的耳朵，我会成为纽约州的州长吗？但他坚信老师说的没错，因为老师说了，他看手相看得很准的。他感激地看着老师，并在心中确立了成为州长的信念和目标。

从那以后，孩子们打架、逃学的事件一天天地少了。而那个黑人小孩在纽约州州长这一信念的鼓舞下，也不断的奋进。他的衣服不再沾满泥土，他说话时也不再污言秽语，他开始挺直腰杆走路。在以后的40多年间，他没有一天不按州长的身份要求自己。他改掉了一切毛病，就像变了一个人一样。在51岁那年，他成了纽约州第53任州长，并且是美国历史上第一位黑人州长。他就是罗杰·罗尔斯。

那群孩子长大以后，也真的有不少人成为富翁或名贵。

罗杰·罗尔斯在"将来你是纽约州的州长"言语鼓舞下，言行举止、穿衣戴帽逐渐变得体儒雅体面起来，严格按照州长的身份要求自己。50多岁的时候，天遂人愿。

信念对一个人的成长和发展力量之大，可见一斑。信念是一种斗志，一种勇于进取、敢于胜利的精神。正是怀着胜利的信念，体操队员刘璇、李小鹏顶住重压，夺取了似乎不太可能获得的金牌；正是有了必备的技术和胜利的信念，中国奥运军团取得了历史性的突破。

有人曾把"信念的力量"归结为人生十大财富之一。的确，信念是人们内心花园里那片肥沃的土壤，在这座花园里可以生长出人生无数的财富。

年轻人要想走向成功，一定要有必胜的信念做后台，引领你的人生。信念是一支火把，它能最大限度地燃烧一个人的潜能，指引他飞向梦想的天空。

299 在逆境中守候生命的春天

在成功者的字典里，是绝对没有"绝望"一词的，因为他们不会轻易地否定自己，只知道等待自己的终将是希望。

一天，放牛娃上山砍柴，突然遇到老虎对他袭击，放牛娃吓坏了，抓起镰刀就跑。然而，前方已是悬崖！老虎却在向放牛娃逼近。为了生存，放牛娃决定和老虎决一雌雄。就在他转过身面对张开血盆大口的老虎时，不幸一脚踩空，向悬崖下跌去。千钧一发之际，求生的本能使放牛娃抓住了半空中的一棵小树。这样就能够生存了吗？上面是虎视眈眈、饥肠辘辘的老虎，下面是阴森恐怖的深谷，四周到处是悬崖峭壁，即使来人也无法救助。吊在悬崖中的放牛娃明白了自己的处境后，禁不住绝望地大哭起来。

这时，他一眼瞥见对面山腰上有一个老和尚正经过这里，便高喊"救命"。老和尚看了看四周的环境，叹息了一声，冲他喊道："本人没有办法呀，看来，只有你自己才能救自己啦！"

放牛娃一听这话，哭得更厉害了："我这副样子，怎么能救自己呢？"

老和尚说："与其那么死揪着小树等着饿死、摔死，不如松开你的手，那毕竟还有一线希望呀！"说完，老和尚叹息着走开了。放牛娃又哭了一阵，还骂了一阵老和尚见死不救。天快要黑了，上面的老虎还是盯准了他，死活不肯离开。放牛娃又饿又累，抓小树的手也感到越来越没有力量。怎么办？放牛娃又想起了老和尚的话，觉得他的话也有道理。是啊，这么下去，只能是死路一条，而松开手落下去，也许仍然是死路一条，但也许就会获得生存的可能。既然怎么都是个死，不如冒险试一试。

于是，放牛娃停止了哭喊，他艰难地扭过头，选择跳跃的方向。他发现万丈深渊下似乎有一小块绿色，会是草地吗？如果是草地就好了，也许跳下去后不会摔死。他告诉自己："怕是没有用的，只有冒险试一试，才能获得生存的希望。"他咬紧牙关，在双脚用力蹬向绝壁的一刹那松开了紧握小树的手。身体飞快地向下坠落，耳边有风声在呼呼作响，他很害怕，但他又告诉自己绝不能闭上眼睛，必须睁大眼睛选择落脚的地点。奇迹出现了——他落在了深谷中唯一的一小块绿地上！

后来，放牛娃被乡亲们背回家养伤。两年以后，他又重新站立起来！放牛娃用自己的经历告诉我们，绝处也能逢生。只要你不放弃希望，不放弃努力，就有可能获得重生的机会。

不要轻易地就对生活绝望，把灾难当作一所学校，把逆境当成营养，挫折当在动力，结果可能是你抓住了机遇，营造了生命的春天。

300 你要相信，没有到不了的明天

假如我们相信明天更美好，就不必计较今天受的痛苦。一个人假如有能力从烦恼、痛苦、困难的环境转移到愉快、舒适、甜蜜的境地，那么这种能力，就是真正的无价之宝。如果我们在生命中没有了希望的火苗和奋斗的动力，那么谁还能以坚定的信念、充分的希望、十足的勇敢去继续奋斗呢？

有许多人容许自己的希望慢慢地淡漠下去，这是由于他们不懂得，坚持着自己的希望就能增加自己的力量，就能实现自己的梦想。

希望具有鼓舞人心的创造性力量，她鼓励人们去尽力完成自己所要从事的事业。希望是才能的增补剂，能增加人们的才干，使一切梦想化为现实。

积极进取的思想，足以改进人的希望，使人尽量地发挥他的才干，达到最高的境界。积极进取的思想，能够战胜低劣的才能，可以战胜阻碍成功的仇敌。即使看似不可能的事情，只要抱定希望，努力去做，持之以恒，终有成功的一天。希望是事实之母，无论是希望有健康的身体、高尚的品格，还是有巨型的企业，只要方法得当，尽力去做，便有实现的可能。

一个人有希望，再加上坚韧不拔的决心，就能产生创造的能力；一个人有希望，再加上持之以恒的努力，就能达到希望的目的。有了希望，假如没有决心和努力的配合，对希望漠然视之，那么即使再宏大美好的希望也会烟消云散，化为泡影。

对于我们的生命，最有价值的莫过于在心中怀着一种乐观的期待态度。所谓乐观的期待，就是希冀获得最好、最高、最快乐的事物。

假如对于我们自己的前程，有着良好的期待，这就足以激发我们最大的努力。期待安家立业、安享尊荣；期待在社会上获得重要的地位，出人头地。这种种期待都能督促我们去努力奋斗。

假如一个年轻人不想得到美好的未来，志趣卑微，自甘低下，对于自己也没有过高的期待，总是认为这世间的种种幸福并非为自己预备着的，那么这种人自然就永远不会有出息。

我们期待什么，便得到什么，人应该努力期待；假如我们什么都不期待，自然就一无所得。安于贫贱的人，自然不会过上富裕的生活。

有了成功的期待，心中却常抱着怀疑的态度，常怀疑自己能力的不足，心中常对失败有多种预期，这真是所谓南辕北辙！只有诚心期待成功的人，才能成功。所以，做一个人必须有积极的、创造的、建设的、发明的思想，而乐观的思想也尤为重要。

有的年轻人一方面努力这样做，而同时又那样想，最终就只有失败。假如你渴望得到昌盛富裕，而同时却怀着预期贫贱的精神态度，那么你永远不会走入昌盛富裕的大门。

有很多年轻人虽然努力做事，但常常一事无成，原因在于他们的精神态度不与其实际努力相对应——当他们从事这种工作的时候，又在希冀着其他工作。他们所抱有的错误态度，会在无形中把他们所真正渴求的东西驱逐掉。不抱有成功的期待，这是使期待无法实现的巨大障碍。每个人都应该牢记这句格言："灵魂期待什么，即能做成什么。"

诸多成功者都有着乐观期待的习惯。不论目前所遭遇的境地是怎样的惨淡黑暗，他们对于自己的信仰、对于"最后之胜利"都坚定不移。这种乐观的期待心理会生出一种神秘的力量，以使他们达到愿望的目的。

期待会使人们的潜能充分地发挥出来，期待会唤醒我们隐伏的力量。而这种力量如若没有大的期待，没有迫切的唤醒，是会长久被埋没的。

在人生的征途上，每个年轻人都应当坚信自己所期待的事情能够实现，千万不能有所怀疑。要把任何怀疑的思想都驱逐掉，而化之以必胜的信念。在乐观的期待中，要有坚定的信仰；假如有坚定的信仰，努力向上，必定会有美满的成功。